期待，开始好日子

女性幸福·健康·成长的秘密

（美）维多利亚·莫瑞 著
李 力 译

青岛出版社
QINGDAO PUBLISHING HOUSE

序

　　这本书为你每天的生活提供指导,能逆转你生命时针转动的方向。如果你留心书中的行为指导,允许其中较富启迪意义的内容植根于内心当中,你的容貌,你的自我感觉都会变得年轻起来。同时你对时间的流逝也不那么在意了。因为本书不仅仅关注人的肉体及其保养,还关注人更加深层的部分,包括你的心智,情感,特别是你的灵魂。

　　书中介绍的原则适用于处在人生各个不同阶段的人。写这本书的时候我已经50多岁了,到了这个年龄,更年期如约而至。我的50岁生日第一次成为我生活中的一个问题。以前我也听说过50岁时女性可能经历的变化,但是绝没想到变化居然会来得如此迅猛,如此明显。昨晚还凹凸有致的身体,第二天一早竟然走形了,腹部鼓了出来,臀部反倒变平了。

　　面对我日渐稀疏的头发,我的发型师说:"不是我给你削薄了,是你的头发不如原来多了。"我手背上长出了斑斑点点。唉,只可惜那不是小女孩脸上常见的雀斑,而是老年斑。我的腰线消失了,下颌的肉皮和手臂的三头肌变得松弛,胸部开始下垂。我感到倦怠乏力,看了太多的"女性电视节目"。就连脑力也不济了,不是用错词就是拨错电话号码。有同样症状的朋友对我说:"人到中年脑子就变成浆糊了。"

　　生活中太大的压力和太少的荷尔蒙让我觉得无所适从。我以前不懂得爱惜自己的种种作为,诸如熬夜、吃垃圾食物,以前所经历的每一次伤心悲痛,到现在一起来跟我的外表容貌算总账了。在我的内心深处,在我不知道不了解的层面,一大堆心理因素在忙着让我衰老,就像一只削了皮的苹果,暴露在空气中就会发黑变软,让人难以下咽。

　　我也尝试着变得达观大度,不是每个人都说50岁是另一个40岁吗?也就是说你又免费得到了10年好时光。但是,我依然感到愤怒。有时候我责怪自己,觉得:"我本来应该多锻炼点儿,多休息点儿,多攒点钱好做个整容手术……"有时候我也责怪上帝,责怪生活和自然法则:"我(几乎)什么事情都按照正确的方式去做,这种事情不应该发生在我身上,这样不公平。"

　　我发现自己再次走到人生的一个关口,在那里,我要是不能接受目前的现实状况，就无法改变自己的未来。我第一次来到这个关口是在32岁那年。当时的我一直在跟自己超群的体重苦苦作战，我明白，体重的问题要是不能解决，我的人生就彻底完结了。于是我脱离了饮食行业，将所有问题交给无所不能的主。结果所有的问题都烟消云散，在过去的20年中我再也没有为体重的问题苦恼过。42岁那年我又一次来到同一个关口。那时我已独身一人生活了几乎10年，也渴望能找到一个生活伴侣，但是，我发誓要把这种渴望转变成对已拥有的一切的满足和欣赏。没想到我的心态刚刚发生转变，我就遇到了我现在的丈夫。其神速着实令我惊讶不已。

上述的两件事情以及其他无数小事，都让我认识到，人应该接受目前的状况，做好自己分内之事，至于最终结果就交给远比人聪明智慧的力量好了。这么做其实并不容易，我也不想在无奈之中再次选择信仰。但我确实也别无选择了。不过只要我心甘情愿地做出这个选择后，以前曾经帮我改变生活的那些道理又显现出来帮助我了。对我而言，更多的帮助来自其他人，特别是那些长寿而又不显老的女性。她们把自己的心得体会都告诉我了。比如："生活要简单但是要有激情。""要笑口常开。""永远不要停止你的舞步。""凡事力求精简，但是跟健康有关的事情决不能马虎放松，而且无论你多么认真细致都不过分。""要相信现在的你既年轻又漂亮；再过三十年后你就知道你确实如此。"

我还有幸结识了印度草医学专家司各特·格森博士。那是古代印度的一套保健疗法，翻译成英文就是"长寿科学"的意思。我以前对此有过粗浅的了解，是司各特·格森博士将我由好奇引领到认真的程度。我依照他的建议发现许多方面都有了起色。此外我通过纽约鲜活食品组织了解到，生命力是具有传染性的。新鲜充满了生命活力的水果蔬菜，会让人体的每个细胞也都生机勃发，不管那些细胞所组成的人年长还是年幼。得益于我各位导师的指导，再加上我对自己的本能恢复了信心，我发现生活重又焕发出熠熠光彩，而我本人也是如此。我今年54岁，是一个绝经后身体容颜都发生了改变的女人，但是我在许多方面反倒比从前更加年轻。于是我写了这本书。所以，不论你的年龄为几何，你也可以变得更加年轻。

以下是将本书的益处发挥到极致的一些方法：

每日阅读。我建议你先一次性读完全书，只限于阅读，还不需要采取行动。然后再按照月份日期，坚持每天读一页，直到读完。

每月要点。每个月的第一天我都会提出一个要点，也就是一种需要你在一个月当中铭记于心的理念或态度。这不要求你为此痛下苦功，你只要愿意敞开心扉，让这种态度多多少少地融入你的生活即可。

"多爱自己一点"。在很多文章的后面,你都会看到这句话。这是在邀请你行动起来为你做点事情。你可以把当天读到的内容付诸实践,也可以在日历上记上一笔,一有机会就马上采取行动。如果其中含有一个问题,你可以在脑海里回答,也可以把你的想法写在日记本里。

除了邀请你采取行动以外,还有一些肯定自我、肯定生活的话语,它们能够调整人的心态。请你在阅读到它的一整天里,认真体会、诵读并抄写下来。具体做法见1月4号的内容。

休息日。有些人每月逢15和30号是发工资的日子。对于希望越变越年轻的人,这两天是休息的日子。你可以痛快地玩耍,也可以补习以往漏掉的内容,复习你认为重要的内容。

在逐页阅读的过程中,你的习惯和态度,你对待自己的方式,你看待自己的眼光,都会发生变化。与此同时,别人会觉得你显得年轻了,而你自己也会有同样的体会。这样的变化在你刚开始阅读时就会发生。等你一年后全部读完本书的时候,你一定会为自己感到惊奇的。

作 者

目 录

1月　可能性

1月1日	一切皆有可能	2
1月2日	用全新的眼光看待自己的年龄	3
1月3日	开始写日记	4
1月4日	返老还童的真理	5
1月5日	恢复青春强力组合	6
1月6日	不再做隐形人	7
1月7日	饮食的智慧	9
1月8日	修饰打扮	10
1月9日	把握此时此刻	11
1月10日	沐浴与新生	13
1月11日	四季人生	14
1月12日	如果世上真有万用灵药,那就是锻炼	15
1月13日	积极向上	17
1月14日	清晨的温油按摩/推油	18
1月15日	今天休息	19
1月16日	丰富的内心世界	20
1月17日	衣着别致	21
1月18日	最周详的计划	23
1月19日	优雅的仪态	24
1月20日	健康肌肤十二步	25

1月21日	越来越强的好奇心	26
1月22日	从外在做起	27
1月23日	如何补充营养	28
1月24日	将希冀与梦想拼贴成一幅画	29
1月25日	美发	31
1月26日	反弹	32
1月27日	忘掉琐碎小事	33
1月28日	一杯热柠檬水	34
1月29日	与更年期和平共处	35
1月30日	今天休息	37
1月31日	你肩负的使命 —— 如果你愿意接受的话	37

2月　爱

2月1日	用爱缔造出来的女人	40
2月2日	忘年之交	41
2月3日	轻言细语分量重	42
2月4日	天气真的允许	43
2月5日	彻底原谅自己	44
2月6日	浪漫你的生活	45
2月7日	席地而坐	46
2月8日	聪明女人的选择	47
2月9日	爱一行干一行	49
2月10日	除臭剂和止汗药	50
2月11日	睡衣	51
2月12日	与时俱进	52
2月13日	尊重	53
2月14日	能够如此美妙的,唯有巧克力	54
2月15日	今天休息	55
2月16日	照亮你的生活	55

2月17日	无牵无挂	56
2月18日	自然生长的食物	57
2月19日	纯粹为了自己做点事情	59
2月20日	使用加湿器	60
2月21日	适当的环境	61
2月22日	你美丽的指甲	62
2月23日	无心插柳	63
2月24日	正确选择复合维生素	65
2月25日	历经沧桑,性感依然	66
2月26日	寻找生活中的快乐,然后像抓住救生衣一样抓住它们	67
2月27日	将自身的细胞当成独立个体对待	68
2月28日	今天休息	69

3月 力量

3月1日	获得新的力量	72
3月2日	起床后的第一件事	73
3月3日	50个美好的形容词	74
3月4日	自己创立几个节日	75
3月5日	做回我自己	76
3月6日	钥匙的保管者	78
3月7日	牙刷和牙线	79
3月8日	举足轻重的三大项	81
3月9日	青春的源泉	82
3月10日	出去看世界	83
3月11日	寻找高品位的杂志	84
3月12日	"应该怎么样"	85
3月13日	强力早餐	86
3月14日	坚定的自信心	87
3月15日	今天休息	88

日期	标题	页码
3月16日	有益健康的运动	88
3月17日	抱虎归山	89
3月18日	迷人的双唇	91
3月19日	富有创意的表达方式和你唯一的大脑	92
3月20日	春分	94
3月21日	正视你内心深处的斗士	95
3月22日	维生素E	96
3月23日	你的每一次呼吸	97
3月24日	何为自由基	98
3月25日	你是你自己的权威	99
3月26日	获得第一手的蛋白质	101
3月27日	自己独有的标记	102
3月28日	按自己的方式行事	103
3月29日	提高政治意识,积极参政议政	104
3月30日	今天休息	106
3月31日	为什么要使用天然化妆品?	106

4月 轻松与幽默

日期	标题	页码
4月1日	开开玩笑	110
4月2日	摆脱担忧	111
4月3日	戏剧女王	112
4月4日	慧眼识别碳水化合物	113
4月5日	找一位非凡的发型师	114
4月6日	何谓"里拉"?	116
4月7日	看包识女人	117
4月8日	安稳的睡眠	118
4月9日	新鲜果汁	119
4月10日	四十岁女人化妆十戒	121
4月11日	卸下重负	122

4月12日	随兴	124
4月13日	维生素 B_{12} 及其家族	125
4月14日	分享微笑	126
4月15日	今天休息	127
4月16日	退隐静修	127
4月17日	信息素	128
4月18日	多吃坚果好处多	130
4月19日	做一个创新型的母亲	131
4月20日	尺码不过是标签上的数字而已	132
4月21日	快乐更年期	133
4月22日	脂肪	135
4月23日	留心小的惊喜	137
4月24日	忧郁的人，都是从哪里冒出来的？	138
4月25日	分清轻重缓急	139
4月26日	"钢铁药丸"	140
4月27日	心不老，人不老	142
4月28日	梳妆台上的必备物品	143
4月29日	绝不错过任何事情	144
4月30日	今天休息	145

5月　美

5月1日	美是一种生存状态	148
5月2日	防晒小常识	149
5月3日	27条解决之道	151
5月4日	钙、镁、维生素 D 与健壮的骨骼	152
5月5日	健壮的骨骼（续篇）	153
5月6日	花草怡情	154
5月7日	着眼于小处	155
5月8日	水果慕司	156

日期	标题	页码
5月9日	前方永远都有目标	157
5月10日	释放你的激情	158
5月11日	挑战地球引力	159
5月12日	要多交往能够赏识你的人	160
5月13日	专心致志	161
5月14日	文胸	162
5月15日	今天休息	163
5月16日	给心灵飨以艺术的美食	163
5月17日	漂亮的腹肌	164
5月18日	为自己做点小事	166
5月19日	植物化学物质	167
5月20日	勇敢之美	168
5月21日	冥想与返老还童	169
5月22日	维生素C	170
5月23日	"机会岁月"	172
5月24日	悬挂你儿时的照片	173
5月25日	音乐疗法	174
5月26日	特大新闻：原来大多数女人长得都一样	175
5月27日	专业的皮肤科医生	176
5月28日	量身打造的运动项目	178
5月29日	随时保持衣饰整齐	179
5月30日	今天休息	180
5月31日	每天都要变得优雅一点	180

6月 开心快乐

日期	标题	页码
6月1日	开心快乐没有错	184
6月2日	举办睡衣晚会	185
6月3日	古玩摆件	186
6月4日	尽享人世间的快乐	187

6月5日	把新鲜水果当作饭后甜点	188
6月6日	被绿洲围绕	189
6月7日	按摩 —— 小动作，大作用	190
6月8日	遗传基因	191
6月9日	日省吾身	192
6月10日	散步	193
6月11日	让自己置身于感觉美妙的地方	194
6月12日	性欲	195
6月13日	激情燃烧的岁月	197
6月14日	嗅觉	198
6月15日	今天休息	198
6月16日	人物传记	199
6月17日	保持青春的七种饮食习惯	200
6月18日	季节交替的时候要安排一次美容	202
6月19日	巧合	203
6月20日	钾	204
6月21日	夏至	205
6月22日	保护自己的听觉	206
6月23日	辅酶 Q-10	207
6月24日	不要做一个唯唯诺诺的女人	208
6月25日	明天过得更快乐	209
6月26日	挤时间	210
6月27日	温泉和矿泉浴	211
6月28日	躲避电磁场	212
6月29日	过着梦寐以求的生活	214
6月30日	今天休息	215

7月　无拘无束

7月1日	自由如风	218

日期	标题	页码
7月2日	换种眼光看世界	219
7月3日	开怀享用食物	220
7月4日	保护自己免受日晒的伤害	221
7月5日	步行矫形器	222
7月6日	戒烟	223
7月7日	在变老之前卸下包袱	225
7月8日	改掉攀比的习惯	226
7月9日	整理食品柜和冰箱	227
7月10日	接着整理厨房	228
7月11日	满意自己	230
7月12日	谨防怀旧的陷阱	231
7月13日	把握现在	232
7月14日	低潮期	233
7月15日	今天休息	234
7月16日	心平气和地面对改变	235
7月17日	铬	236
7月18日	创造一个延缓衰老的宽松环境	237
7月19日	学会放手	238
7月20日	当个行家里手	239
7月21日	不要为你现在的年龄感到自卑	240
7月22日	坚决拒绝软饮料	241
7月23日	不要被悲观言论传染	242
7月24日	返老还童的费用	243
7月25日	药物	244
7月26日	生鲜食品	246
7月27日	减少羁绊限制	247
7月28日	换个角度看待女权主义	249
7月29日	显微镜还是望远镜？	250
7月30日	今天休息	251
7月31日	清楚自己想要干什么	251

8月 悠然自得

8月1日	顺其自然的艺术	254
8月2日	你和你的牙医	255
8月3日	心胸开阔	256
8月4日	科学护理头发	257
8月5日	勤奋工作,但不要成为工作狂	259
8月6日	重视你的淋巴系统	260
8月7日	把日常工作变成精神享受	261
8月8日	必需脂肪酸	262
8月9日	自律和常规	263
8月10日	蔬菜蘸酱	264
8月11日	当你处在陌生的环境中	265
8月12日	欲速则不达	267
8月13日	舒缓催人衰老的压力	268
8月14日	听一听父母和孩子们喜欢的音乐	269
8月15日	今天休息	270
8月16日	保护关节	270
8月17日	本地出产的蔬菜	272
8月18日	美腿	273
8月19日	生活在真实的时间里	274
8月20日	向"代偿性衰老"说不	275
8月21日	肩部按摩	276
8月22日	不要墨守成规	277
8月23日	物美价廉	278
8月24日	来自巴黎的明信片	280
8月25日	顺应潮流	281
8月26日	挺拔身姿	282
8月27日	β-胡萝卜素	283
8月28日	我们是旅人	284

8月29日　当心饮食教条主义 …………………… 285
8月30日　今天休息 …………………………………… 286
8月31日　大开眼界 …………………………………… 286

9月　智　慧

9月1日　我的智慧怎么没有随着年龄一起增长？ ……… 290
9月2日　以前读过或错过的书，现在找来读一读 ……… 291
9月3日　适合你的俱乐部 …………………………… 292
9月4日　刚刚萌发出来的直觉 ……………………… 293
9月5日　做算术、猜字谜、精通一门语言 ………… 294
9月6日　无论疾病和健康 …………………………… 295
9月7日　稍微关注通俗文化 ………………………… 297
9月8日　早餐、午餐和晚餐 ………………………… 298
9月9日　古老的谚语 ………………………………… 299
9月10日　硒 …………………………………………… 300
9月11日　别把恐惧当成动力 ………………………… 301
9月12日　体形变化 …………………………………… 302
9月13日　使人衰老的手机 …………………………… 303
9月14日　晒太阳的门道 ……………………………… 304
9月15日　今天休息 …………………………………… 305
9月16日　尊重限制 …………………………………… 305
9月17日　每周学一个单词 …………………………… 306
9月18日　排毒 ………………………………………… 307
9月19日　个人的发展 ………………………………… 308
9月20日　把自己知道的传授给他人 ………………… 309
9月21日　喝茶 ………………………………………… 310
9月22日　心灵的转变 ………………………………… 312
9月23日　秋分 ………………………………………… 313
9月24日　看透 ………………………………………… 314

9月25日	不再胆怯	315
9月26日	神圣的女性	316
9月27日	把自己推入生活的洪流	317
9月28日	启迪心灵的杰作	318
9月29日	加糖	319
9月30日	今天休息	320

10月 魔术

10月1日	魔法人生	322
10月2日	烛光里的你更可爱	323
10月3日	清楚自己的生活模式	324
10月4日	梦的启示	325
10月5日	生命的内在改变	326
10月6日	什锦汤	327
10月7日	整容手术,可以了解但不要急于做出决定	328
10月8日	渗透驻颜术	330
10月9日	香薰疗法	331
10月10日	柳条效应	332
10月11日	咒语	333
10月12日	染发	335
10月13日	长寿秘诀	336
10月14日	大自然的时刻表	338
10月15日	今天休息	339
10月16日	呼吸	339
10月17日	粲然一笑	341
10月18日	灵感天天有	342
10月19日	参加化装晚会	343
10月20日	干肤按摩	344
10月21日	保持青春的瑜伽	345

10月22日	神秘的经历 …………………………………… 346
10月23日	锌 …………………………………………… 347
10月24日	给自己照相 ………………………………… 348
10月25日	沐浴疗法 …………………………………… 349
10月26日	有阳光的那一面 …………………………… 351
10月27日	抽时间去公园走走 ………………………… 352
10月28日	容貌也要升级换代 ………………………… 353
10月29日	一生中必须要做的几件事 ………………… 354
10月30日	今天休息 …………………………………… 356
10月31日	把死亡抛到一边 …………………………… 356

11月 联 系

11月1日	最为隐秘的秘密 …………………………… 360
11月2日	往昔 ………………………………………… 361
11月3日	岁月给你的恩赐 …………………………… 362
11月4日	千万不要摔跤 ……………………………… 363
11月5日	揭秘黄色蔬菜和绿色蔬菜 ………………… 364
11月6日	饮水的战争 ………………………………… 365
11月7日	提高修养 …………………………………… 367
11月8日	我现在看清楚了 …………………………… 368
11月9日	下午四点，你怎么了？ …………………… 369
11月10日	增强免疫力 ………………………………… 370
11月11日	置身不平凡的氛围中 ……………………… 371
11月12日	有机食品须知 ……………………………… 372
11月13日	记住别人的称赞 …………………………… 374
11月14日	了解自己的母亲 …………………………… 375
11月15日	今天休息 …………………………………… 376
11月16日	坚定信仰 …………………………………… 376
11月17日	优雅的仪态 ………………………………… 377

11月18日	传统习惯	378
11月19日	休养生息	379
11月20日	养宠物	380
11月21日	注意超级食物	381
11月22日	永远心怀感激	382
11月23日	蒸汽浴和桑拿	383
11月24日	慷慨与仁慈	384
11月25日	重新发现自我	385
11月26日	每年做一次体检	386
11月27日	女伴	387
11月28日	行为的榜样	388
11月29日	足疗	390
11月30日	今天休息	391

12月 庆典

12月1日	全方位反应	394
12月2日	永远不放弃梦想	395
12月3日	放弃追求完美	396
12月4日	古典服装的魅力	397
12月5日	盛大的生日聚会	398
12月6日	孩子气	399
12月7日	反对意见	400
12月8日	为朋友的成功而喜悦	402
12月9日	干杯	403
12月10日	旧时代的魅力	404
12月11日	减少日程表上的安排	405
12月12日	眼霜	406
12月13日	接纳自己的方方面面	407
12月14日	生活中的仪式	408

12月15日	今天休息	409
12月16日	别信雷奥叔叔的故事	410
12月17日	跟你的体重休战讲和	411
12月18日	在余下的时间里,今天是你最年轻的一天	412
12月19日	自得其乐	413
12月20日	脚部护理	414
12月21日	火车,飞机和汽车	415
12月22日	冬至	417
12月23日	让自己的香味与众不同	418
12月24日	把未来生活幻想得很美好	418
12月25日	喜迎圣诞	419
12月26日	睡前要卸妆	421
12月27日	烧掉所有的烦恼	422
12月28日	把衣柜里不喜欢的衣服都拿走	423
12月29日	为大器晚成者叫好	424
12月30日	今天休息	425
12月31日	长长久久	425

January

1月 可能性

Date / 1月1日

一切皆有可能

崭新的一年铺展在你的面前,宛如大地上那一层平滑光洁的新雪,预示着无限的可能性。如果你打算在新的一年中让自己一天比一天更年轻,一定要记住:一切皆有可能!一年之后,你的容貌和感觉会比现在更年轻,这是完全可能的;你将热爱自己目前和将来的年龄,尽管现在还有些勉强,但也是绝对可能的;一年以后,社会对年龄的偏见再也无法遮蔽你的视线,你对中年和晚年的看法将会逐渐摆脱世俗的樊篱,这,也是完全可能的。

所有这一切,还有你的新年愿望,全都是可能的。你虽然无法强迫它们变为现实,却可以在思想和行动上做好准备,让它们更容易成为我们生活的一部分。至于今天,不妨让自己享受一天的假期,用餐时吃一点有益于健康的食物,比如黑眼豌豆。按照美国南方的习俗,黑眼豌豆能让你在新的一年里行大运;另外,它富含植物纤维,能够强身健体,预防疾病。如果你每年都要制订新年计划,今年也别破例,不过能否在程序上做点小小的调整?比如,给新年计划改个名字,叫"新年的种种可能",这样听起来就轻松了许多。再者,把计划付之于笔端的时候别用将来时而要用现在时,把对明年的计划变成对现在事实的陈述,比如"我将要天天锻炼身体"这句话,可以改写成"现在我比前几年结实多了",这样你写下来的就是已然变成现实的可能性了。

多爱自己一点

> 1月里自始至终都要牢记:各种美好的事情都有可能发生。我要心胸开阔,接受各种可能发生的事情!

Date / 1月2日
用全新的眼光看待自己的年龄

天，我女儿埃达尔出门遛狗时遇见了一位老妇人。老人说自己小的时候也养过这样一条狗，"它叫布朗尼。我现在95岁，所以那该是90多年前的事了。"埃达尔还不到20岁，面对自己所见过的最年长的老者，不由得心生敬畏。对埃达尔的同龄人来说，我也上了年纪，只不过还没有老到惊人的地步而已。

想来真是有趣，本来你认识的人几乎全都比你大，可是突然有一天你居然比大部分人都要年长，感觉就像是跨过了日界线一般。实际上你跨过的是年龄的分界线。在年龄分界线的这一侧，并排站着你，你的同龄人，还有比你年长的人；在另一侧则是所有比你年轻的人。所以要想用全新的眼光来看待自己的年龄，就不必再去考虑他人的年龄长幼。你可以把任何人，包括你自己，都视为没有年龄差别的，甚至是享有永生的。

倘若你相信人生而有灵魂，你早就明白：你的灵魂才是你的真我，而你的肉体不过是承载灵魂的车辆而已。有的人乘着花哨的运动型跑车在城里奔走忙碌，有的人则乘着老爷车悠闲自在。从长远看来，你现在的汽车是什么样子的根本不重要。灵魂没有车辆识别号码，也没有出生日期。等你能够把人看作借住在肉体里的灵魂时，肉体的年龄就会变得无足轻重，而灵魂的品质却变得益发重要。

久而久之，你就会更加容易地认识到，你我并不是受制于年龄长幼的生命存在，我们都有着崇高的使命，是人世间的精粹。现在我们出门四处遛狗，逗逗孩子，与95岁的长者谈天，等到有一天，等我们也到了垂暮之年，老年生活就不会让我们感觉陌生、恐怖了。

多爱自己一点

今天要试着将年龄抛到一边。凡是让你感觉良好的事情都可以放手去做，凡是合自己心意的衣服都可以大胆去穿。你可以像个孩子似的贪玩，也可以像个老祖母似的睿智，或者干脆集二者于一身。能坚持一天的时间就足够了。

Date / 1月3日

开始写日记

白纸黑字有种不同凡响的真实感。如果你现在还没有记日记的习惯，在你踏上恢复青春的旅程之前，不妨买一本或漂亮或俭朴的日记本，作为一路同行的伴侣。你可以在日记本里制订计划，记录你需要重复强化的语句，记录值得回忆的事情，当然还有你面对逝者如斯的岁月而生发出的感悟、体会和挣扎。如果你已经在写日记了，你可以把这些都融入现在的日记中去。生活中有些东西有一个刚刚好，有两个反而麻烦，当然口红除外。

把自己的想法和感受诉诸笔端，会让你的头脑变得清晰，让你的抉择变得明智，让你前所未有地接近你内在的智慧，让你的本能初步显现出来。如果你感觉压力太大，书写能缓解紧迫感；如果你感到欣喜若狂，记录在日记里可以留待将来反复回味："1月3日———我高兴极了。"如果你感觉愤愤不平，不要大喊大叫，你可以动笔把事情写下来。如果你悲从中来，不要又哭又闹，不如动笔记下来。当然你也可以边哭边写，同时用两种方法宣泄情感。你还可以在日记中给很多人写信：那些把你气得要命的人，那些已经故去的人，甚至是上帝。其实很多文笔美妙的信件写的时候就没打算要寄出去，不管是通过邮局还是网络。

在找回青春的过程中，日记能够记录下全部过程，并督促你取得进步。你灰心丧气的时候，看看日记就知道自己一路走来已经取得了怎样的成绩。日记中写着："我今天吃了两份水果和三份蔬菜———我做到了。"你会感觉不错吧。如果日记中赫然记录着你连续四天没卸妆就上床睡觉，那你刚吃完晚饭、刚下班回家就应该马上去洗脸。这些细节你没法否认，因为白纸黑字都写下来了呀。

日记的内容包括此时此刻你对自己的感觉，你希望在来年实现的愿望，你的种种疑虑和牵挂。你把自己的烦恼付诸笔端之时，往往也是它们消失于无形的时候。记日记其实是一种手段。它和明天、后天要讲的"返老还童的箴言""恢复青春强力组合"两个话题一起，为你的恢复青春之旅勾勒出一个美妙的框架。

> **多爱自己一点**
>
> 给自己准备一个笔记本，开始动笔写恢复青春的日记。如果你早就有记日记的习惯，不妨添上一笔，会令你事半功倍的。

Date / 1月4日
返老还童的真理

所谓真理，是生活应有的状态，而事实才是生活的本来面貌。如果你已经完全接受了生活的事实，为了自身和他人仍然渴求生活的真理的话，说明你已然步入了人生的一个理想境界。要想达到这种境界，方法之一就是不厌其烦、尽量多地重复真理，直到它们成为你思想的一部分，对你看待自己、看待生活和世界的方式产生了影响。

这一技巧虽然威力强大，却并不新鲜，也许你早就尝试过。可是在恢复青春的过程中它的重要性却无与伦比。你要做的事情，连你本人都觉得不太可能，那你身边的人肯定会认为绝对不可能。有一个声音会像播放录音一样在我们每个人的耳边不停地重复："谁都不能越活越年轻。返老还童？一派胡言！世人皆知：时间永不止步，肉体沦为泥土。"所以要想证明与世俗成见不一样的事情，哪怕只是些微的不同，你都需要克服双重的障碍：其一是你自身的抗拒，其二是你生活于其中的文化背景。所以，我们才需要重复话语来增强信心。

本书会在"多爱自己一点"的小贴士部分介绍一些"箴言"。你读到它们的时候，要反复地大声朗读，而且还要在日记本上抄写一遍，如果能抽出一两分钟的话不妨抄写三遍。假如你在早晨朗读过，到了晚上最好再复习一遍，这样会给自己一种心理暗示：这些我记住了，已经成为我的观点了。

要是遇到某个你特别喜欢的语句或你从心底里急需的语句，不妨把它单列出来，作为你这个月的功课，花上整整 30 天的时间来消化吸收它。每天要大声地念 30 遍——上午 15 遍，晚上 15 遍，或者一日三餐各念 10 遍。当然还要抄写上 30 遍，抄完后贴到容易看到的地方，比如书桌上、冰箱上、浴室的镜子上。每一次看到它们都要大声朗读、认真体会。

通过重复话语来调整自己的心态，最终你会发现自己的思维方式发生了改变。变化的范围也不仅仅局限在那些话语所涉及的方面，而是你生活的方方面面。积极肯定的话语成了你常用的表达方法。在同别人交谈或者自言自语时不小心说出一句消极否定的话语，就会让你觉得古怪刺耳。于是你不再喜欢消极否定的话语，用得也越来越少。重复这些追求极致、积极向上的话语，能帮你升华到更加美好的生活境界，而这种境界是你于情于理都应该享受的。

多爱自己一点

复习积极肯定话语的使用方法：大部分语句需要——①反复阅读，最好能大声朗读；②在日记本上抄写 1 到 3 次；③上床前再反复朗读。如果觉得某句话特别符合你的情况，把它挑出来作为本月的功课。在 30 天中每天大声朗读 30 遍，抄写 30 遍。如果在此过程中你又读到另外一个重要的语句，不妨先抄下来留待将来。强化训练一次练一句就可以了。

Date / 1月5日

恢复青春强力组合

建立一个"恢复青春"的小组，你既可以获得团队的支持，增进友谊，又可以亲眼目睹恢复青春的过程。加入这个小组的女士们不仅希望自己的外貌和心理可以变得更年轻，还要能欣然接受年龄带给自己的馈赠。周围有了同路人，彼此就可以相互鼓舞激励。人往往看不到自己的进步，却能看到别人的。而对你的每一点进步小组成员都会看在眼里，直言相告的。

参加小组的人未必都是你的同龄人，也可以邀请和你妈妈年龄相仿的同事，甚至邀请你的小妹妹——连她居然也觉得生命苦短、韶华将逝。还可以通过熟人邀请不认识的人。或者干脆在容易遇到同道中人的地方，比如天然食品店、书店或瑜伽中心，挂起牌子来招募小组成员。

小组成立后，成员们要时常打电话、发电子邮件相互联系，每两周还要聚会一次。你可以一个人参照本书进行"日渐年轻"的练习。但是开始之前不妨把计划告诉另一位成员，练习完成后再告诉她结果，这样你的锻炼就容易坚持下去了。你也可以和朋友一同做练习，一起去散步，减压，看搞笑电影，到本地最地道的色拉餐厅吃晚餐。你可以约这位朋友去健身房健身，找那位朋友每周逛一次农贸市场，再和第三位说好每个月去美足，就是和朋友坐在美容院里，边聊天边让人涂脚趾甲。如果这种聚会方式流行开来，喝咖啡约会就会被取代了。

> **多爱自己一点**
>
> 邀请五到十位你熟悉的女士，跟你一起开始恢复青春之旅。小组成员要一起为来年制订计划：大家经常保持联系，隔一周碰头一次；互相帮助，齐心协力将不可能变为可能。

Date / 1月6日

不再做隐形人

常听到中年女性说："我觉得自己像是个隐形人。明明站在那里，别人就是视而不见，不理不睬的。"你在咖啡馆排队买咖啡时，要是觉得店员冷落了你，这种感觉也许不是你无中生有想象出来的。因为事实就是，所有青年人，尤其是青年男子往往会忽视中年女性的存在。就连同样也是人到中年的男性亦是如此。因为拜当今社会所赐，他们盲目地相信自己要比我们年轻，过得还很逍遥自在。

其实，一个人所受的熏陶培养决定了他看待事物的方式。假如你学习过美术，你就会在画廊里流连忘返，醉心于色彩和形态的每一个细枝末节；而别人看到的不过是几幅画作而已。我们的文化从总体上来说培养了人们对年轻女性的特别青睐。在杂志封面上，在影视作品中，年轻貌美的女性比比皆是，其数量、比例远远超过了现实生活中的实际情况。结果呢，我们的全体社会成员都学会了对年轻女子青睐有加，对不太年轻的女子熟视无睹。这种行为绝非先天有意识的，而是后天通过条件反射培养出来的。

下一次排队买咖啡的时候你要是再遭到冷遇，你当然可以大叫一声："是我先来的！"凭着这一招你也许能早一点买到咖啡，但是转身出门的时候感觉却未必良好。我已经发现，要不想被人熟视无睹，最有效的办法就是从根源处入手，从人的下意识入手。我真希望自己能早些明白这一点，我真希望自己在为肥胖苦恼的时候就明白这一点（胖人，即使非常年轻，同样也会被遭人冷落）。好在我现在明白了：事情的关键就在于你是如何看待自己的。要想改变你对自己的看法，每天刚一睡醒就要提醒自己：我，独一无二，出类拔萃，天生我才必有用。你还要在不同的场合用这番话告诫自己：在走进会议厅的时候，步入一家商店的时候，在与上司或者孩子交谈的时候，同各类看门人打招呼的时候。如果能做到这点，无论你去到何处，面前都有红地毯铺路，有信使大声宣告你的光临。

这对有些人而言可能非常容易，我的好友蕾恩就是其中之一。有一次，我为了推销新书来到纽约，因为住在假日酒店，便约她在那儿见面。我预备效仿那些名流，和她到酒店的棕榈厅喝下午茶。然而，盼来的她穿着家常毛衣不说，腿上还因为骨折打着石膏，走路一瘸一拐的。我一下没了兴致，脸也拉长了。棕榈厅里都是些衣着讲究的名人，我们这么狼狈，怎么去喝茶呀。

蕾恩却说："怎么不行啊？你把电话给我。"她对着话筒底气十足地说："我是1801房的客人。我朋友腿骨骨折，行动不便，你们不会要求她盛装打扮好了再下楼喝茶吧？""当然，夫人。我们这就为您安排一张桌子。"对方回答说。站在一旁的我听得目瞪口呆。虽然她不是在跟我讲话，我却不由自主地挺直了脊背。等我们来到棕榈厅时发现，那天是周六，桌子全都满员不说，还有很多人在排队等候座位。我和拄着拐杖、穿着随便的蕾恩刚一露面，便有人护送到专门预留的座位上。目睹这一幕，我惊讶得简直无以复加。

蕾恩从来没有当过隐形人，我们也不必。无论世人存有何种偏见，你都可以成为例外。而这一切，完全取决于你如何看待自己。

> 多爱自己一点
>
> 我，独一无二，出类拔萃，天生我才必有用！

Date / 1月7日

饮食的智慧

要想吃好很简单，要想吃得有营养可就不简单了。如果过分地讲求营养的细枝末节，斤斤计较每餐吃了多少大卡、多少克重的食物，还没等你变得年轻，人就已经发疯了。所以，我觉得还是抛开碳水化合物、蛋白质什么的，首先应该想想大自然慷慨赐予的美味给我们带来的感官享受。想象你面前有一大块冰镇西瓜，一口咬下去，汁水流到下巴时是什么感觉？想想剥开橙子时，一小股酸甜的橙汁像泉水般突然涌出带来的兴奋。还记得爷爷奶奶在菜园里种的甜玉米吗？每一口都是那么新鲜、甘甜。还记得自己将石榴拦腰切开，第一次看见那颗颗精致的星星的情形吗？与星星和泉水相比，食物的营养成分表可是太枯燥乏味了。

报纸上经常报道说，科研人员又从芝麻菜或金橘中发现了某种新的化学物质，食用后有着神奇的功效。没准儿等到芝麻菜和金橘当令的时节，你也想要吃上一点。其实你的生活、你的饮食根本不需要服从某人在某地的实验室里得出的结论。我们讨论的是总体性、根本性的问题，是大自然以及大自然提供给我们的食物。这种食物不但为我们提供已知的营养物质，还提供未知的营养物质。

所谓食物，只要它新鲜，没有去粗存精，没有经过加工，都蕴藏着瑜伽练习者所谓的生命能量。年轻人的生命能量极为充沛旺盛。对那些蹒跚学步的小孩，刚出生的小狗，我们常常要叫他们"坐下！"，让他们安静下来，慢下来。而我们自己却要不停地喝咖啡、进补，盼着能够找回些许的精力。其实要想达到这个目的，更稳妥的方法就是食用未经加工的、未去粗存精的食物。它们能够更好地滋养我们身体的每个细胞，增强身体的自我康复机能。它们不含过多的热量，也没有身体不欢迎的人工化学物质，不会影响身体的健康。

　　大家要明白：让人越活越年轻堪与炼金术相提并论。你要做的是向组成你身体的每一个细胞传达一个信息：你们要帮帮忙，让衰老的步伐放慢一点。那你该补充些什么呢？大自然为生命提供能量的形式早已做出了裁定：新鲜的蔬菜、水果，未被粉碎的干果、种子、豆子和谷物。愿富含生命能量的食品带给你更加旺盛的生命力。

多爱自己一点

对待自己要像对待无价之宝，连细枝末节都要小心在意。

Date / 1月8日

修饰打扮

　　还记得儿时唱的那首儿歌吗？"脑袋和肩膀，膝盖和脚趾。"我们不妨稍作改动，把歌词改为："双手和眉毛，双腿和脚趾。"这四个部位像标点符号一样，让人对你的外表仪容一目了然。以前读信件和报道时，往往被错误的标点符号和滥用的感叹号弄得糊里糊涂，搞不清文章的意图。剥落凋零的指甲油，杂乱无章的眉毛，支棱着粗短汗毛的双腿，亟待修剪趾甲的脚趾，无异于文章中一串误用的标点，大煞风景。

　　其实照顾这些细节花费不了太多的时间和金钱。尽管如此，修饰齐整的人还是难得一见，因为你需要随时随地想着这四个方面。而你一旦做到这一点，你的容貌和心情都会变得更加清新靓丽，青春焕发。冬天的时候，我们的脚趾整天都捂在厚厚的靴子和拖鞋里，不见天日，但也别舍不得花钱修饰一番。只要你心里知道它们有多漂亮，就足够了。

　　自己动手修剪趾甲，用粗布毛巾给双脚去死皮，其实就是自己亲手呵护自己。

花钱请专业人员替你修指甲、修眉毛,是在为自己的健康做投资。平日里,缴税与贷款利息,交水电煤气费,养房养车,都花掉了大把的银子。人为什么不能对自己好一点,在自己身上花点钱呢?让专业人士把凉凉的养护霜涂在你的手脚上,你的身体还未享受到按摩的舒适,你的心灵就已经得到了慰藉。

你可以花大钱去高档的美容院,在这些地方消费确实物有所值。但是我也常常光顾开在商店前门脸的小店,只需花少许的钱就可以修甲修脚去腿毛。此外去美容学校也很实惠。

今天要关注一下自己的修饰问题。能不能订个计划按时去修剪,让自己随时都干净得体?你上街的时候,无论遇到谁都不必担心自己的形象见不得人;寒冬腊月里突然接到去热带度假的邀请,你可以背上凉鞋就出发,因为你的脚趾不怕见人。还要在日记中记上一笔,看下列事项中哪些你能够做到:双手,眉毛,双腿和脚趾,发型,牙齿漂白,衣橱管理。只要把最基本的前四项做好了,你的生活就会变得更有条理,自我感觉也会更加良好。

多爱自己一点

我像爱护一件无价之宝一样,无微不至地呵护自己。

Date / 1月9日

把握此时此刻

人一旦把握住了时间,就把握住了自己的生命,进而延长了自己的生命,因为与别人相比,你更清楚应该怎样去生活。要想做到这一点,有时候你要勇敢地接受时间的挑战。时间就是这样的,你只要给它机会,它就会威胁恐吓你,会在你耳边唠叨:逝者如斯,时不我待,光阴如梭啊。这些话根本不容你争辩,所以不如回答说:"谢谢你的提醒。可是我呢,仍然打算坐在这儿,手里捧着一本小说,或者一张报纸，优哉游哉地品味每一分钟。"

如果你相信自己能够随心所欲地支配自己的时间，你就会像某些女士那样：从未见她们慌张忙乱过，每有约会，总能如期而至，而且还气定神闲。每次你给她们打电话，她们都有时间陪你聊会儿天，或者请你在留言机上留言。从她们的口中你听不到飞短流长，听不到怨天尤人、为自己开脱的说辞。这样的女人是不会轻易老去的，因为有一种时间即不会腐败也不会衰老，而她们则与这种时间结成了共同进退的同盟。这种时间就是"此时此刻"。虽然我们对已然逝去的和尚未来临的时间情有独钟，但是唯有此时此刻才是我们能够真正把握的。如果我们能认识到这一点并加以珍惜，而不是为了将来某个更重要的时刻就轻视、蹂躏此时此刻，我们一定会获得丰厚馈赠的。

就在此时此刻，时间是很充裕的。此时此刻，你分毫不差完全是你最本色的自己；此时此刻，你可以发挥的潜能无穷无尽。当你能够摒弃烦恼与悔恨时，你就能生活在这种恬静自在的境界中了。只可惜我们中间太多的人都迷恋上了烦恼与悔恨：因为这两种情感太富有戏剧性了。人在为将来可能会发生的，或者已经发生的倒霉事情扼腕叹息时，感觉不亚于观看电视连续剧，而且更容易分清楚不同的角色。但是烦恼与悔恨能辣手摧花、毫不留情地催人老去。它们可谓是精神上的自由基，专门掠夺人的青春与年华。如果你能够停留在此时此刻，你就不会衰老。当然，如果你此时正在阳光下吞云吐雾，就又另当别论了。

多爱自己一点

我生活在此时此刻，笃定而又安心，拥有充足的时间。

Date / 1月10日

沐浴与新生

以前，我讨厌杂志上那些教人如何洗烛光泡泡浴的文章，觉得多看一眼都会被文章中的"陈词滥调"烦死。但是现在我明白了：要是你能正确看待的话，沐浴并不仅仅只是沐浴。它，象征着新生，新的开始。可以说你每一次入浴净身，都是跟往事告别。你刚刚跟同事发生的争执，早上在地铁里拥挤挣扎的经历，都可以一洗了之。真的，你讨厌的人，你的工作、烦恼和压力，都能随着水流走。而摇曳的烛光，纷繁的泡沫，会为你的沐浴平添更多的情趣。

清晨，仅仅简单地冲个澡，却照样能起到上述的作用，而且还能让你完全清醒过来。傍晚，长时间地浸泡在浴缸里，泡掉一天的疲惫，代之以能让时光倒流的放松。其实人喜欢沐浴并不奇怪。早在生命孕育之际，人不就是在一个温暖、隐秘的海洋里飘浮了十个月吗？在那里可没有衣物、账单、车马的搅扰。如果能安安静静好好地泡个澡，时光肯定会倒流，让你重温人之初的安宁和静谧。

至于烛光和背景音乐，可别像我过去那样嗤之以鼻，不屑一顾。要是谁有资格享受一次贵族档次的沐浴，那就是你了。而且洗浴用品价格不高，在药妆店里一般都能买到。比如搓澡用的丝瓜瓤，磨脚跟的浮石，要是浴缸不够舒服的话再买一个充气枕头。平时要多多收集浴盐和浴油，有人送礼的时候不妨点名就要它们。找一只不会破碎的大杯子，专门盛放冰镇柠檬汁或者滚烫的花草茶，供你沐浴时享用。把浴油或者护肤霜放在浴缸附近，出浴后可以涂在湿润的身体上。还要准备几条柔软蓬松的毛巾用来擦干身体。另外，一件柔软、宽松的毛巾浴袍虽然奢侈但也是必不可少的。在内衣店或者卫浴用品折扣店里就可以买到。

平时在浴室里要多放几根蜡烛，我的就摆在暖气片上，拿的时候不费力，也不容易熔化。在远离浴缸和洗手池的地方可以摆一台小型CD机。不一定每次沐浴都点蜡烛放音乐，但在你需要的时候，它们都伸手可及。此外需要说明一点，沐浴不是没有效果，但也绝非包治百病。所以即使是简单的淋浴，也要点上两支蜡烛。至少每周让自己尽情享受一次沐浴，享受一次新生。

> **多爱自己一点**
>
> 今晚郑重其事地沐浴一次,然后记录在日记中。

Date / 1月11日

四季人生

你也许听说过,有人把女人的一生划分为三个季节,也就是少女、母亲和老太婆三个阶段。随着二战后婴儿潮时代出生的人逐年临近中年,这种分类方法便野火一般蔓延开来,参加"老太婆"聚会的人也越来越多。我朋友凯伦第一次去参加的时候,觉得可笑之极。别人要么为主办人认认真真地朗诵一首诗,要么送上一件出自危地马拉的手工艺品,她却怪腔怪调地演唱了鲍勃·迪伦那首经典的老歌《谁都会变成老太婆》。可惜聚会的氛围非常肃穆,她的滑稽表演并没有博得满堂彩。

以前女人都是15岁结婚,活到50岁就算是长寿。所以少女/母亲/老太婆这种分法也算有道理。但是到了现在,一位年方50从未患过心脏病、癌症的女性,根据统计数字,她有望活过90岁。按照以前的分法,我们身边数以百万计每天忙忙碌碌的女士,明明还有40多年的寿命可活,居然被当成了老太婆,岂不是荒谬可笑?所以三个季节可不够,应该是四个才对。

无独有偶,印度长寿学(草医学)早在3000多年前就提出过相似的理论。长寿学起源时正值印度的黄金时代,哲人辈出,社会繁荣,佛教和基督教都还没有诞生。当时专门研究人类健康的先贤们就指出,人的正常寿命是100岁,应该分为四个阶段,每25年为一个阶段或季节。人在第一阶段长大成人接受教育,在第二个阶段成家立业生儿育女,在第三阶段用自己的才智服务社会,到了第四个阶段,要致力于精神层面的研究和冥想训练。

如今，活到百岁已成为可能，四季理论也正好为我们所用。人在头25年要了解世界，学会做事情。在第二个25年忙着进入社会，实现个人理想。在50到75岁之间，为了给儿孙留下遗产而继续工作。到了这个岁数，尽管常常有人劝我们悠着点儿，不要太拼命了，但是企业的甚至国家的领导人多半都处于这个年龄段。就连很多艺术家和作家也是在这个年龄段才创造出最伟大的作品。在人生的四季之中，中年可是专门用来拓展视野和发挥个人影响的时期。

75岁之后，人变得睿智深邃，阅历丰富，思想深刻。如果你依然身体健康，诸事顺利，不妨让自己充分享受这个季节。作为一个高贵的长者，睿智的老太婆（要是你喜欢这个词），你正好可以对年青一代言传身教，同时继续体验美好人生，坦然面对人生的结尾。跟年轻人谈论死亡太过沉重，但是跟八九十岁的人谈及此事，就会发现她们相当务实。因为她们把死亡看成是生命的另一个阶段，自然而然，理所应当。

等你认识到你的人生也分为四个季节，拥有将近100年的健康时光，一种全新的可能便展现在了你的面前。你会觉得人生的四个季节难分轻重，各有千秋，都是一样的重要，而每个阶段都是我们获得满足和喜悦的大舞台。

> **多爱自己一点**
>
> 我的人生四季，犹如一年之中的春夏秋冬，每个阶段都各有千秋，美丽动人。

Date / 1月12日

如果世上真有万用灵药，那就是锻炼

锻炼能够对抗衰老带来的一系列负面反应，诸如脂肪堆积，骨质退化，四肢肌肉松弛，身体僵硬，平衡能力降低，静脉曲张，新陈代谢速度趋缓，让你的

体重无法保持在理想状态。此外，经常锻炼的人还不容易发作心脏病，或者患中风、骨质疏松症、糖尿病甚至某几种癌症。把锻炼场所叫作"健康俱乐部"，真是名副其实，实至名归。

不仅如此，爱运动的人都活得很开心。你要是也经常运动，情绪就会变得更加平稳，轻易不会感到消沉郁闷。只要让肌肉运动起来，紧张不安就会消失于无形。更有甚者，剧烈运动后，身体会分泌许多种有益的荷尔蒙，比如去甲肾上腺素和各种安多酚，它们可是能够改变你对这个世界的看法哟。要是在你面前放一只盛有半杯水的玻璃杯，过去不爱运动的你会说玻璃杯是半空的，而现在因为有了这些荷尔蒙，你就会达观地说杯子满了一半。

你若是长时间没去锻炼身体，开始之前一定要征得医生的同意。这话听起来似乎有些傻气。你躺在沙发上大吃垃圾食品无需征求医生的意见，这回好不容易打算锻炼身体了，反倒要去问问医生？这是因为有些人的心脏病可能没被发现，而运动可能会使之恶化，甚至导致运动后猝死。所以，还是安全第一。如果你患有关节炎，以前受过伤，医生还会向你推荐一位运动治疗师。有了他的帮助，你就能通过锻炼延年益寿，而不至于因为扭伤、拉伤而草草收场。

得到医生许可之后，接下来的每一步仍然要小心谨慎。这话可是像钻石一样，经久不变，历久弥新。我们知道，要想把身体锻炼结实，变得更加年轻，每周必须做6次以上的有氧运动，每次30分钟（见3月16日），外加3次重量练习（见4月26日），而且每次锻炼的前后都要做伸展运动（见10月10日）。还有，经常在花园散步、侍弄花草的人，哪怕只要稍微活动一下，肯定要比成天看电视的人要健康年轻许多。其实，人类从爬行进化到直立行走还有一个额外的好处，那就是健康和长寿。

所以从现在起就行动起来吧。目标不要定得太高，一旦明确下来，就把它当成自己神圣的职责，除非生病、受伤或家里有紧急情况，否则该跑步就去跑步，该游泳就去游泳。万一中途有所懈怠，一旦恢复理智就必须马上重新开始。这个时候斥责自己也没有丝毫用处，要紧的是赶快行动起来，不要再耽误下去。

多爱自己一点

我喜欢身体运动的感觉，喜欢感受身体的柔韧和结实。

Date / 1月13日

积极向上

公关人员都擅长编故事,他们若是宣称某位影星为了休养而息影,其实他可能是在戒酒康复中心接受治疗;有些人说自己"经常待在家中",实际上他们可能找不到工作。这些人不惜重金聘请专业人士帮他们从逆境中发掘出积极因素,然后公之于众。而我们所要做的,就是随时挖掘出我们生活中的积极因素,然后专心地想着它们就够了。凡事越是多想,就越是突出。看待事情的时候,要是能够将目光锁定在积极向上的一面,你的生活就会洒满了阳光。

生活中遇到了不顺心的事,我们正好可以趁机锻炼自己乐观的心态。例如:

☆ 天又下雨了:
　　太棒了,我正好不想修剪院子的草坪呢。

☆ 夏季旅行的钱还没有凑够:
　　那就在家玩儿吧,省得一路舟车劳顿,得再休一次假才能补回来。

☆ 涨薪水/晋职/理想的工作/奖励/心仪的男子,都没轮上我:
　　这次就不该是我的,但下一次我要定了!

☆ 自认为做了件"蠢"事:
　　欢迎你回到正常人的队伍中。

☆ 在自己脸上或身体上发现了衰老的痕迹:
　　我居然经历了这么多,真是不简单啊!

明白了吧?这样多做几次,就会养成习惯。起初,你可能觉得这种乐观像糖精一样,腻得不自然,跟自己实事求是、直面现实的性格不相符。但自己的生存环境我们不是可以选择吗?你喜欢用硬邦邦、冷冰冰的现实构筑的世界呢,还是营造一个温馨舒适、蕴含着无限可能性的世界?英语中"possibility"(可能性)与"positive"(积极乐观)两个词共享一个词根,绝非偶然。前者有赖于后者,只有心怀积极乐观的态度,各种可能性才会成长壮大,结出硕果。

所以,不妨考虑一下我的建议。只要你的世界观不像死神那般冷酷无情,人们不会嘲笑你的。相反,在这个悲观主义盛行的世界上,其他乐观的人会很快发现你,然后不辞辛劳地主动来找你。恭喜你,这个结果可是好多人都希望得到的。从此以后，你就可以像童话中的王子公主那样永远幸福地生活了。老话说得好：物以类聚，人以群分。人应该把自己变成一块磁石，将生活中最美好的人和事物都吸引到自己的身边来。

> **多爱自己一点**
>
> 我生活的世界温馨舒适，蕴含着无限的可能性。

Date / 1月14日

清晨的温油按摩／推油

如果要我在书中最喜欢的部分打上星形标记的话，我就打在这一篇的前面。在古印度长寿学的典籍中，记载了用温油自我按摩的方法，并对其显著的驻颜功效大加赞颂。按摩本来就能使气血顺畅运行，再配以温热的芝麻油，从头按到脚，能够增强免疫力，促进血液和淋巴液的循环，调节神经系统和内分泌系统的平衡。根据我的经验，按摩最好要有规律，每周至少两次，四到五次更好。坚持一段时间以后，你会发现自己的心绪更加沉着，身体更加强壮，御寒的能力也大大增强。如果嫌芝麻油太黏稠，可以代之以杏仁油。

按摩之前，需要到健康食品店买瓶芝麻油，一定要买低温压榨的那种。另外再买个带盖的小塑料瓶。把适量芝麻油倒入小瓶，连瓶放进盛满开水的杯子里烫热。利用这段时间，不妨躺下深呼吸几次。等油变得温热后，取一汤匙左右倒在头上，两掌心用力，快速地来回揉搓头皮。然后，掌心往下移动，依次按摩太阳穴、耳朵、面颊和颈部等。你可以根据需要增加用油量。按摩胸部、腹部、臀部和关节时，要按顺时针方向画圈。按摩胳膊和双腿时掌心要上下来回移动。脚部按摩，尤其是脚底部分，尤其重要，不能省略。

这样全身按摩一次只需10~15分钟，快一点甚至用不了5分钟。完成后最好能休息片刻。按摩之后先冥想一会儿,然后再去淋浴。要是时间紧张,匆匆按摩后接着就淋浴更衣,效果同样会很惊人。头和脚都是需要重点按摩的部位。但要是哪天懒得洗头,那就免去头部按摩好了。另外,涂了油之后为了防滑,最好预备一个防滑浴垫。按摩时,每按一个部位,都不要忘了表达你的欣赏和感激。你的每个部位都非常美好,因为它们全都属于你,而你又是属于上苍的。

多爱自己一点

在本周的计划里写上:"去健康食品店买芝麻油。"从明天早晨开始,给自己做温油按摩。还要订出计划,每周至少做两次。

Date / 1月15日

今天休息

在过去的两周里你真是辛苦了,所以今天要好好休息。今后每月逢15和30都是休息的日子。你可以休息玩耍,也可以用来补补以前落下的功课。要是觉得哪一篇比较重要,就趁机温习一次吧。

Date / 1月16日

丰富的内心世界

你的一部分是永恒不灭的。实际上，除了某几部分，你整个人都是永恒的。从理论上讲，物质不灭，其中就包括了你的身体器官。只不过它们不是永远属于你一个人的罢了。其实，你不仅仅由一个身体和一个大脑构成，你还有一个灵魂。正是这个灵魂才将你的身体和大脑组合成为生命。如果你现在还无法认同这样的观点，权且听我说完。你并不是一具会逐渐老去的肉体，肉体里可能拥有一个灵魂；相反，你是一个不老的灵魂，正寄宿于一具肉体里。这话只要你在今天觉得有道理就可以了。

但这种想法，将会为你注入无穷的活力和希望，拓展你的洞察力，从而让你变得更加年轻。你会懂得眼前所见的并非自己一定要得到的——至少不是全部，于是心里的压力减轻了。你会渐渐明白，你的努力、你的存在，其影响远比你想的要大，于是不再灰心丧气了。另外，相由心生，你的外表还可以体现出你的内心。也就是说，你心里认为自己是什么样子，你的外貌就会是什么样子。你把自己的真我看成是一个不老的灵魂，与那些只拥有肉体、为了几条鱼尾纹就会烦忧的人相比，衰老的速度自然会减慢。

内心世界丰富的女性，即使年事已高，仍然能年轻得令人瞠目，让大家以为她们有秘诀。不错，她们是有秘诀，那就是她们并不认为自己老。艾瑞斯就是一位这样的女性。从来不知疲倦的她，双目炯炯有神，顾盼之间，似乎能照亮整个房间。我和她曾在一家图书馆共事。工作是半志愿性质的，只有我这样25岁以下的年轻人，和她那样75岁以上的老人才愿意去做。当时我太年轻，一次头疼、粗鲁的读者、乱放的图书，都会引来我连声的抱怨。而艾瑞斯总是对我粲然一笑，说："孩子，世界就是这样，不会十全十美的。"

艾瑞斯多年来坚持每天都做冥想。她亲口告诉我，说她除了生儿子那天，57年来还从未间断过。她对文学如痴如醉，说她是图书馆的助理，不如说她是智慧之泉。艾瑞斯并没有将精神上的修养同自己的外在生活分隔开来，多年来她一直以播撒快乐为己任。96岁时年纪轻轻的艾瑞斯去世了。她的精神生活与日常生活结合得如此完美，如此严丝合缝，相信她很快就能适应天堂上的生活。

你的世界观、宇宙观、宗教观,都只与你有关。借助它们你可以构筑精彩的内心世界。它们能与你沟通,为你效力,为你不完美的世界带来天堂般的福祉。于是,生活中有更多的事情你能够理解,即使不理解也更容易包容。你的内心世界就是帮你固定下来的锚,是你的平衡点。你早晚都会找到它,无论起因是你从童年开始的信仰,还是后来接受的启发,或是发自内心深处那个自己视作心灵家园的地方(尽管不是名人名言,不是引经据典,算不上什么高深的主义),无论以何种形式,你的精神生活只属于你,而且永远支撑着你。

多爱自己一点

我是一个不朽的精神存在,拥有非凡的尘世生活。

Date / 1月17日

衣着别致

穿衣的最高境界就是借助服装彰显你的为人。就算你不会画画,不会做什么手工,你身上的服装也能显示出你的视觉审美能力。小的时候,我母亲总是衣着华美,我的教母蒂德也总是满怀敬意地提起夏奈尔等名牌。到我学会自己系扣子的时候,我的两位服装启蒙老师都已经年过60了。也许正因为此,我从来不觉得上了年龄的人就应该放弃自己对服装的爱好。但是中年之后我才惊讶地发现,我已经过了穿时髦衣服的年龄,但还没到穿过时衣服的时候。生平第一次我为穿衣犯起了愁,只好一天到晚穿着黑色的衣服,盼着有一天能想明白。

果然,我想明白了。过时的衣服,无论是谁都还没到穿它的年龄。而衣着别致是一种中间状态,位于过时和时尚之间。或许不是正中间,而是在中间偏时尚的位置。杰奎琳·奥纳西斯(美国前总统肯尼迪的夫人,后来肯尼迪遇刺身亡,又改嫁希腊船王奥纳西斯)和格蕾斯皇后(美国好莱坞明星,后来嫁给摩洛哥国王)都是美国

人心目中的着装偶像。上了年龄的她们,并没有整日哀伤,也没有自暴自弃地穿上化纤裤子和丑陋的印花上衣。我们也大可不必。短小、透明、紧身的衣服我们的确不能再穿了,但是上街购物、穿衣打扮的乐趣并不应因此而减少。年轻人第一天上班就不顾后果、疯狂购物的豪情,同样也在我们的心中涌动着。这一切的关键就是要将穿衣打扮当成一种嗜好、一局游戏。游戏赢了,获得的奖品就是高雅的衣着。

你穿的衣服干净熨帖,适合你,衬托你,便算你赢。适合你的衣服一穿在身上,你的性格马上凸现出来,服装本身反倒不显眼了。为了穿着别致,与其把最新的款式都披挂在身上,不如借它们来做点睛之笔。比如现在流行绿色,给自己原来的衣服配一件绿色的衬衣,或系一条绿色的丝巾,便大功告成。小小的变动照样也有显著的功效。比如,在长裙的一侧开条衩,把裙边或者放长到脚踝处,或者收短高过膝盖。要是你的两腿修长漂亮,不妨穿条短裙,但千万别短到让人联想起"迷你"两个字。

不管什么价位的衣服,买回来就能称作"别致"的几乎没有。别致应该是服装和人的结合,让服装的剪裁配合你的体形,让服装的颜色配合你的肤色,让服装的质地配合你的生活方式。现在别致已经超越了服装设计师和摄影师的权限,变成了一门搭配的功夫。买衣服与其说是占有,不如说是搭配,所以一定要亮出你的眼光来。

多爱自己一点

看看自己的衣服,你真正喜欢的衣服都有什么共同之处?你最喜欢的衣服颜色是鲜艳的还是柔和的?保守的还是张扬的?它们的剪裁是为了突出你的体形,还是加以遮掩?你找到的共同之处能让你了解自己的风格。其实所有别致的元素早已经藏在你的衣橱里了。

Date / 1月18日

最周详的计划

中年本应是实现早年人生计划的时候,可惜计划不如变化快,人们往往难以得偿所愿。结果许多中年人对人生倍感失望和惆怅。有的人满以为自己很开明,任孩子在A、B、C三种生活方式中选择一种。结果孩子长大后却选择了D,或者"以上皆不选"。还有的人凡事都讲求正确,工作勤奋努力,婚姻认真经营,为了安度晚年而定期存钱。但是到头来不是中年丧偶,就是老伴身体不好,需要人整日伺候。

发生这些事情是因为生活本来就充满了变数。以前我们竭尽全力地周密计划,认真付出,但是临了仍然不能像其他人那样得偿所愿。在这种情况下你会怎么办呢?首先,该难过就难过,坐着伤心一会儿,在日记本上涂鸦几句,跟朋友聊会儿天。但是当这种感受开始淡化的时候,千万不要总去揭伤疤。伤心总会成为过去,你可是要继续前行的。

所谓继续前行,就是善于灵活应变,即使原计划A不能如愿以偿,你也能从计划B中看到可亲可爱之处。灵活应变,就是要看得更加长远,将自己视为一个沿着某条轨道前进的灵魂,而不仅仅是一个孤独无助的女人,一个在股市上挥霍了大半退休积蓄的女人。灵活应变,就是利用现有的资源去创造新的美好,好比用隔夜剩饭加洋葱土豆照样能做出一顿美餐一样。

尽管如此,人照样应该认真地制订计划,不屈不挠地为之奋斗。虽说订了计划也未必会实现。但没有计划肯定什么都不会实现。为了更加美好的生活,请不要拒绝更多的可能性吧。不论你现在拥有什么,哪怕只是一枚洋葱,几个土豆,也要用心煮出一碗热气腾腾的美味来。

> 多爱自己一点
>
> 就算这个计划泡汤了,我还有一箩筐的计划可以替代它。

Date / 1月19日

优雅的仪态

要是我告诉你,我能让你在别人眼中马上变得苗条10磅,年轻10岁,身上的普通衣衫马上变成高档时装,你可能以为我是在做广告。但这一切不仅是真的,还不需要你分期付款呢。其秘诀就在于你的仪态,在于你站立和行走的姿势。

优雅的仪态如同惊鸿一瞥,虽然难得一见,却让人惊艳不已。春天乍一看到盛开的第一朵玉兰,就是这种感觉。天天头顶水瓶去打水的女人仪态优雅,但我周围一个也没有。另外就是舞蹈演员(包括已经退休的)和士兵(虽然稍嫌僵直),也包括在此之列。

弓腰曲背不利于健康,不但会压迫内脏,妨害呼吸,损害脊柱,还会平白无故地给人一种四体不勤、懒惰成性的印象。相反,你若是昂首挺胸、步态优雅,别人会刮目相看,觉得你很不简单。不论你自信与否,挺直脊背便是一副气宇轩昂的样子。你的体态甚至能影响你的精神。练习瑜伽的人认为,人体的气沿着脊柱上行,顺路激活脊柱两旁的能量点。体态若是不当的话,脊柱的排列对齐和能量的激活都会大受影响。

要想"站直"或"挺胸",外界的强迫根本不管用,否则妈妈每天的唠叨早就起作用了。我们不妨每天多注意一下自己的体态。干脆现在就注意一下,你是怎么坐的?收腹没有?双肩放平了吗?是笔直地坐着还是躺成了一个中国汉字的"大"字?这些只是提醒,可不是警告。倘若发现自己的姿势不对,可要赶紧纠正。另外,一定要留意你的情绪。不良的姿势和步态往往是心情压抑和绝望的表现,可不能掉以轻心。

在一天之中要不断提醒自己站直,朝上方拉起肚脐以上名叫腹腔神经丛的部位。这样不仅能改善整个人的仪态,还可以减少腰部的赘肉,让腰肢变得苗条。很多中年人腰部之所以变得臃肿,原因之一就是脊椎骨之间起减震作用的部分变薄了少许,导致腰部皮肤和皮下脂肪开始堆积,结果就出现了令人厌恶的"游泳圈"。

以前的姿势可谓是冰冻三尺非一日之寒,所以不要着急,要允许你的动感记忆慢慢适应新的姿势,不要期望一夜之间革除旧习。但是只要持之以恒,总有一天会有人走过来问你:"你是不是舞蹈家呀?"该怎么回答就随你的便吧。

> **多爱自己一点**
>
> 我站姿优美,步态优雅。我为自己的身体和姿态感到愉快。

Date / 1月20日

健康肌肤十二步

皮肤可以暴露你的年龄,也可以帮你隐瞒。若想让皮肤继续帮你隐瞒真相的话,可要好好照顾它哟:

☆ **第一步** 每天洗脸两次。临睡前彻底清洗一次,早晨再简单清洗一次。但是为了清除脸上残留的夜用护肤品,还有八个小时中产生的死细胞,早晨仅仅用水冲一下脸可是不够的。

☆ **第二步** 给肌肤喂水。肌肤喜欢水,喜欢保湿润肤的产品。为了确保锁住水分,每天要喷润肤水,然后涂上保湿霜。

☆ **第三步** 多喝水,从内而外滋润肌肤。

☆ **第四步** 白天不涂防晒霜绝对不出门(详见5月2日)。

☆ **第五步** 每周去死皮一次。如果你的皮肤很敏感,只需要使用洗澡巾外加洁面乳就够了。否则可以任选一种磨砂型洁面乳来清除老细胞,展露出幼嫩的新细胞。

☆ **第六步** 保持睡眠充足。疲惫时皮肤真的会枯萎。睡眠不足会导致眼圈发黑,脸上长疱,面色惨白憔悴。

☆ **第七步** 不吸烟。如果你吸烟的话,戒烟不仅能挽救你的皮肤,更能挽救你的生命。越早戒烟,就能越早阻止脸部的衰老。

☆ **第八步** 饮酒要有节制。

☆ 第九步　抗衰老产品要选择你所需要的，不能乱用。市场上产品种类繁多，不妨选择适合的产品，试用一段时间以观效果。

☆ 第十步　饮食要均衡，多吃水果蔬菜，而且要持之以恒。

☆ 第十一步　服用能保养皮肤的营养品。肌肤喜欢的营养成分有：能够抗氧化的维生素A、维生素C、维生素E、生物素（维生素H）、硫黄（一种名为MSM有机硫黄的营养品中含有）、矿物硅（马尾灯心草中含有）。

☆ 第十二步　不要拉扯扭曲自己的面部。肌肤可以保护你，但不是盔甲。请温柔对待它。

多爱自己一点

从以上步骤中选择你最需要的一步，然后持之以恒，直到它变成你的第二天性。

Date / 1月21日

越来越强的好奇心

许多百岁老人谈及自己的长寿秘诀时，总会异口同声地提到好奇心。有的人对这个世界，对人，对思想、发明、潮流及未来抱有好奇心。两个人如果在其他方面差不多，一般而言，好奇心重的人不容易变老。这种现象不是没有道理的，因为好奇的人需要留在这个世界上，需要调动自己的各项禀赋，需要参与即将发生的事情。

如果你的态度开始变得淡漠，你应该马上将这种淡漠从心中剔除出去。淡漠可是会蔓延的，可以从一只小小的害虫演变成为一场波及全局的灾难。"我才不在乎呢。""我不太感兴趣。"这种话一定要小心提防。你的年龄可能很大，而且肯定是见多识广、阅历丰富。但是你必须培养新的兴趣爱好，或者从全新的角度重新体验

过去。无论你以前去佛蒙特滑过多少次雪,已经看过多少遍《绿野仙踪》,这都无关紧要。重要的是今天是崭新的,你可以用崭新的方式去滑雪,去观看《绿野仙踪》。

同样需要提防的还有厌倦享乐的心态。这种心态乍看起来颇为深沉老练,其实是故布疑阵,看你是选择老迈而又老练,还是青春而又好奇?所以,要经常问自己:这是什么?是从哪儿来的?怎么用?看你能否让他人敞开心扉,向你讲述他们的生活、童年、工作和爱好。路边某处古迹的纪念碑,博物馆里画作旁边的文字介绍,剧院节目单上对每个演员的简介,不妨都留心阅读。家里订阅自己喜欢的刊物,去看医生或图书馆时,翻阅一下那些你不知道自己是否喜欢的杂志。好奇心是一种机会均等的性格特点,你对一切都好奇,那一切都能帮你变年轻。

> **多爱自己一点**
>
> 我发现了一百万件趣事,正迫不及待地要去探个究竟。

Date / 1月22日

从外在做起

我坚信人可以从内而外地改变自己。以前我写过两本书,一本是关于减肥,叫作《从内在减肥》,另一本关于内在美,叫作《由内而外的美丽》。对于内在的重要性我真的十分熟悉。尽管如此,要想改变自己,有时候更易于从外在入手。稍微改变一下自己的风格、发型、妆容,借此为自己平添几分好心情。

有时候你需要一点实实在在的改变,由内而外的改变看起来太不合时宜,太遥不可及。在这种时候,不如去把指甲涂成鲜红色,买一双新鞋(干脆也买成鲜红色的)。这样一来,你想要的改变不但在心灵的层面上发生了,现实中你还买了新鞋,指甲也焕然一新。

修饰相貌有时就像爬一道溜滑的陡坡,用力过度反倒适得其反。可惜我们生存于其中的文化背景偏偏过分看重相貌的修饰，所以我们必须加倍小心，否则物极必反。但是，在脸上、身体上巧妙地稍加点缀，肯定会让你的心情愉快、情绪高涨。这么做并不是背叛自己，因为猫咪也会梳洗，鸟儿也会打扮，就连上幼儿园的孩童也会为了一件新衣服而高兴半天呢。即使只是简单地戴一顶帽子，买一支口红，做一次美容，都能够慰藉人的内心。这么做可不是"花钱买快乐"，只是替你买回一点时间而已。

> **多爱自己一点**
>
> 今天要为改善自己的外在做一件事情。比如，挑选一件平时很少佩戴的饰物，改变一下发型，买回那件自己中意已久的衣服。

Date / 1月23日

如何补充营养

许多多的研究成果表明，某些营养补充物具有延年益寿、延缓衰老的功效。本来大多数人的膳食结构就不够理想，现在人们又慢慢发现，即使那些能够合理搭配饮食的人，摄入的养分也不够充足。因为现在的土壤养分逐渐枯竭，农民又提前采收农作物，结果食物中的营养大不如前。举例来说，番茄在成熟之前的4个小时至30分钟的时候，才从土壤内汲取所需的大部分矿物质。可惜绝大部分番茄还没等到那个时间就被采摘了，那些矿物质当然也留在土壤里了。

人到50岁左右，身体对某些养分的吸收能力比以前更为逊色，需要额外补充才能满足需要。人们还发现，许多种营养的摄入量，如果超过专家建议的通过饮食摄入的数量，能够起到预防和治疗的双重效果。比如，服用某些维生素、矿物质、氨基酸及其他天然存在的物质，就可以消灭自由基。自由基非常不稳定，不但能破坏健康的细胞，还能让人未老先衰。

研究表明，抗氧化物质可以拦截自由基，有效地阻止其破坏行为。许多食物中都含有抗氧化物质，特别是在暗绿色食品（花椰菜、羽衣甘蓝、菠菜）和黄色食品（山药、胡萝卜、南瓜、柑橘类水果、杏）中。这些食物你都可以当成维生素片来吃。如果你宁可直接吞咽药片，你可以每天不加选择地胡乱吞下一把药片，也可以挑选某几种口碑好、能延年益寿的维生素片，然后长年适量服用。以前我就选择了前一种做法，一段时间后，出现了呕吐反射。我这才明白自己误入了歧途。其实，备受推崇的方法是大量补充优质复合维生素，外加维生素C、维生素E、叶酸以及辅酶Q-10、硒等额外的抗氧化物质。另外还可以再加上铬、维生素B_{12}、锌、钙镁混合物及必需脂肪酸（译者注：指那些体内无法制造、必须由食物提供的脂肪酸）。从2月24日起我将对以上各种营养成分逐一介绍。

现在，你不妨考虑一下补充维生素的问题，甚至翻查资料以增进了解。如果你在看医生，一定要让医生知道你想补充哪种营养成分。补充剂虽然确有其效，但并不意味着你的日常饮食就可以敷衍了事。天然食物中可能含有一些至今仍未被发现的养分呢。所以既要合理饮食，又要补充营养，两相结合才能相得益彰，两全其美，在留住青春的同时，安享健康与长寿。

> **多爱自己一点**
>
> 我从方方面面力保健康。我服用的补充剂能使我更加年轻。

Date / 1月24日
将希冀与梦想拼贴成一幅画

要想永葆青春就必须明白一个秘诀：梦想与衰老是两个对立面。在二者之中该如何选择，悉听尊便。你要是能将希冀与梦想拼贴成一幅画，它们就会因此而变得真实可信，变成你依葫芦画瓢的行为样板。

如果你玩过"藏宝图"游戏，一定明白该怎样把自己的愿望拼贴成一幅图画。但是我觉得图上的重点应该是你对未来生活的憧憬，对自我的设计，而不是那些能满足你物欲的物品。平时浏览杂志的时候，留意看哪些语句图片能反映你的性格、你的渴望，哪些品质你需要继续培养，哪些理想能让你感动，哪些目标你想要达成，哪些梦想你希望实现。做拼图的时候，哪怕是毫无可能性的梦想都显得真切而又实在。然后，把那些吸引你的图片和语句剪下来，有的要取其字面意思，有的要取其象征意义。凡是吸引你眼球的东西都要剪下来，多剪一些也无妨。

剪下来的语句、图片要收进纸盒、厚信封或文件夹里，免得生皱。等累计到一定数量后，去买一瓶胶水、一张空白纸板。纸板一定要大张的，颜色随便。找一个午后或晚上，你就可以享受"剪子加糨糊"这一古老游戏的乐趣了。

你可以把整张纸板都贴满，也可以精选一些自己中意的图片或语句，在它们周围留出空白。等每张图片都各得其所，用胶水固定好了，你就可以欣赏自己的杰作了。贴画最好能挂到一个你天天能看到而别人无法看到的地方，免得他们评头论足。尚未实现的梦想非常娇嫩，如同准备萌芽的种子一样，必须避开阳光的直射。除了播种者可以随时察看以外，其他人一概免入，闲话少说。

每天都要花一到两分钟的时间观摩自己的拼图，至少坚持6个月（或者一直坚持到贴画上的梦想大部分都已实现，需要更换新的拼图的时候）。眼睛看着它时，心灵要去爱抚画上每一个愿望。如若有的愿望已经变成了现实，不管是全部实现还是部分实现，都要表达自己由衷的感激。千万不要在愿望实现后反倒说："葡萄牙我去是去成了，但那20磅体重我肯定减不掉了。"这种话实在是有失厚道。相反，你一定要坚信，这幅命运之图上的一切都由一股善良的力量掌握着，每一步进退都着眼于你的最高利益。

> **多爱自己一点**
>
> 拼一幅希望与梦想的贴画。从今天开始，阅读报纸杂志的时候，要把有助于你构筑未来的语句和图片剪下来。在两周之内完成拼贴、悬挂工作，然后每天都要花点时间观摩、体会。

Date / 1 月 25 日

美　发

我父亲有一种乡村传统守旧的观点,认为女子无论年龄长幼都必须留长发。我跟父母一起住的时候,他们根本不让我剪头发。于是我想出各种刁钻的计策来行使自己对头发的支配权(也想借此支配我的父亲)。比如每次只剪去一英寸,让父亲无法察觉。鉴于我曾经受到过的头发管制,我当然不会对你的头发指手画脚横加干涉。你权且把这段话看完,信不信都随你的意。

十年来一成不变的发型会让人变老。我有过一个名叫杰茜的同事。她并不喜欢复古风格,但是她的发型(以及相搭配的服装和化妆)都是20年前老掉牙的那种了。她就这样每天穿着古装戏服般的来上班,自己居然丝毫没有察觉。当然,杰茜的例子有些极端,但如果你现在的发型跟5年前的一模一样,是不是应该去换个发型了呢?当然新发型不一定非要跟旧的迥然不同,只需稍加变化就可以赶上潮流了。

一般说来,大多数成熟女性都不应该再留长发。长发看上去乱蓬蓬的,过于随便,而且还会遮住脸庞,让五官相形失色。有些女士头发比以往少了许多,留长发反倒会凸显出头发的稀疏。但凡事都有例外,你可能就是其中之一。年近50岁的琳达拥有一头浓密厚重的红发,她的长发不但引人注目,还与她服装设计师的身份很相配。如果你的长发已成为你的标志,给你带来如潮的好评,你就不必效仿他人,尽可以像琳达那样为自己的长发感到骄傲。如果不是这样,不如剪个短发,让生活变得简单起来。

今天要想想自己该换个什么发型,是要稍做修剪呢还是全面更新?你对现在的发型感到满意吗?打算一直保持呢还是换个新的?你觉得自己的发型师水平如何?如果水平一般,她只能帮你维持现状。但要想恢复青春的话,就得找一位优秀的发型师了(详见4月5日的内容)。平时要浏览一些女性杂志和时尚刊物,看看有哪种发型自己今后可以尝试。发型做得好的话,不但适合你脸型,更可以衬托出五官的优点,提升人的整体形象。如果你的发型还不够好,那就赶快行动吧。

你的头发本应该是一份快乐,而不是万千烦恼丝。对待它要有一份游戏的心情。头发不过是小事一桩,但所有的好事都起源于小事。

多爱自己一点

我的头发每天都是漂漂亮亮的。

Date / 1月26日

反 弹

反弹是青春的保障，对回力球和人类来说都是如此。无论你的生理年龄有多大，从挫败中恢复得越快，你就越是年轻。面对生活中的打击、失落、失望或病痛，你要花时间让伤口愈合，但绝对不要沉浸其中、难以自拔。因为你需要反弹，回到原来的状态。

人有时候会故意延长自己的痛苦，因为可以借此博取他人的怜悯和同情。如果你身体不舒服，正在经受煎熬，别人肯定不会要求你全天工作，更不会让你动手洗自己的脏衣服。但是，只要身体许可，你就应该反弹回原状，因为反弹意味着你重新融入生活的河流。只有在生活的河流中，祈祷才会灵验，梦想才会成真，目标才会实现。所以你必须回归其中。回归才能体验自己的生活。

到了这个年龄，你一生中肯定无数次地从挫败中站起来。在这个时候还要求你再次反弹，似乎过于严苛。你已经倦怠了，已经尽了分内之责。这种感觉我完全理解。有时候我心想（或者哭诉）："为什么会发生这样的事？为什么还要我再承受一次？为什么我想要的总是迟迟不来？"但是我不去追究事情的根源，我只考虑如何重新反弹。这样，心头的怨愤就会逐渐消失。我过世的父亲年轻时做过职业拳击手，有时我觉得他会在耳边提醒我说：你要么爬起来回到擂台中央接着打，要么就这么躺着，等裁判数到十判你出局。

多爱自己一点

我好像是用橡胶制成的,百折不挠。

Date / 1月27日

忘掉琐碎小事

那些避无可避、非应付不可的大事是人生的真正考验。它们会在人的心灵和情感上引发混乱,然后殃及人的身体健康。面对琐碎小事,我们若是也如临大敌、严阵以待,我们的身体就会被蒙蔽,分不清事情的轻重,将小事大而扩之,结果受到伤害的只能是我们的身体健康。你对某个亲戚一直心怀不满,对某个邻居深恶痛绝,这种不满催人变老的效果可是丝毫不亚于慢性疾病呀。我们都见过有些人因为担心而满面皱纹,因为压力而弯腰驼背,或者干脆"未老先衰"。这些人中有的生活确实艰难,有的只能勉强算是艰难。虽然生活的确不易,但是他们在生活中斤斤计较、睚眦必报,把每一次小小的误会、失误、羞辱和刺激,都渲染夸大成一次外来的伤害。

受伤害者的角色许多人都喜欢扮演,因为这能使生活多彩多姿。但除此之外,它还可以使血压居高不下,使肾上腺始终处于戒备状态,让身心一直焦虑不堪。而焦虑最是能催人老去。对于生活中的大事我们可能无力左右,但是对那些小事,那些天天会遇到的骚扰和口角,我们要么三下五除二地处理掉,要么干脆置之不理。做到这一点其实并不容易,但极为必要。当你觉得自己被激怒时,马上强迫自己"权衡轻重"。或者问自己一句:"它有多重要?"我的朋友苔丝干脆把这句话写下来,摆在桌子上当作座右铭。记住,心情的平静重于对错输赢。即使你能向他人证明自己是对的,也只能部分地补偿内心的痛苦。所以今天要是有什么不开心的事情,不妨耸耸肩,一笑泯恩仇,权当它是个游戏,是一次试验。让自己体验一下,宁静较之于混乱是多么令人愉快。

如果你的感情受到了伤害，去找个愿意倾听的人一吐为快，然后就把它忘掉。如果有人做了蠢事影响到你一天的情绪，尽量设法绕过它去，然后就把它忘掉。如果你在面试的时候，夹克衫掉了一颗纽扣，接连用错了两个词语，犯了一个语法错误，还当众表现失礼，那就离开那儿，找人把你抱在怀中，听你诉说，然后再带你去吃顿饭。接下来，你要把整件事情忘掉。你要是死抓着不放的话，你的青春可就要遭殃了。千万别为了一时的气恼而连累你的青春啊。

> **多爱自己一点**
>
> 遇事时我能够分出轻重。琐碎小事我自然而然就忘掉了。

Date / 1月28日

一杯热柠檬水

清晨起床后喝一杯咖啡，我们大都习惯了。但许多青春常在的大美人在清晨喝的却是一杯热柠檬水，这可是她们驻容养颜的秘诀。如果你不怕酸，可以每天早上切半只柠檬，把柠檬汁挤出来掺入热水中喝下去。如果嫌半只柠檬太酸，用四分之一只柠檬也行。你也可以加些蜂蜜进去，但是记住只能加一小滴。如果冰箱里没有新鲜柠檬，用买来的冰镇柠檬汁代替也可以。它不含任何添加剂，在你去农贸市场买回新鲜柠檬之前，可以临时顶替几天。

早上一杯热柠檬水，就像声音轻柔的闹铃一样，以其芬芳的酸味激活你的身体，让你精神焕发。有些女士声称：长期坚持清晨喝一杯柠檬水，便可以无需求助于泻药，让胃肠保持轻松。柠檬还有轻微利尿的功效，让身体清洁之后迎接新的一天。另一些妇女则说，她们由于长期乐此不疲，坚持不懈，皮肤变得既不容易生斑点，也不长疙瘩。另外，柠檬的酸味还可以调节食欲。如果食欲过旺或者太弱，都可以反向调节。

喝下热柠檬水后,先别急着吃早饭,可以先去洗澡,冥想,着装。然后再享用一顿简单却营养丰富的早餐,等消化以后,就可以出门去面对世界了。

> **多爱自己一点**
>
> 本周每天早上坚持喝杯热柠檬水。如果能养成习惯坚持下去就更好了。

Date / 1月29日

与更年期和平共处

更年期?或许它离你还很遥远,或许你早已安然度过。但是,如果你即将面对,可要打起精神认真应对。生活就像一场盛大的花车游行,每天都有全新的花样呈现在你面前。而在所有变化中只有更年期最为独特。无论它是人到中年后按时来临,还是因为子宫完全切除而提早来到,我们都应该了解它,并学习它能教给我们的一切。

早在更年期来临之前的几年,荷尔蒙的分泌就开始波动。这种波动要么没有任何症状,要么让人感觉潮热,出冷汗,失眠健忘,浑身乏力,阴道干涩,性欲冷淡等。我一直想不通,为什么如此自然的事情实际发生的时候竟会如此艰难?后来我想起生孩子时的痛苦,才恍然大悟。

大多数人进入更年期时已经历经了许多的人生坎坷。现在的女性作为一个社会群体,多半时间一直在服用避孕药,到三四十岁的时候生孩子,四五十岁时养育孩子,而且大部分时间都是一个人支撑着一片天。长期以来,我们早已习惯了承受压力,可以说是完全依靠身体分泌能令人兴奋的肾上腺素来过活(可惜人到中年时分泌量就开始下降了)。即使是正面的压力,比如旅行、升职、谈恋爱,也要大量耗费荷尔蒙。

曾几何时，人们觉得活到50岁人就衰老了。在那个时代，50岁的女人累了就可以休息。而我们呢，不得不再吞下一杯咖啡，然后开始新一轮的推销活动。

我们这一代人，是首批吃加工食品长大的。我们的曾祖母吃的可是纯天然食物。滋养这些食物的是富含矿物质的土壤，土壤里面的小虫活着的时候可以疏松土壤，死后就变成了肥料。尽管曾祖母可能一生要养育13个子女，可能家里连自来水都没有，但是她绝对不会遭受氯代烃类化工产品的荼毒。氯代烃亦即所谓的外源性雌激素，常见于塑料制品，某些牌子的月经棉条，最主要的是水果蔬菜上喷洒的杀虫剂和多种灭草剂中。就连牛奶、鸡胸肉这些听起来很健康的食品中，也含有大量浓缩的氯代烃。氯代烃是个骗子，可能导致癌变。因为氯代烃会附着在专门接受雌激素的受体上，当体内分泌的天然雌激素减少时，这些受体很容易上当受骗，把冒名顶替的外源性雌激素接纳进来。

了解这一切之后，谁要是在更年期没有并发症反倒不可思议了。对有些妇女来说，经常吃些豆制品有助于安然度过更年期。含有大量 γ-亚麻酸（GLA）的月见草油也可以帮助平衡荷尔蒙的分泌。丽莎·艾沃特是一位临床营养学家和注册药剂师，她向我提出了以下对付更年期的基本方法：

☆每天坚持锻炼。

☆多吃蔬菜水果、豆制品及其他豆类食品，还有低脂肪奶制品和鱼。

☆少吃精加工的食品，尽量少吃糖。

☆食用油尽量只吃亚麻籽油、橄榄油、葵花籽油，注意要适量。

毫无疑问，常规的荷尔蒙补充疗法可以减轻更年期症状，但研究表明此种疗法会增加乳腺癌、心脏病、痴呆症的发病几率。令人奇怪的是，直到不久前该疗法居然还被当成预防上述这些疾病的良方。我个人则更倾向于补充天然的荷尔蒙。天然的荷尔蒙来自植物，人工无法炮制。通常由医生根据病人血液中荷尔蒙的多少开具处方，然后由药剂师配成药交给病人服用。目前尚未有证据证明天然荷尔蒙会增加乳腺癌及其他疾病的发病率，但也没有相反的证明。

总之，你必须多了解这方面的知识，要找你信任的专家咨询，最后自己做出决定。这些决定很重要，因为更年期是人生的一大转折，其艰巨性丝毫不亚于横渡英吉利海峡、攀登珠峰、单人环球飞行。你虽然不是第一个勇闯更年期大关的人，但仍然不失为一项壮举。

多爱自己一点

我生命的每个阶段都是有道理的,包括我现在所处的阶段。

Date / 1 月 30 日

今天休息

Date / 1 月 31 日

你肩负的使命——如果你愿意接受的话

在父权社会中,成年妇女对社会现状构成了极大的威胁。我们有独立的思想,别人的话我们不会照单全收。我们认识到消费主义不是幸福的源泉,我们就敢大声地说出来。我们偏爱真理,哪怕费尽周折也要从重重谎言中把真理找出来。

作为这个年龄段的女性(或接近这个年龄段),你的使命,如果你愿意接受的话,你就是披挂起战袍的勇士,发誓为了公平与正义而战,而且不达目的决不罢休。早在远古时代,早在 35 岁的女人就算是老太婆的时代,斗士这一角色就由老年妇女来扮演。这可真是一个难演的角色啊。还记得欧洲历史课上学过的搜捕女巫的时代吗?在十五、十六世纪,你若是稍微越过常规,有异于常人,就会被当成巫婆烧死。而大多数所谓的巫婆都是上了年纪的妇女,还有一些敢说敢做的年轻女性。

如今，你为了维护自己而挺身而出，自然不会再面临被烧死的危险，不过乡村俱乐部里的流言飞语却是在所难免。所以，放手去做吧。我们的地球可比我们动脉的健康状况还要糟糕。其实，我写这本书的本意并不是为了让别人猜不出我们的年龄，相反，我是希望大家能够明白，我们正生活在一个独一无二的历史时代。在这个时代，大多数女性在更年期之后还拥有三分之一的生命。在这期间她们的孩子已经长大成人，她们自己也早已退休赋闲。她们时间之充裕，力量之强大，正好可以用来去改变这个世界。

所有善良的人都希望这个世界能因为自己的出现而变得更加美好，于是他们培养诚实的子女，种植茁壮的树木，将遗产捐赠给慈善机构。这些行为当然是高尚的，令人钦佩的。相信我们也可以做得更好。

多爱自己一点

我要承担的责任比我自身更为重大。我负有一项使命，我要接受它。

February

2月 爱

Date / 2月1日

用爱缔造出来的女人

2月份开始了,一切依然皆有可能。不过,2月份的重点将要从"可能性"转变成"爱"。虽然情人节就在2月里,虽然男女之间的爱情如此美丽,但我们所说的爱绝不仅仅局限于这一范畴。我们发现超越了爱情(有时也包括在内)的爱,具有治愈伤病、焕发青春的力量。若是用最华丽的词语来赞颂爱,我们可以说爱是神圣的,甚至可以与上帝相提并论。古往今来,但凡是体验过所谓"纯粹人生"的人都谆谆教导我们说:我们是用爱做成的,而且爱永远不会老去。

为此,我建议你在接下来的四周内考虑一个问题:要如何才能不仅仅是感觉到爱,而是成为爱本身?每天面对大千世界的时候,不妨在心里想着:从本质上而言,我就是爱的化身。心里要想着这句话,然后开始留心观察每一天,看看自己为了帮助他人,生活中出现了哪些细微的变化;看看自己的想象力如何,能想出多少方法来向形形色色的人表达你心中的爱。这种心中充溢着爱的感觉一定很不错吧?到后来,你会发现就连爱自己也变得更加容易了呢。

多爱自己一点

我的缔造者是爱,我是用爱缔造成的,目的是为了向他人表达爱。

Date / 2月2日

忘年之交

人最亲密的朋友往往都与自己年龄相仿,因为你们的经历几乎是同步的,相互间容易理解,关系自然也非常人可比。即便如此,能够让你的生活更加丰富多彩的却是忘年之交。比你年龄大的朋友可以给你忠告,做你的榜样,让你了解他们的智慧,为你人生未来的航程导航。年龄小的朋友可以给你新的观点,让你跟上潮流。他们要是将你视为同龄人,你不妨也这样看待自己。

我认为忘年交最妙之处就在于,它体现了人性中超越年龄界限的共同点。谁不想拥有爱情、理解、健康、快乐、安全感?谁不想活出自身的价值?30岁的年轻人和80岁的老者,他们的渴望,虽然具体说来不一样,但本质上却是相同的。等你拥有不同年龄段的朋友时,你的生命会跟别人的产生共鸣,从而延展了自己生命的跨度,让你觉得这个世界变得更加辽阔浩瀚。所以,把不同年龄的朋友邀请到你的桌边吧。你们之间的交谈,就仿佛是历史学家和未来学家之间的交谈,一定会火花四射、精彩纷呈。

要想结交忘年交的话,首先就要培养跨越时代的兴趣。你可以去参加培训班,加入各种社团。对年少些的人,可以慷慨地传授自己的特长,对年长些的人,则要虚心聆听她们的教诲。对她们要学会欣赏。她们之于你的生活,就如同色彩之于画布。缺了任何一种颜色,画作都会黯然失色。

多爱自己一点

下定决心,打破自己生活中现有的年代隔断。今天就打电话给比自己大10岁或小10岁的朋友或亲戚。跟其中之一或者两个一起约时间见面,好好长谈一番。

Date / 2月3日

轻言细语分量重

对某些事情，人人都有自己鲜明的观点。女人上了年纪之后，就更是有话直说，不会遮遮掩掩。但是你的慷慨激昂若是拿捏不好分寸，便会越过界限，变成蛮不讲理。如果你对某事深信不疑，那你的笃信就应该丰富你的生活，以至于那些与你观点迥异的人也会因此而钦佩你，觉得你就是这一观点的绝好代表。如果有些信念你坚信不疑，而其他人却持相反的看法，或者压根儿没考虑过，在向这些人阐述自己的信念时，要记住不能使用侮辱或贬损的语言，你的话和你本身才会显示出分量。如果你能让别人主动追着你来了解你的观点，你的说服力就远远高于那些非要将一己观点强加于他人的人了。如果你说话时压低声音，当然不是出于羞怯或害怕，而是出于自信和自重，人们就不得不安静下来，集中精力听你说话。这时谁要是敢大声喧哗，可能会被听众们赶走的哟。

轻言细语的另一方面就是选择开口说话的时机。美国"嗜酒者互戒协会"的创始人之一比尔·维尔逊曾写过一句话，我非常欣赏。他写道："治身莫大于管住你的舌头，约束你的笔锋。"我这个人常常话刚一出口便后悔不迭，所以我很佩服那些生来就说话稳重的人。她们会先在心里权衡话语的轻重，然后等到一个合适的时机，或发表评论，或详加阐释。为此我们也许得稍做练习，每次有话要说时，特别是心里迫不及待的时候，不妨稍微停顿片刻。我敢打赌话不会把人憋死的。要是你讲故事刚讲到一半就被热情的侍者或电话铃声打断，重新加入谈话时先别急着捡起刚才的话头，除非有人要求你接着讲。这时，你不妨先说一句"正如我刚才所说的……"，以免显得自己太急切。这样一来，你会变得更加谦逊而又自信。这两者加在一起，就可以让你立于不败之地。

卖出去的产品出了毛病还可以召回，但话一说出口可就覆水难收了。所以除非你肯定话说出来你不会后悔，否则还是不说为妙。如果拿不准该不该说，战略性的沉默倒不失为明智的选择。

> **多爱自己一点**
>
> 今天说话时要特别练习适时地沉默，声音要清晰又要柔和。看看别人是不是更在意你说的话。

Date / 2月4日

天气真的允许

我们收到的请柬上常常注有"如果天气允许"的字样。显然，没有雪的时候你不能滑雪；风狂雨骤的时候，露天婚礼就得移至别处举行。如果恶劣天气即将来临，你当然需要理智行事。但是在日常生活中，我们应该忘掉"如果天气允许"，而是坚定地认为"天气允许"。要是因为天气的原因而整日闷坐家中，可是会催人老去的哟。

现在已经到了忽视温度计的时候了。首先要下定决心，即便天气不太宜人，也要走到户外去舒展一下筋骨。要对自己说，除非是会让人中暑冻伤的酷暑严寒，否则我一定要出门走走，稍微的不适起码可以证明我是个活人。其次，要找些值得你顶风冒雨去做的事情。以前我住在威斯康星州的时候，发现懂得享受冬季的人都是些会玩的人。他们到结冰的湖面上滑冰，上班的时候不坐汽车，改为长途越野滑雪。别人抱怨天冷的时候，他们却在尽情地玩耍享受。

最后，要注意根据天气着装。棉布和其他天然纤维具有良好的透气、吸汗的功能，可以使你冬暖夏凉。你要是一年比一年更怕冬天的寒冷，那就得好好考虑户外活动的着装。出门时一定要戴帽子，还要系条围巾保护脖子和嗓子。躯干一定要特别注意保暖，所以得多穿几层衣服。层与层之间的空气有助于隔离冷空气，作用相当于额外添加的衣服。从室外进入室内时，运动出汗以后，或者由于更年期感觉潮热时，只需脱下一两层就可以了。

在最寒冷的日子里，穿着从普通商店买来的冬衣外出可能仍然不够暖和。要是这样，可以去经营野营、旅行用品的商店购买真正的户外服装，比如长内衣内裤，加厚棉毛袜子和手套（有些甚至带有小电池起到加热的作用），衬有人工保暖纤维的大衣（这种材料比羽绒还要暖和，还要人道，若非因为这个原因我对人工纤维是坚决拒绝的）。

听了天气预报，你要么穿上合适的衣服外出活动，要么错过了生活的节拍。活动会让你变年轻，而懒惰不动则有相反的效果。

多爱自己一点

这个冬天你过得好吗？如果常常因为天气原因不能出门锻炼、访友，不能尽兴地生活，不如花点钱买些御寒衣服，帮你找回更多的生活乐趣。

Date / 2月5日

彻底原谅自己

愧疚能让人从灵魂老到肉体。灵魂要是生了皱纹，可是什么整形手术都无法挽救的。当然我不是说你可以不为自己的行为负责，但是每次犯错误露怯，辜负了自己或他人的希望，都要设法克服自己的愧疚。

所以，从现在开始就要学习原谅自己。相比而言，原谅新的过失较为容易，原谅许久以来一直耿耿于怀的陈年过错则较为困难。我们犯下的过失大多是口头上的，比如用词不当，说出了不该说的伤人的话。作为补偿，我们要养成习惯，话音刚落就马上诚心诚意地道歉。

陈年的错误可能已经是覆水难收。比如，你上高中时捡过一个钱包却没有上交；大学考试时作过弊；对孩子说过一句无法用道歉消解的气话。其实每个人都有尴尬甚至不光彩的过去，作为人我们都会为之感到愧疚的，所以还是放宽心吧。你不是捡过钱包吗？钱包里有多少钱就捐多少钱给慈善机构，当然，考虑到通货膨胀的因素，可以相应地增加一些；至于那次考试作弊，你可以给一个即将考大学的孩子做辅导，帮他考上大学，就算是做出了补偿；被你伤害过的孩子如今已长大成人，对他你要诚恳而又慈爱，对他的孩子要竭尽全力当一个好祖母，对身边其他的孩子也要竭尽全力当他们的良师益友。

这样做当然还不能算是尽善尽美、毫无遗憾地一一补偿过去，但是你已经竭尽所能了。如果想把深感愧疚的事情全都抛诸脑后，不妨把它写下来，然后点一把火烧掉（详见12月27日）。或者，你先尽力补偿，跟信任的人倾诉一番，然后去蒸个桑拿，好好泡一个热水澡。让清水把从前的记忆从你的毛孔和意识里清洗干净。

拥有过去并不妨碍你变得越来越年轻，但是总跟过去纠缠不清就会误了你的大事。所以要原谅自己，让自己活得更加轻松，更有效率。

> **多爱自己一点**
>
> 我完全原谅自己，允许自己成长。

Date / 2月6日

浪漫你的生活

2月是浪漫的时节。你的生活中如果拥有浪漫，自然妙不可言；如果没有，也无须着急。要想在2月份过得开心，在这一年中变得年轻，至关重要的一点就是要明白，"浪漫"并不仅仅意味着成双成对。尽管浪漫的确为恋爱增色不少，但是在风花雪月之外，它还绽放着自己特有的美丽。

浪漫应该渗透进你生活的日日夜夜。不管你的爱情是刚刚起航还是已经同舟共济几十年，不管你是出于选择还是境遇使然，正在过独身生活，都可以拥有浪漫。即便你没有伴侣，身边只有一个纯友谊的朋友，一只宠物小狗，当你漫步在月光下、灯影里、晨曦中，浪漫就弥漫在你的身边。燃亮一支蜡烛，不论有无理由，你点燃了浪漫。案头插一枝鲜花，无论送花人是你心仪的男子，还是你远在芝加哥的侄女，都带来了浪漫。哪天你要是买一束花来犒劳自己，同样也很浪漫。

实际上浪漫无处不在：买一套紧身内衣或者一瓶香水；用一条黑色天鹅绒丝带把头发束起来；把祖母留下的雕花宝石串在丝带上，再钉上搭扣，戴在颈项间；阅读古典著作或诗歌（要是坐在公园长凳上无论读什么都可以）。这时如果身边有爱侣陪伴自是锦上添花，但如若无人相陪，或者身边的人根本不解风情，浪漫也不会因此减少分毫。

我的朋友弗兰吉在离婚一年之后买了座漂亮的小房子。她用一间做卧室，一间做办公室，第三间则是"珀涅罗珀夫人的房间"（译者注：希腊神话中奥德修斯忠贞不渝的妻子）。在弗兰吉的心目中，她的另一个自我是维多利亚时代的一位贵族淑女，而这位淑女需要一个房间做自己的圣地。房间里满是雕花玻璃香水瓶、相册、装饰有羽毛的帽子，还有落在摇椅上的流苏披肩，堆在双人沙发上的天鹅绒枕头。我们中间很少有人能用整整一个房间来铺陈自己心中的浪漫。但是为了浪漫，我们至少可以腾出一个角落，一段思绪吧。

从2月的这个早晨开始，让你的生活浪漫起来吧。有伴侣帮忙也好，反对也好，或者是一个人也好，让一朵玫瑰，一条丝带，一首精选的乐曲，一炉噼啪爆响的炉火，将一丝浪漫融入你的2月吧。

多爱自己一点

为了你自己，为了你和你的爱人，让生活多一些浪漫吧。

Date / 2月7日

席地而坐

坐 在地上再站起来，仅仅是这么一个简单的动作，就可以增强你的腿部、臀部和背部的力量和柔韧性。人要是长时间坐在椅子上不动（除非你时刻注意保持正确姿势），不但腹肌会松弛，就连双肩也会变得滚圆。

席地而坐，需要你的髋关节和大腿内收肌具有一定的柔韧性。同时还要求你的膝盖能够弯曲，脊背无需借助外力、不用依靠墙壁或椅背就能够挺直。如果这一切对你来说有点困难，刚开始练习的时候，可以先借助矮板凳或者厚厚的垫子。练习的次数多了，再逐渐降低高度。如果你无需练习就可以坐到地面上，那就经常席地而坐吧。

练习瑜伽、普拉提的时候，你肯定常常要坐到地垫上。平时打坐冥想的时候，如果选用传统的瑜伽坐姿、佛教徒的坐姿，可以盘腿坐在地上或专用坐垫上。这种坐垫可支撑你的臀部，让你一动不动地一直坐到茅塞顿开的那一刻。当然也可以往地毯上一坐，看电视打电话都不耽误。你坐的次数越多，坚持的时间就越长。

> **多爱自己一点**
>
> 我一有机会就席地而坐。

Date / 2月8日

聪明女人的选择

收集一些天然药物，既可以帮你对付一些小病小痛，还能让你免遭虎狼之药副作用的荼毒。虽然人总免不了去看医生吃药打针，但"是药三分毒"，药吃下去后身体还得设法解毒。而身体中需要排解的毒素越少，人就愈加年轻。况且，自古以来聪明女人大都通晓草药、茶叶和家庭验方。你要是也略知一二的话，可就变成了传统意义上的聪明女人。我常用的草药有：

☆ **茴香子** 饭后抓一把放进嘴里咀嚼能有助于消化。就算得了消化不良也可以治疗。原味儿或蜜饯的茴香子都可以让口气变得清新。

☆ **姜茶、姜汁酒、姜糖片** 对于反胃恶心、晕车，姜是最佳验方。每次打的去机场之前，我都会吃一点姜糖片，无论出租车司机如何横冲直撞也不会晕车了。

☆**蜂蜜**　一次吞下一大汤匙蜂蜜似乎不太容易，但在腿脚抽筋的时候喝下去几乎能立竿见影，马上见效。这是因为蜂蜜容易消化，能够直接进入血液。如果你经常在运动时腿脚抽筋，去健身的时候不妨随身带几包袋装的蜂蜜。

☆**甘草茶**　甘甜美味而且不含糖分，在人情绪低落、精神紧张的时候具有安神益气的功效。

☆**豌豆和膏药**　任何肌肉拉伤、背痛、运动扭伤都可以在家里用冰冻豌豆袋治疗。装有冻豌豆的袋子可以任你随意弯曲，当成冰袋使用非常不错。我最喜欢使用从中国进口的膏药，在药店和亚洲市场上都能买到。中国膏药里含有樟脑、辣椒粉或胡椒粉等成分，贴到身上后热乎乎的很舒服，还可以暂时缓解疼痛。

☆**鼠尾草**　对于更年期潮热或是暑热，鼠尾草可以迅速加以缓解。这种植物会让你"出汗"而使你很快凉快下来，还可以把这份凉爽传递给人。鼠尾草汁可以从健康食品药店里购买，往冷水里加上几滴便可饮用。还可以将一把新鲜鼠尾草放入一瓶甜味白葡萄酒中，存放21天之后再品尝。注意饮用之前要先过滤。从葡萄酒瓶里倒出半杯来饮用就可以让你清凉一段时间。

☆**盐和胡椒**　咽喉肿痛的话可以用温盐水漱口。如果还不见好，再加一小撮胡椒粉。我在半杯盐水中加入八分之一茶匙的胡椒粉，觉得效果不错。

☆**浴用百里香**　我常常买一大堆干百里香储存在冰箱的冷冻室里。如果感觉自己快要感冒了，就用旧的长筒丝袜做两个大大的浸泡袋，每个袋里装入一杯半的百里香，扎紧后放进澡盆里。放热水的时候每隔一会儿挤压一下袋子，让百里香的精华完全浸出。我在热热的药水中浸泡20分钟后，穿上毛巾浴袍上床躺30分钟。有一半的感冒就被我用这个"发汗"的办法给打发了。

从现在起，你不妨开始搜集上述的以及你经常使用的药物。随着时间的推移，把你从母亲和祖母那里听来的，从书上读到的，跟朋友学到的都搜集整理出来，编成一本《聪明女人验方大全》。作者不是别人，正是你哟。

多爱自己一点

把凡是能想到的家庭验方都一一记录下来。如果喜欢搜集的话，我一个笔记本专门做记录吧。

Date / 2月9日

爱一行干一行

我希望你做的工作正是你喜欢的一行，因为你越早从事自己喜欢的工作，你的外貌和感觉就会变得越年轻。你若是不喜欢现在的工作，那你能不能喜欢它给你带来的一切呢？它让你的生活忙碌充实，让你有理由走出家门，不用整天一门心思只想着自己。如果这些你都不喜欢，那你就面临着一个挑战：要么换一份工作，要么在工作之余从事你真心喜欢的行当。

换一份工作可绝非易事。首先你得考虑收益问题，比如养老金、职工优先认购股权之类。其次就是求职的问题。就算企业里没有"玻璃屋顶"（喻指女性在升迁时遇到的无形障碍），专门针对所谓新人的"灰色屋顶"总是有的吧。更换工作的事体过于重大，只能由你自己来定夺。有些女士就处理得非常巧妙。

爱伦是个精力充沛的人，在纽约市的一家公司里做行政秘书，薪水非常可观。但是她突然来了个180度大转弯，放弃了压力重重的旧工作，彻底离开商界，转而做一些轻而易举的事情——替别人遛狗。从此她的生活变得简单明了，她本人也因此前所未有地感到健康、满足。

这条鲜有人选择的道路并不适合每个人，或许也不适合你。如果你对一天8个小时的工作热爱，赶不上爱伦对约克郡小猎狗和金毛猎狗的喜爱程度，你就得另辟蹊径了。比如，在你的工作中添加一点有意思的内容；没准儿在公司或部门内部另有一个岗位更适合你。如果这些都不可能做到，不妨先做着现在的工作，同时报名做志愿者，投身于某项事业，为另一份新工作接受培训，或者自己做点小生意。如果你迟迟不动手的话，总有一天你会在回首往事的时候感叹说："我都干了些什么啊？"你当然是希望自己能理直气壮地回答说："很多事情！"

> **多爱自己一点**
>
> 我热爱自己的工作，会全身心地投入进去。

Date / 2月10日

除臭剂和止汗药

除臭剂让人在出汗时不散发出异味,而止汗剂则试图让人根本不出汗。但这话里面有真有假,有虚有实,有市井传言也有网络神话。使用止汗剂会不会增加体内毒素的堆积?会不会导致乳腺癌?早老性失智症?答案分别是"有点""不会""有可能"。

我来解释一下。皮肤是身体的主要排泄器官,而出汗则是身体排毒的方法之一,所以人们才想出桑拿浴和蒸汽浴的点子。如果使用止汗剂,其中的活性成分含水氯化铝,会干扰身体内部自然的排毒活动。这种干扰显然是非自然的,但是否有害目前仍不清楚。

至于乳腺癌,目前没有任何确凿的证据证明使用止汗剂与之有关。虽然多年来铝一直被视为早老性失智症的致病元凶,但是现在下此结论还为时太早。我们用铝制易拉罐装饮料,用铝制厨具做饭,用铝箔片卷起土豆烘烤,有的抗酸药主要成分就是铝,所以说人体摄入的铝自然不会少。使用止汗剂时要把铝混合物擦到皮肤上,每擦一次就会被皮肤吸收一小部分。至少从理论上说来,经常使用止汗剂会增加大脑内铝的累积量,最终可能导致失智症。

我对"能够"与"可能"之类的回答有着清醒的认识,所以只在一种情况下使用止汗剂:天气炎热,而我又要穿着干洗费用很高的衣服进电视演播室接受采访。有人认为止汗剂比汗水更伤衣服,所以这条理由没准儿我也得删去。在其他情况下,我只使用一种可以在健康食品店或药店买到的天然除臭剂。它的活性成分通常是小苏打。《安全家庭手册》的作者黛布拉·林恩·戴德建议说,使用普普通通的小苏打,或者小苏打外加一点玉米淀粉,汗臭的问题就解决了。

> **多爱自己一点**
>
> 试着用一下天然除臭剂,看看效果如何。

Date / 2月11日

睡 衣

晚间穿上睡衣就寝,白天自我感觉会非常良好。好多人经常看着电视就睡着了,早上醒来一看,发现自己还穿着昨晚看电视时穿的衣服。同样,很多人常穿的睡衣仅仅是一件旧吊带背心、旧汗衫,或者很久以前买的睡衣,只是现在怎么看怎么像一条带袖子的抹布。

但是,既然我们一生中有三分之一的时间都在睡眠,我们就有理由要求睡衣、睡袍的数量占到白天所穿衣服的三分之一。睡衣最好能根据季节冷暖而更换。此外睡衣还要能够迎合自己的心情和各种场合:有的要性感一点(露多露少都可以,全由你来决定);有的要温暖舒适(我的首选是法兰绒);有的要非常正式(去别人家做客时穿的成套的睡衣睡袍);有的则要奇形怪状(比如举重的泰迪熊,长着天使翅膀的小猫咪)。

无论是哪一种,睡衣都应该选你喜欢的。它要舒适(当然,华丽又性感的长睡衣不必舒服),质地最好是棉或丝等天然织物。面料中稍微掺点涤纶无关紧要(商标上会注明是35%或者更少),但要是超过35%就会干扰皮肤在夜间的呼吸。睡眠让人得到休息,并排除体内的毒素,而合成纤维睡衣则会阻碍这一过程。如果你因为更年期而出现夜间潮热或盗汗,穿化纤睡衣只会加重这些症状。

你因为每天都在呵护自己而越变越年轻。这种呵护要是能做到全天候的,就更好了。

多爱自己一点

仔细查看自己存放睡衣的抽屉。是不是该扔掉几件,然后再买件新的了?

Date / 2月12日

与时俱进

要想变得年轻，我们就要成为这个时代的一部分，而不是整日沉湎于回忆"我以前如何如何"。毕竟今天同样也属于你，而且将是你生命的全部。以前，我强烈反对提高机械化和自动化的程度。我觉得旧的才是好的，在科技方面尤其如此。所以我拒绝扔掉打字机，拒绝购买电脑。但是迫于找不到打字机的修理工人和零部件，最终我还是妥协了。买回电脑，我又拒不申请电子邮件账号，直到眼看要惹恼全家人，还要被同行列入黑名单，才赶紧乖乖照办。这种"沉溺于过去"的心态没有用，徒然让我衰老了几岁。虽然没有电脑的生活是简单、自主的，但我不会为了表明"我就是不想有任何改变"的立场而放弃科技带来的便利。这么做无异于顽固不化，冥顽不灵，不过是在掩饰内心的恐惧，其结果却是变得身心衰老。

所以，请你跟上时代的潮流吧。我们不仅要关注最新的思潮和动态，还要留心那些时新的小玩意儿。当然，只要能做到你所希望的程度，你力所能及的程度，就可以了。无论什么小东西，只要买回来，就要学会熟练使用。那些你天天都要看见的电器和器具，你可能会觉得"反正我老公知道怎么用"，"反正孩子们能学会用"。这种想法破坏了你在自己心目中的形象，结果当然很严重：衰老。所以要赶紧学习如何使用这些电器，而且要勤学不息。好在这世上新的事物层出不穷，总会有新的款式、新的东西要你来掌握。每学会一种方法，就等于你又多了一种方式让自己保持清醒与警觉，保持对事物的控制。

> **多爱自己一点**
>
> 在当今这个信息时代，要想活得更加游刃有余，就得学习如何使用信息时代的工具，比如学习使用某套计算机程序，或者手机里的某些隐秘的功能。

Date / 2月13日

尊 重

生活刚刚起步的时候你要是没有树立起高度的自尊心，可能就要费些周折了，比如，需要去博览群书，报名上培训班，接受治疗，参加工作培训。无论你用什么方法，自尊心一旦树立起来，你就会跨越基本阶段升华到一个新的高度，从此，你学会了关爱并尊重自己的生命。这时自尊可不仅仅是知道自己"还不错"，而是知道自己"有多么了不起"。

这种关爱和尊重可不是让人自我膨胀、自我陶醉，而是认可自己的本质。你越是认可自己，你的生活就越是充满惊奇。你再也不会担心自己的价值，在他人面前可以完全充分地展现自己。因为你学会了尊重自己，所以当你真心诚意地帮助别人时，也会真心诚意地尊重对方。

你每为自己做一件事，心中的关爱与尊重便会相应地增加一分。这一年来，你所说所写的肯定性的话语会加速这一过程。要想取得更为显著的效果，你可以站在镜子前面，注视着自己浓妆或者天然的脸，说："我，独一无二，出类拔萃，天生我才必有用……我对自己的身体和生活状况感到很满意……我永恒的灵魂在体验着非凡的世间生活。"当你能够当着自己的面把这些话说出来，而且心中没有丝毫怀疑的时候，你已经升华到能够完全接受自我的境界。到了这种境界，无论多么老迈的生命都能焕发出青春的光彩。所以你要明白，人为自己的所作所为感到自豪是无可厚非的，但最要紧的是要对自己的生命心怀敬重。

> **多爱自己一点**
>
> 我热爱并且尊重自己的生命。

Date / 2月14日

能够如此美妙的，唯有巧克力

无须我来多嘴，你也知道纯正的巧克力味道有多美。此外巧克力中还有一种类似于咖啡因的物质，名叫可可碱，具有提神醒脑的功效。所以巧克力不仅仅是一种美味，还是一种安全的兴奋剂，害得有些人迷恋上了巧克力，吃得停不了嘴呢。如果你也迷恋巧克力，每次只吃一块根本不过瘾，那就帮自己一个忙，不要再吃了。有些人发现用长豆角做的糖果虽然赶不上巧克力，但可以用作巧克力的替身，帮你戒掉吃巧克力的瘾。

对其他人来说，在情人节或其他日子里吃点巧克力并不是什么坏事。但是一定要有选择，一定要当品尝巧克力的行家。在加油站里趁着交费的空当儿抓起一块巧克力大嚼，跟细品一块手工雕花的巧克力，味道可是有天壤之别。

要想让巧克力帮你变得更加年轻，不如买黑色的那种。黑巧克力中的各种多酚既可以降低血压，又可以提供抗氧化物质，帮你搜索并清除体内有害的自由基。但是牛奶巧克力就不具备这一功效。即使是在吃黑巧克力的同时喝牛奶，这种功效也会被抵消。

总之，少量吃一点巧克力对身体不会造成伤害，稍微吃一点黑色巧克力甚至对你有益。如果你不喜欢黑色巧克力，那就少吃一点你喜欢的口味的巧克力，然后多吃些花椰菜就可以了。

多爱自己一点

无论吃不吃巧克力，有没有恋人，今天都要过得甜美而又滋润。翻翻书，了解一下情人节及其来历。其实这个节日最初庆祝的是友谊而非爱情。

Date / 2月15日

今天休息

Date / 2月16日

照亮你的生活

在漫长的冬季，在持续阴霾的日子里，感觉有点无精打采也是正常的。但如果因此而感觉痛苦不堪的话，你也许患上了季节性情感紊乱症（SAD）。这还真的是一种病。若是某个看似明白的人告诉你，说痛苦的根源是你脑子出了毛病，那他就是个自大的傻瓜，他的话完全不用理会。

治疗 SAD 的标准方法是使用一种特殊的灯具。它发出的光线无害，可以替代乌云背后的太阳发出"幸福之光"。只需上网搜索 SAD 的相关内容，就可以找到这种灯具。如果医生确诊你患上了 SAD，有时候可以用保险金来支付买灯的费用，价格一般为 125~250 美元。

太阳躲起来的时候，还有以下一些方法可以帮你照亮生活：

☆ **色彩斑斓的服饰**　黑色高贵优雅，容易搭配，显得人很苗条。就算不小心把咖啡洒在上面也没人看得出来。但是在情绪低落的时候，千万不要碰黑、棕、灰色的衣服。相反，服装的色彩要丰富多彩，比如蓝绿色、冬季白（时装界的术语，就是可以在新年和逾越节之间穿着的任何白色）。此外，可以穿一件绛红的大衣，一顶鲜红的帽子，一把猩红的伞，一双绯红的拖鞋。反正以能够引起路人的惊呼为宜。在中国，红色代表好运。为什么不行呢？如果红色能让你振作起来，你不就可以更清楚地看到自己的好运气了吗？

☆**改变一下灯光** 把家里的台灯、顶灯都换成全光谱钕光灯（人工太阳照明灯）。可能的话把办公室里的灯也换掉。人工太阳照明灯发出的光线类似于自然光，让家里的氛围变得舒心愉快。在它的照射下读书工作感觉都很不错。如果你不声不响地悄悄换掉所有灯泡，肯定会听到人们开始夸奖你家有多漂亮，多温馨。全光谱灯的价格稍微贵一点，但比普通灯泡更加耐用。如果某个房间或办公室非用荧光灯不可的话，市场上也有全光谱荧光灯管出售。

☆**把房间漆成白色或某个晴朗的颜色** 灰蒙蒙的天空已经够人受的了，要是置身于其中的四壁也是灰突突的一片，你还不如干脆住到医院里，等过完阵亡战士纪念日（5月30日）再出来呢。跟灰色具有同样功效的还有棕色、卡其色或其他的暗色。在日光惨淡的时候，你需要用亮色（或者能反光的颜色）来包围你。

☆**在2、3月份里找时间去温暖明亮的地方度假** 我这么说并无意冒犯学校老师，但让你的孩子在加勒比海岸待上一周，所学的东西不见得比在学校里学得少，而且记得更加牢固。

> **多爱自己一点**
>
> 做点事情照亮你的生活。去买一只全光谱钕光灯泡，安在你常待的房间里。这就是一个很好的开始。

Date / 2月17日

无牵无挂

根据瑜伽的传统价值观，无牵无挂是一种值得赞赏的品行。所谓无牵无挂，就是全身心地投入到一件事情中，不为其结果而喜忧。等你把心头的牵挂置于一旁，你就可以为了不可能之事全力以赴，即使最终发现事情的确非人力可为，也不会为此而气馁。如果能做到无牵无挂，你就会因为政坛某位候选人那鼓舞人心的施政纲领而替他效力，哪怕他胜出的可能性极其渺茫。你也许整日都在琢磨如何让自己显得年轻10岁。如果你能放弃这份牵挂，就会转而精心地照顾自己，结果呢，你发觉自己似乎年轻了20岁。

要想不问结果只问耕耘，首先你必须参与，然后不管将来如何，恪尽自己的本分。以本书为例，你阅读文章，做练习，抄写积极乐观的话语，培养恢复青春的习惯。但你做这一切并不是为了参加高中同学聚会时能引来老同学的阵阵惊叹。这个要求或许太难做到，没准儿你读这本书就是为了参加同学聚会什么的做准备呢。你要是这么想也没关系，毕竟我们都是有欲有求的凡人。但是，你在呵护肌肤、改善饮食、早起去健身房健身时，如果觉得这么做是因为自己值得精心呵护，而不是为了在45岁时凭外貌压倒以前的班花，你就会发现自己在一个全新的层面上年轻了许多。

无牵无挂可以让你专注于现在的生活，而不是盲目地期待将来的报偿。要是耕耘的结果迟迟不来，你也不至于伤心失望，因为你在努力的时候就是无牵无挂的，并没有刻意希望出现任何结果。要是一番耕耘后果然产生了结果，你也是当之无愧的。

多爱自己一点

我只管做今天应做之事，结果如何与我无关。

Date / 2月18日

自然生长的食物

人类直到不久以前都还在吃全营养食物，也就是大自然中野生野长的食物。那时大部分食物都是在家里而不是在工厂里加工的。可惜现在一切都改变了。以白面为例，把全麦加工成白面丧失了30%的营养；把蔗糖或甜菜加工成白糖丢失了整整 90% 的营养。每天吃着这样的食物，以至于我们摄取的营养物质根本不完整。这一状况可没有逃过我们体内数以兆计的细胞的注意。它们为了弥补不足，转而要求你摄入更多的食物。于是你常常在夜半时分摸到冰箱旁边找吃的，或者大嚼垃圾食品，或者狂吞过量的咖啡因。

全营养食物一般都未经粉碎，几乎没有遭受过人为的破坏。它们包括：

☆新鲜或新鲜冷冻的蔬菜。

☆刚刚从树上、灌木丛上或藤条上摘下来的水果。

☆晒干的豆子和豆荚（大豆、绿豆、四季豆、鹰嘴豆、扁豆等）。

☆包括糙米、燕麦、全麦面包在内的全谷物。最好的全麦面包是用压碎而非磨成面的麦粒制成。这样的面包商标上一般都会注明"无粉全麦面包"。

☆坚果与种子（未加盐的胡桃、杏仁、榛子、南瓜子、葵花子等）。

☆从海洋或未遭污染的河流、湖泊里捕捞上来的鱼。

☆鸡蛋、牛奶、肉类，最好是用天然饲料喂养，而且食物中没有添加抗生素和生长激素。（不过也别走极端，详见 3 月 26 日）。

不妨把食用天然食品当成一次冒险。如果你吃惯了白面包，那么在黑乎乎的全麦面包面前也不要胆怯。有些蔬菜你已经 20 年没有吃过了，不妨也尝一尝，可能正好对你现在的口味。常去天然食品店逛逛，看看他们的布告牌，说不定有你感兴趣的讲座。细细阅读有关如何烹饪天然食品及素食的书籍。经常去逛逛农贸市场，不但可以体会节日的气氛，还能买到最新鲜的瓜果。另外可以在花园里种点蔬菜，在阳台的花坛上种几棵番茄，感受一下植物生长的奇妙过程。

多爱自己一点

从今天开始多吃全谷物食物，少吃精加工的粮食；多吃水果，少吃甜食；多吃豆类，少吃肉类。食用蔬菜的数量要超过一切。

Date / 2月19日
纯粹为了自己做点事情

我知道你已经做得够多了,每天要锻炼身体,挑选食物,保持良好的心境。但还有一件同等重要的事情:每天为自己做一点小事,让自己毫不羞涩地享受一份愉悦。多数时候这只是一丁点小事,因为你时间紧,杂事多,但无论如何一定要去做。比如,趁着午饭时间扎进画廊待一会儿;化妆品柜台免费做手部按摩的时候去做一次;报纸送来后先翻到娱乐版看看,没准上面介绍的电影你会喜欢看呢。洗个泡泡浴,穿上粉红色内衣,给那个总能逗你开心的朋友打个电话。

我不知道什么能让你快乐,但你是知道的啊。无论发生了什么,每天都要让自己发自内心地快乐一下,这一点非常重要。我的图书版权代理人琳达很多年来坚持每天做一件开心事。现在的她美丽而又高雅,就连跟她同岁的我,都梦想能够变成她的样子。后来她母亲患上了致命的癌症。"我告诉妈妈天天都要让自己开心,她即使生病了也需要让自己开心,或者更需要这样做。"晚辈把这份小小的礼物送给长辈,真是再合适不过了。它可以向长辈表明情况无论多么糟糕,快乐都是无法抵挡的。

但是请注意,在自我提高的过程中,你也许会说:"我去了健身房,这可以算是为自己做了一件事情吧。"如果你是真心喜欢去健身房,锻炼时快乐得像个孩子,而且从来不看手表,从来不盼着赶紧离开好去另一个地方,去健身房就可以算是你的一件开心事。如果并非如此,还不如为去给自己买件粉红色内衣的好。

多爱自己一点

养成习惯每天都为自己找一件开心事来做。在接下来的两个星期内,将你所做的事情写进日记里,以巩固这种意识。

Date / 2月20日

使用加湿器

随着年龄的增长,皮肤开始由内而外变得更加干燥缺水。而我们整个冬天都待在有暖气烘烤的家中和办公室里,丝毫没有意识到室内干燥得如同沙漠一般。这又无异于从外部推波助澜,使得皮肤更加渴水。其实,待在湿度为35%~65%的环境里最有利于人体健康。你可以花5美元从任何一家五金店买个湿度监测器,就能知道自己房间的湿度是否适宜。如果监测器显示你正睡在撒哈拉沙漠里,买台加湿器就可以解决问题了。太昂贵的也不必买,那种廉价简单的台式机就可以保证你的卧室整夜湿润不干燥了。较之大型、喷冷雾的那种,有人更喜欢使用小型蒸汽加湿器,因为后者多半带有自洁功能。

即使只在夜间给空气加湿,短短几天你就会注意到皮肤所发生的变化。此外你的免疫系统也会得到增强,冬天感冒的次数自然随之减少。就连你养的花花草草、墙上悬挂的画都有所改观呢。

要经常观察湿度监测器,如果空气湿度超过65%,霉菌和细菌就会大量滋生,所以还是保持中庸为好,能让人感觉舒适而又健康。

多爱自己一点

监测卧室和你常去的地方的湿度。如果湿度过低,就用加湿器帮忙。

Date / 2月21日

适当的环境

一个学生要是能在光线充足、设备完善的环境中学习,成绩自然就会提高。家里的狗狗要是有一个舒适的窝,每天生活规律,备受宠爱,肯定会满足得直摇尾巴。一盆花要是扎根在肥沃的土壤里,能获得适当的阳光与水分,定然会枝繁叶茂,花团锦簇。所以,你要想恢复青春,也需要一个适当的环境。有了这个环境,我们就能牢牢地抓住青春了。

恢复青春的适宜环境包括以下三个方面:

☆**物质条件** 四周环境宜人,厨房里备有健康食品,化妆台上摆着精心挑选的化妆品。

☆**心理条件** 思想积极向上,阅读鼓舞人心的书刊,牢记自己是千头万绪、盘根错节的生活的一部分。

☆**精神条件** 专门固定一个地方从事内心的追求(冥想、思索、写日记)。结交那些能看见自身的闪光点,也能看到你内心闪光点的人。

有些方法看似与"抗老"(你可能注意到了,我不太喜欢用这个词)无关,但还真的能帮你变年轻。比如做一件好人好事,把窗户里里外外擦洗一遍,读读诗歌并做些修改,躲到乡村度个周末,待在家里一个人享受假期,这些都能帮你抹去岁月的痕迹。心里的满足感、欢笑、交友,甚至包括独处,都能创造出一个恢复青春的环境。思考生活的种种奥秘,对看似平凡的事物心存敬畏,给自己和他人带来小小的快乐,这些都是通往青春的捷径。记得要每天尝试哟。

多爱自己一点

我置身于一个能够恢复青春的环境中

Date / 2月22日

你美丽的指甲

单凭你指甲的状况，一位目光敏锐的内科医生可以看出你健康与否，而任何一位普通人也可以看出你有哪些下意识的习惯，打电脑打了多长时间，有没有人帮你洗衣服。随着年龄的增长，指甲越来越容易剥落、断裂或起皱。双手如果整天浸泡在水里，长期接触洗衣粉和其他化学物质，自然会祸及指甲。更糟糕的是刮风下雨时出门不戴手套，或者把你的指甲当成了瑞士军刀，用来刮削铲撬东西。

指甲是有生命的组织，主要由一种叫做角蛋白的物质构成。指甲为了保持健康，需要从体内吸收蛋白质、矿物质及必需脂肪酸。指甲的生长需要潮湿的环境。沾水会让指甲变干，而油脂则能锁住水分，所以要经常涂抹指甲油，特别要涂在起保护和营养作用的护膜（附着于甲床边缘的甲壁的角质层）上。千万不要让别人修剪指甲的护膜。护膜经过修剪后的确显得格外干净、漂亮，有些美甲师总是心痒难耐，不剪不快。但你一定要立场坚定。如果只是把护膜向后推而不加损坏的话，就能保证指甲长期的健康。市面上有很多种专用的指甲油和护膜油，其实拿你喜欢用的护手油就可以轻易地取而代之。

美丽的指甲需要每隔7天修剪一次，你可以找专业人士，也可以自己动手。含丙酮的洗甲水比不含丙酮的洗甲水更能够伤害指甲。指甲用锉刀修成略微的方形比修成椭圆形会更坚固。留短指甲比留长指甲更容易保护。涂中性或者浅色的指甲油能更好地掩饰指甲的瑕疵，期间修补几次别人也看不出来。鲜艳或猩红的指甲油当然能给人留下深刻的印象，但是保养起来颇为麻烦。涂指甲油之前，尤其是涂彩色指甲油之前，要先涂一层营养油，以免指甲发黄。如果你的指甲容易脱皮、断裂，最好能选择具有治疗功效的底层油和表层油，以减轻症状。涂指甲油时即使不觉得味道难闻也要把窗户打开，那种未经稀释的味道最好不要吸入体内。去美甲店时要选择那些通风好的。有些店铺还加工大量的人工指甲，气味之难闻，应当由美国环保总署立即关闭才对。

也许你不愿意使用指甲油，觉得指甲抛光的过程更加浪漫。有些磨光机专门打磨指甲上的粗糙不平（如果需要的话一到两个月打磨一次即可），有的机器能磨得更加光滑，让指甲表面泛出自然的油光。但是打磨的次数不要太多，否则会伤到指甲。打磨的方法比较省心，你不用惦记着除去指甲油，而且在美甲店里自己一个人就能完成。

此外还有人工指甲可供选择，没准儿你还挺喜欢戴的。但是早在几年前我就把它们全都扔掉了。人工指甲会极大地破坏天然指甲。如果锁在里面的水分散不出来，反而会招致真菌感染。所以除非是指甲断开了，临时用人工指甲凑合一阵，否则，我认为还是自己的指甲好。

多爱自己一点

约时间做一次专业护甲，也可以跟女儿或朋友说好互帮互助。

Date / 2月23日

无心插柳

所谓有附带好处的行为，通常都是些自由随意的锻炼形式，你无需为此穿戴专门的服装，也不用专门洗澡。但只要你能一直处于运动状态，青春就会更加持久。此外你的消化功能会更好，精力充沛得就像一块始终在充电的电池。

我曾在中国农村碰到过一位船夫，他的肩背、胸脯和手臂是如此之完美，仿佛是上帝和米开朗基罗联袂打造的艺术杰作。他有健身者梦寐以求的体魄，也有运动员孜孜以求的力量。然而，这一切居然是他在谋生时无意间获得的，因为他是个船夫，每天要靠划船摆渡养家糊口。如今，每当我看到那些到健身房去锻炼身体的人，都会不由自主地想起那个中国船夫，想起他强健的体魄完全得之于不经意之间。也许正是因为他的不经意，所以我才难以忘怀。

其实我们无需每天辛苦地摆渡数个小时，也可以锻炼出健美的体魄。美国健康与人类服务部称，一般的体力活动如园艺、快步走等，其功效并不亚于正式的运动。骑车、擦地、割草相当于中等强度的运动。爬楼梯、爬山、铲雪、远足相当于剧烈运动。换句话说，日常活动并非没有益处，而且应当受到尊重。其实每做一件小事都是有益的，比如往墙上挂画，给猫喂食，从烘干机里取出衣服，给人开大门，等等。如果你的身体允许，要尽量亲自去做这些事情，哪怕身边有个闲不住又十分宠你的老伴，有可供指使的女仆。他们尽可以去做别的事情嘛。

打扫房间可是一项很好的活动，因为它可轻可重，而且总也干不完。我喜欢一边打扫一边听音乐。施特劳斯的华尔兹圆舞曲，苏萨的进行曲，朱迪或丽萨高亢庄严的歌声，都是我的首选。打扫房间的运动量，相当于你把一位游客摆渡过河。如果你对打扫卫生不感兴趣，那就站起身来。站着打电话（商业界权威声称它有一种额外的好处，你的声音会显得很威严），站着从事以前坐着进行的事情：装订讲义，拆看信件，剥豆荚，等等。乘公交车、火车时也别坐下，除非你很累，手里又提着重物。

要树立"让我来做"的态度。有些人干净利索、精力充沛，开会的时候主动去搬椅子，聚餐后帮女主人刷盘子。我们也要力争成为他们中的一员。

度假要选择安排了很多活动的那种，比如远足、参观、洗温泉浴。即使不出远门，玩的时候也不要呆坐不动，你可以去滑冰（旱冰场比在公路和池塘上滑冰更安全）、骑自行车（要戴安全帽，而且当心汽车）、学跳交谊舞，比如探戈。选择探戈说明你勇敢，具有合作精神和丰富的想象力。

> **多爱自己一点**
>
> 回顾你今天的活动情况。你在上班时间里活跃吗？走了多少路？谁打扫你的房间？谁料理你的花园？你一天要在椅子上坐几个小时？你经常从事消耗体力的活动吗（正规运动和娱乐活动都包括在内）？如果发觉自己平素缺乏锻炼，你该如何改变呢？

Date / 2月24日

正确选择复合维生素

保健食品店里，你家附近的药店里，都摆满了琳琅满目的复合维生素产品任你选购。我买维生素跟买食品一样，都要阅读产品说明书，深入了解生产厂家，然后精挑细选。虽然我读过的文字材料几乎都认为"天然"维生素不比其他的好，但我还是觉得服用保健品公司生产的维生素比服用制药厂生产的维生素更为妥当。为了找到一个自己喜欢的品牌，多逛几家商店也是值得的。另外维生素还分为咀嚼式和口服液式两种，你还需要留心哪种形式适合自己服用。

特别需要注意的是，如果你单单服用复合维生素这一种营养品，里面一定要含有抗氧化营养成分，比如β-胡萝卜素（维生素A的前体）；维生素C和维生素E；全体B族维生素（包括叶酸）；维生素D（特别是那些很少晒太阳，又不喝添加了维生素D的牛奶、豆奶、牛奶糊的人）；锌（至少25毫克——通常认为，锌有助于提高免疫力，预防老年痴呆和关节炎）；硒（至少50微克，能增强免疫力，保护心脏）。

绝经后的女性以及任何年龄的男性，体内通常不缺铁，反而有可能存在铁过剩的现象。铁过剩会加大自由基对人体细胞的破坏程度,也会增加心脏病发作的几率。因此，等你到了绝经的年龄，除非医生诊断你患有贫血症，否则就应该服用不含铁的复合维生素。老年人服用的复合维生素都不含铁。如果你不愿意购买标明"老年型"的东西，权且把购买这类产品当成克制自我的一次练习吧。

此外我们还要了解，服用复合维生素片绝对不能替代合理的饮食，前者能给我们提供每天所必需的足够的维生素，却无法提供足够的矿物质。从分子意义上来说，矿物质的体积要比维生素大，所以一粒片剂里含量不会太多。你如果觉得自己需要补钙，就必须在服用复合维生素片的同时额外服用钙片。如果你有固定的医生，应该告诉医生你打算吃什么营养品。从以往的事例我们知道，营养品能使原有的疾病恶化，或者加重某种药物的效果。

> **多爱自己一点**
>
> 去逛一家天然食品商店,到专门销售维生素的柜台看看。如果你对维生素不太了解,那么只看复合维生素就可以了,否则你会吃不消的。别忘了要看看商标。不妨找商店里维生素方面的专家咨询一下。

Date / 2月25日

历经沧桑,性感依然

有些女性很幸运,一生都不用为性吸引力感到担心,有些只有在年轻貌美、得到路人喝彩时才对自己的魅力感到满意,另一些则要等到她们年龄稍大一点、更自信的时候。但还有一些女性,无论是以前、现在还是将来,对自己的魅力从来都没有满意过。

人到中年,都要面临一个挑战:如何继续将自己作为一个有性吸引力的人来加以关注,如何忽略那些环绕在你周围的宣传形象,这些形象向你暗示:性吸引力和性爱表达是年轻人的专利,是身材优于常人的人的专利。其实,性本身与其说是关乎于肉体,不如说是关乎于心态。有些人,比如玛格丽特·米德笔下的南太平洋诸岛的居民就很尊重年长的女性,将她们奉为性方面的专家和导师。这种习俗对置身于美国文化中的我们来说,可以算得上是一个小小的慰藉。我们的文化里只有绝对年轻的人才配受到顶礼膜拜。如果某位女士开刀切除了子宫、乳房,或其他类似的大手术,就更容易受到异性的冷落了。可中年女人偏偏又需要感觉自己能够吸引异性。它不仅让你感觉年轻,还是情感表达的一部分。

《获得你所期望的性》的作者之一朱迪斯·萨克斯告诉我:"在中年阶段要想感觉自己很性感,就必须积极面对,弄清楚你所期望的是什么。有时候性感是两人手拉手;有时候是在厨房地板上短暂地亲热一番。随着身体和心态的变化,性的形式也需要有所变化。你需要和伴侣多多沟通,还需要抽出足够的时间自己摸索,尝试一些新的东西,比如阅读这方面的图书,看看有关的电影。"萨克斯还建议说,不妨对镜自赏，多多表扬值得表扬的地方，不值得表扬的就不要批评；有时间不妨赤裸身体自己待上一会儿，习惯面对最为真实的自己后，就能够消除最初的尴尬和不自在，转而自我感觉良好。

　　我觉得人应该愿意改变判断自己性感与否的标准，这一点也很重要。毕竟你已经上了年纪，自己清楚自己的喜好和需要。尤其是在荷尔蒙停止分泌以后，性生活就需要添加更多的刺激了，比如使用性玩具，扮演不同的角色，按照幻想进行大胆尝试，甚至发动一场性革命。如果你心中有所顾忌，除了那些能确保你的安全、能让你感觉真实的禁忌之外，其他的尽可以抛诸脑后。如果有机会同你的伴侣疯狂热烈地冒一次险，也没什么大不了的。尽管这种美妙的体验目前还受到一些限制，但是趁你的父母、孩子不在家的时候，在确定不会怀孕的情况下，你就应该去享受人生的快乐。

多爱自己一点

　　我总是能够享受床笫之欢。

Date / 2月26日

寻找生活中的快乐，然后像抓住救生衣一样抓住它们

　　让人感到兴奋的事情多种多样。它可以是鲜花，运动，你的小孙子，可以是神秘故事，独立拍摄的电影，服饰华丽、光彩夺目的时尚杂志，还可以是唱歌、跑步、读书或做志愿者，你手头实实在在的工作，你形而上学的精神生活。任何事、任何人，只要能确定无疑地给你带来快乐，为你排解忧愁，让你从自我的小圈子里解脱出来，它就是一笔宝贵的财富。你要是能天天把这样的财富抱在手里，它们就会深入你的内心了。

每当贴近自己心爱的人和事时，你的情绪会马上为之一振，大脑也分泌出许多有益的化学物质。哪怕只是在心里想一想这些，也大有裨益。所以，在办公桌上摆上一张全家福，跟志趣相投的人交往，翻翻热带天堂的画册（你一直想去却未能成行），都是很有好处的。

许多宗教教义认为，爱是最最重要的；学会爱别人是我们能在这个星球上生存下来的主要原因。如果心中有爱却没有爱的对象，就像动词缺了宾语一样。因此，你所爱的人和你所爱的事物，就成了具有重大意义的人和事。它们的重大作用你必须看得一清二楚，还要让别人也看得一清二楚。

当然，我在这里所说的爱是那种不会带来伤害的爱，不是你对某种不明智习惯的沉溺，对某个不懂得珍惜你的人的迷恋。但是，几枝兰花，一只猫，一段肖邦的奏鸣曲，如果它们的风采能让你怦然心跳的话，它们正使你变得一天比一天年轻哟。

多爱自己一点

不管世人如何要求于你，今天都要优先考虑你所爱的人或事物。

Date / 2月27日

将自身的细胞当成独立个体对待

这是我的身体，我吸烟也罢，胡吃海塞也罢，疏于运动也罢，都不关别人的事——就算你从来没这样想过，周围持这种观点的人肯定也大有人在。不过，这种观点在逻辑上有点问题。或许"我的身体"并不真的属于我，或许它只是我的一个房东。实际上，它就是一个房东，因为终有一天我会弃它而去。那时，它的原子会变成其他物体或其他人身体的一部分。构成身体的细胞不仅仅是微小的身体器官，还是一个个独立自主的实体。你如果能这么想，那你此时此地对待自己身体的方式就会关系到别人，而且还关系到好几个人呢。

你倘若生过小孩，一定能理解我怀孕时的体会。当时我做什么事情都力求尽善尽美。我按照营养书籍的内容一丝不苟地安排饮食，遵照医嘱服用各种补品，连妊娠反应厉害的时候都没有间断。鼻子不通气时什么药也不肯吃，只肯喝一匙辣根汤，但起不起作用都无所谓：只要不损害宝宝的健康就行，宝宝才是最重要的。如果你觉得自己身上的细胞属于别人所有，你的选择会影响到别人，那么你就会如同孕妇一般，开始拥有生物意义上的博爱。

观点发生改变以后，照顾自己就不再是为了完成卫生课老师布置的枯燥乏味的课后作业，而是一种有益的全新的行事方法。喝咖啡你会等它凉一凉再喝。买汤料你愿意多花一点儿钱购买优质道地的速溶汤料，而不选添加了化学物质的那种。对面霜、洗发水、牙膏的成分也会前所未有地关心起来。

新的物理学研究发现，如果我们能从物质的角度来思考，物质的每一个部分都是有生命的。从分子的意义上说，我们身上的细胞体积庞大，结构复杂，毋庸置疑地应该把它们看作一个个独立的个体。如果这样想的话，你会加倍地呵护它们，而你自己也将从中受益。

多爱自己一点

我把自身的细胞看成有生命的实体，我要尊重它们，悉心照顾它们。

Date / 2月28日

March

3月 力量

Date / 3月1日

获得新的力量

人生旅程的每个阶段都赋予人们相应的力量。例如，婴儿虽然凡事都需要别人照顾，但并非软弱无力。他们的力量就在于他们的可爱。胖嘟嘟的婴儿小巧玲珑、惹人怜爱，一见之下，任何正常人都忍不住想要保护、照料他们。青少年的力量来自于他们身体中洋溢着的活力，来自于他们头脑中那种虽然盲目但颇为固执的自己什么都知道的信念。到了中年，女性（包括男性）的力量来自于自身的性吸引力。在这一时期，我们对伴侣的吸引力比以往更大，对性生活也非常满意。不过也有那么几次，我们凭借自身的魅力无法在样品展销会上买到特价商品，也无法在餐馆里订到更好的座位。但是，就像我们长大后不再如同婴儿般"惹人怜爱"不是坏事一样，这些同样也不是坏事。生命就是这样的，一切都按照先前定好的时间表，催促我们不断地前行，去寻找全新的、更强大的力量。

这种全新的力量来自于我们在人生中积累起来的才能和智力。当世人仅仅关注我们的胸部挺不挺拔，头发没变没变白的时候，或许我们应该顽强地把他们的注意力转移到我们的才能和智慧上来。除此之外，我们新的力量还包括我们出谋划策、知人善任、审时度势、巧妙运用语言和沉默等诸项能力。我们就像久经沙场的国际象棋大师，马的英勇，相的大度，后的威严，皇的软弱，这些我们早已了然于胸。由此我们也懂得了生活的博弈之术，懂得如何布局才能推动我们事业，才能实现我们梦想。

请你在3月之中，思考一下你所拥有的力量，思考它们的来源、用处和局限。你的性魅力在生活中可能仍然是自身力量的主要来源，那就好好享受吧。但是与此同时，不妨去发掘其他的力量源泉，特别是那些能够随着时间的流逝在范围和强度上越发重要的力量源泉。从今天开始，要对自己的力量更有信心，而且要好好地加以利用。

3月 力量

> 多爱自己一点
>
> 我拥有属于自己的力量，这种力量值得我认真对待。

Date / 3月2日

起床后的第一件事

早上刚一醒来，你脑袋里想的事情将会为新的一天定下一个基调。所以，首先要把闹钟处理掉。你不妨比平常早点上床休息，同时给自己一个心理暗示："不用闹钟叫，我每天早上六点半（或随便哪个时间）就能醒过来。"这样你不但能准时起床，还不用听闹钟那刺耳的铃声。不然的话，就去买一个能把你轻轻唤醒而不是用巨响把你吓醒的闹钟。那样的铃声有时候能把美梦的记忆都给吓没了影踪。闹钟还有其他种类，有的能奏响曼妙悦耳的音乐，有的能由弱到强慢慢地把卧室照亮。有了这样的闹钟，你就能像传统古国的人们那样日出而作了（只不过不是真正的日光罢了）。

缓缓醒来后，努力回忆一下昨晚做过的梦。如果梦到的东西很重要，就在日记本上记录下梦的梗概。记录的次数越多，能回想起来的梦境也就越多。在你下床以前，还要设想一下新的一天，要把它想象得尽可能美好，但也要合情合理。如果你的想象是"我来到了百慕大，管家刚刚端来了早茶"，可能就不算合理了。你可以想象正在从事令自己感觉愉快的事情，而且从容不迫，没有时间的限制。比如，你想象自己开车上下班时一路畅行无阻，风驰电掣；想象自己正同心情好、兴致高的人一起工作。在新的一天开始的时候，要多想一些美好的事情。

起床要早一点，免得手忙脚乱。自己要确信今天有充足的时间做完所有该做的事情。如果早上起来家里乱成了一团，"看见我的鞋子了吗？""我的风衣还没干！""刮刀在哪里？挡风玻璃上有冰，我却找不到刮刀！"这时你自己可要稳住阵脚。你可以去找鞋子（也可以不找），可以去熨风衣，也可以去找刮刀（或者用废的各类会员卡刮），但是千万不要陷入混乱。这可是你自己的日子，你自己的生活，它远比什么鞋子和刮刀更为重要。

> **多爱自己一点**
>
> 弄清楚自己要做的事情，让新的一天顺利开始。算算起床需要多长时间，算算几点钟起床才能完成上述事项。万一不能逐一完成，就减掉几项。要是只需要早起一小会儿就可以，不妨在头 21 天里，每天比平时早起 15 分钟。待适应以后，在接下来的 21 天里再把每天起床的时间提前 15 分钟，然后依此类推。我觉得 6 点钟起床就来得及完成所有的事情：记日记，沉思，做运动，自我按摩，淋浴，喂狗，喂猫，喂自己，舒展筋骨，在 9 点之前坐到电脑台前。我要是一觉睡到 7 点，就只能做少数几件事情了。有时忍痛割爱反而更有收获。

Date / 3 月 3 日

50 个美好的形容词

为了牢记自己有多么出色，一个女人需要有 50 个描述自己优点的形容词。在写日记的时候要开动脑筋，把最有概括性的褒义词都搜罗出来。形容外貌的词语当然少不了，但要尽可能多地找些形容自己性格特点的词，比如：富有魅力、充满干劲、精神饱满。这样的词语一在你脑海里闪现，就能让你笑逐颜开。

这些赞誉之词你自然当之无愧，而且还有更多更棒的呢。

如果你觉得 50 个形容词数量太多、太难凑齐的话，不妨想想你在生活中扮演的各种角色：爱人，母亲，劳动者，朋友，学生，探索者，等等。要知道，你的每一种角色都值得冠以美好的形容词。如果你卡壳了，就去找你的好朋友或青春组合的成员，让他们帮你想词。一旦凑齐了 50 个形容词，它们的作用就很明显了：在你忘记自己有多棒的时候给你提个醒。把日记本上列着 50 个形容词的那一页折个

3月 力量

角，或者贴一张便条纸。这样无论你什么时候想看，随手一翻就能找到它们。我倒是觉得，在星期天的晚上，在你准备迎接新的一周的时候，不妨翻开看看。当你需要确定自己真的是才华横溢、宽容、忠诚、友好、幽默、慷慨、优雅、热情、能言善辩的时候，再翻开日记看一看。

或许你在想："谁都不是完人。难道我不应该正视自己的缺点吗？"不管是应该还是不应该，你不是一直都在反省自己吗？你我以及我们了解的几乎所有的女性都十分在意自己的缺点。每个缺点都逃不过我们眼睛，都会被我们详加审视后再分门别类。上大一时令人失望的数学成绩，上周无心而发的一句议论，今天早上弄糟了的发型，甚至你刚才只想出几个形容词的事都给算了进去。其实这区区 50 个形容词不过是为了恰如其分地评价你而已。

多爱自己一点

> 翻开日记本，从1到50写上50个序号。然后，即兴列出由内而外形容你本身、你的行为和你的成就的褒义词。要是不能立刻写出50个来也没有关系，留待以后慢慢地想，何况关心你的人也能帮你啊。

Date / 3月4日

自己创立几个节日

如果你读过我写的《由内及外的光彩》，也许还记得3月4日是个什么节日。这个节日的发起人戴波拉·莎乌丝睿智机敏，多才多艺。她认为3月4日凭借其读音便可成为一个特殊的节日。英语中"3月4日（March Fourth）"的读音听起来颇似"march forth（大踏步向前）"。于是"3月4日"成了激励我们大踏步迎接新生活的一天。为了庆祝"3月4日"，我们要往前走，向前看。如果觉得以前自己做得不够好，要原谅自己；觉得新年计划有所遗憾，要加以弥补。"3月4日"是一个新的契机，是你迈步前行的机会。另外还要把你对3月4日的感想告诉身边的每个人，让他们也有机会向前走。

我们也可以自己创立几个节日。外国的节日、其他宗教的节日你也可以分享。植树节等节日，在美国大家都有所耳闻，我们却很少做点什么，但这并不妨碍你隆重地庆祝一番。此外如果你或他人取得了什么个人成绩，不但当年要热闹一次，将来还要过一周年纪念日、两周年纪念日。有些人对你的生活有着巨大的影响，他们的生日又岂能冷冷清清？我女儿还小的时候，我们喜欢在莫扎特生日那天召集一次聚会。莫扎特的生日刚巧是在 1 月份的最后一周，这段时间通常没有什么节日可庆祝。有一天我听到女儿问她的朋友："你是怎么给莫扎特庆祝生日的？"我听了以后心里美滋滋的。记住，1 月 27 日是阿玛迪斯的生日（16 世纪骑士小说中的主人公，是英雄的象征），12 月 16 日是贝多芬的诞辰，3 月 21 日是巴赫的生日。到时别忘了准备食物、音乐、蜡烛和一篇祝酒词哟。

我觉得，总有一天大多数人都会因为庆祝过的特殊日子太少而追悔莫及。你可不想有那么一天吧？所以，就让狂欢从今天开始吧。

多爱自己一点

玩味一下"3 月 4 日"这个日子。在接下来的每个月中，要么自己创立一个新的节日，要么捡一个不太常见的或无人知晓的节日加以庆祝。

Date / 3 月 5 日

做回我自己

我生来就是一个纽约人，只不过没有生在纽约，到了五十岁才从堪萨斯城搬到纽约而已。搬家前不久，我约朋友卡罗尔在一家中国餐馆吃午饭。她一边吃着春卷一边说："你知道我最想做什么吗？我想当飙车女。"从她的话中，我听到了一种执着。正是这种执着促使我离开堪萨斯城温暖的家，撇下熟识的老友，投奔到纽约这个名副其实的狭长的长岛。在这里，优秀的图书层出不穷，文人墨客云集荟萃。多萝西·帕克和F·司格特·菲茨杰拉德曾光临过这里的阿尔冈昆大酒店，在传说中的餐桌前落座，与他们的同事共进午餐。

即便如此，我也不想当飙车女。那不是我的梦想，是卡罗尔的。我问她要实现这个梦想该做些什么。她说只需去骑手们常去的酒吧泡着就行，但实际做起来可不容易，因为她一个人也不认识，也没有女骑手那幅令人不敢正视的凶悍目光。另外她还是个很害羞的人。我说："如果这真是你想做的，就鼓起勇气到酒吧去坐坐。不管你感觉多么不自在，多么尴尬，要一直坚持下去，直到最后成功。"

想想真是有些滑稽，我居然规劝朋友加入飙车一族。但是从更深刻的层面来讲，我那天在卡罗尔身上看到的，以及我自己正在亲身经历的，正是人到中年后急于做回自己的紧迫感。当然迁居异地、狂飙疾驰应该算是例外。因为做回我自己往往发生在内心之中，很微妙，也很深奥。中年人的梦想，往往由于没有得到大众的认识或重视，而与你我擦肩而过、失之交臂，有的甚至被当成更年期精神上的异常波动而一笔勾销。其实，这个时期的梦想能够以一种匪夷所思的方式，引导你做回真正的自己。

那次饭局以后又过了两年，我在纽约城里已经安定了下来。一天，忽然收到卡罗尔一封很厚的来信。她在信中告诉我她如何变成了一个真正的骑手，如何做回到她自己。她还说她把我的话当成了座右铭："鼓起勇气到酒吧去坐坐。"刚开始的几个星期里，她孤零零地坐在那里，感觉自己呆头呆脑的，但是后来就结识了几个人，并加入了一个骑手小组。做回她自己后，她在其他方面也找到了自信，而且买下了第一所房子。

之所以跟你们讲卡罗尔的故事，是因为我们每个人都值得按照内心期望的方式作回真正的自己。如果你现在心里还在犹疑，要下定决心的话还真不容易，因为多少年来，人们一直在话里话外向你强调你的身份，你的本分。现在，你要毅然决然地让别人收声，转而聆听自己的心声。

现在是你的机会，也是你生活的黄金时段。你以前的磨砺已经升华为无价的经验，能指导你抓住机会，迈步前进。我们谁都没有永远，但是我们都有将来，而今天就是迈向将来的一个新的开始。我们的选择将使我们无怨无悔。

> **多爱自己一点**
>
> 今天,以及有生之年的每一天,我都要做回我自己。

Date / 3月6日

钥匙的保管者

你有一串打开家门的钥匙,同样,你也有一串打开自己内心世界的钥匙。喜欢的人,你可以请他们登堂入室,以礼相待,其他的人则挡在纱门以外。同样,有些观点你可以接纳,其他的,则要回绝。

要想生活得更加积极向上,一个简单的方法就是慎重选择自己获取新闻的方法和渠道。与收看大量电视新闻相比,我更喜欢阅读高品位的报纸。报纸有足够的空间,可以详细、全面地报道更多的新闻,让你将当天发生的事情置于更为广阔的背景上来审视。这个大千世界太广阔太复杂,如何能够压缩进区区22分钟的电视新闻中呢?

如果非看电视新闻的话,我会仔细选报道本地新闻和国际新闻的频道。要是用批评的眼光去观察,你会发现很多节目即使不是完全地倾向于某种意识形态,也是部分地倾向于某种立场。所以新闻频道要选择那些立场较为中立的、不带煽情色彩的。有些主持人的节目和记者的报道能引起你的共鸣,因为他们报道的任何新闻,即使是我们不希望发生的事件,都能做到既冷静又充满同情。由他们担纲的节目我们倒不妨经常收看。

此外,我们要设法保护自己,免受那些令人烦心的图像或消息的侵扰。你可以想象自己有一束白光护体,好的信息可以渗透进来,对情绪不利的信息则被隔离在外面。这样,你就能减少恐惧感、挫败感和愤怒,面对仇恨和残忍的时候也不至于产生以牙还牙、以眼还眼的念头。用这个方法,你既可以了解时事,又能心平气和,气定神闲。

我们要培养一双慧眼，分辨出大千世界中哪些部分可以纳入自己的一方领地，哪些则不可以。然后按照你的心意重新装扮自己的生活。我们当然应该多多了解周围的世界，但了解的分寸要由自己把握。

> **多爱自己一点**
>
> 想一想你与每日新闻的关系。你是个新闻迷吗？看到你无力左右的事件会对你产生负面影响吗？请将不同的报纸和电视频道作个比较。确保你获取新闻的渠道不但最适合于你，能帮你做一个好公民，还不会干扰你正常的生活。

Date / 3月7日

牙刷和牙线

我7岁大的时候，照看我的蒂德阿姨跟她的朋友一起去看牙科医生，回来以后就有了一副全新的牙齿。新牙看着跟原来的差不多，但是从此以后她吃苹果得削成薄片后再吃，吃炸鸡也得借助刀叉。

当时一切都是那么自然，因为她已经上了岁数（63岁）。对幼小的我来说，上了年岁就意味着要戴假牙，长皱纹，还要拄一根拐杖。但是现在，等我也快到63岁的时候，我的看法改变了。我希望会心微笑时露出的是我自己的牙齿。相信你也希望如此吧。

我们大多数人每天都频繁地刷牙，但是刷牙的时机和方式却未必正确。最有效的方法是，每天刷牙两到三次，而且必须在饭后一小时之内进行。用餐一个小时之后，口腔中的 pH 值就会下降，变成酸性的。吃过甜食或精制淀粉之后更是如此。只有在酸性环境中，腐蚀牙齿的细菌和导致牙周疾病的细菌才会变得活跃。所以不等 pH 值下降，就要把口腔中的食物残渣和尚未形成的牙菌斑全都清除掉，让它们无暇造成破坏。早晨醒来后，可以先漱漱口，刮刮舌苔，除去早晨的口气，但是刷牙就要保留到早饭之后再进行了。

我们不妨随身携带牙刷一柄，进餐后马上掏出来刷刷牙。这个动作要做得比有烟瘾的人往外拿烟还要自然。为了不给细菌侵蚀牙齿和齿龈的机会，有人提倡正餐之间不吃东西。如果要加餐吃零食的话，每吃一次都要刷一次牙。

牙刷要选择软毛的。硬毛牙刷对齿龈来说太过坚硬，不如标有"特软"字样的牙刷刷得干净。如果你刷牙的时间足够长，而且刷得足够仔细，用手刷牙当然也可以。不过，大多数牙医推荐使用高品质的电动牙刷。电动牙刷中编入了正确的刷牙程序，既能够轻柔地刺激齿龈组织，又能清洁牙齿。它上面的计时器能告诉你口腔每个部分各需要刷多长时间。对于那些患有腕管综合征或手部关节炎的人来说，自动牙刷真是老天爷的恩赐。刷完牙之后要用大量流动的清水清洗牙刷头，而且每3个月要更换一次，以确保软毛的柔软性和弯曲程度。

牙线能清除牙缝中可能导致牙龈疾病的食物残渣。如果你想终生保有自己的牙齿，这额外的一步可是必不可少的哟。牙线一天用一次就够了，具体时间由你决定。但是，使用牙线的益处不单单是能预防牙周疾病。腐蚀齿龈组织的细菌能使血液凝结成块，从而导致心脏病发作或者中风。这话听起来有些滑稽，但是在过去的几年里，心脏病专家一直在鼓励病人用牙线清洁牙齿，目的是保护心脏。

多爱自己一点

检查自己口腔卫生的情况。是不是每天饭后一小时之内刷牙，而且一天刷两到三次？牙刷的毛够不够软？是不是已有3个月没更换了？你是每天都使用牙线洁齿还是偶尔为之？如果这些你都做不到，就从现在开始注意口腔卫生吧。

3月 力量

Date / 3月8日

举足轻重的三大项

哈佛大学的护士健康调查通过跟踪观察10多万名女护士的健康状况，对导致女性罹患慢性疾病的危险因素进行了研究。结果表明，一般来说，正常的体重、正常的血压以及低水平的胆固醇，能保证一个人健康而又长寿。当然，还有其他一些健康或疾病的指标需要参考，但这三大项健康指标是最主要的，也是你自己可以把握的。

这三大项一荣俱荣，一损俱损。要是你的生活方式变得对其中一项有利的话，另外两项也能从中获益。比如，一个人的血压和体重都超标的话，可以通过减肥把血压降低到正常水平。同样，一个人在调整饮食、降低胆固醇的同时，会发现自己的体重也随之减轻。而注意饮食、增强锻炼能对这三大项都有好处，大家要是知道这一点，很多事情就简单多了。

谈到饮食，为长远考虑，最好能多吃真正的食物，多吃水果和蔬菜，少吃脂肪（如果血压高，还要少吃盐）。摄入高脂肪的食物不但

能够快速增加体重，而且这种食物会导致酮症（译者注：酮体生成过多，血液中酮体升高，当高过肾的吸收能力时，则尿中出现酮体，即为酮症。酮体如在体内堆积过多可引起代谢性酸中毒）。所以这种饮食方式是不可取的。锻炼，哪怕只是每天健步走一走，也能帮你很好地控制这三大项。

有时要对付这三大项光靠自己的努力还不够。减肥时你可能需要加入一个小组以互相鼓励。如果饮食和锻炼不能奏效的话，你还需要使用药物来降低血压或胆固醇。为了健康要调动一切可以利用的手段。这可是自我保健中很重要的一个方面。

多爱自己一点

你知道自己的血压和胆固醇值吗？应该好好关注这两项数据。这里所说的正常体重可不是要你瘦成时装模特那个程度，只要体重与你的身高和体格相当即可。你也不用时刻关注自己的体重，只要实事求是、坚持不懈就可以了。

Date / 3月9日

青春的源泉

青春的源泉是水。你希望体内的每个器官都正常工作吗？你希望自己的肾（即使是健康人，肾的功能也会随着时间的流逝而慢慢衰退）终其一生都效忠于你吗？你希望自己皮肤光滑细嫩，眼睛明亮有神吗？在体育馆里锻炼时，那些20来岁的年轻人觉得你耐力肯定不行，你希望证明给他们看吗？要做到这些，你需要的不是别的，是水。

你身体里的每个化学反应都需要水分子的参与。没有水的话，细胞就像领不到报酬的工人一样会罢工。实验证明体内水合作用好的人就连应付压力的能力都更胜一筹。人一天应该喝下6~8杯水，为此一天之中你应该随时补水。气温高的时候（包括热天、洗热桑拿、练高温瑜伽），锻炼、乘飞机的时候，饮用咖啡、酒或者食物太咸的时候，你更需要多补充一些水。等你感觉口渴的时候，身体已经处于缺水状态了，要赶紧喝水。水最好是喝热的、温的或凉的，但不能喝冰的。冰镇饮料抑制了古印度医学所谓的"消化火"，而恢复青春活力需要你有良好的消化功能。

喝咖啡、可乐甚至是富含抗氧化剂的红茶，都不能算是补充水，因为咖啡因有利尿作用，实际上是一种脱水剂。同样，罐装的西红柿汁和混合蔬菜汁也不能当水来喝，其中虽然没有咖啡因，却含有脱水物质钠。在酒精饮料之中，无论是富含抗氧化剂的红葡萄酒，还是看起来爽口解渴的冰镇啤酒，都只能增加你对水的需求。你每喝下一杯咖啡身体就被剥夺了一杯的水分，更何况你在喝咖啡之前身体就已经处于缺水状态了。

真正能称得上水的只有水、矿泉水（含气体的或者不含气体的）、仿制矿泉水（比苏打水好，苏打水中钠的含量相当高）和不含咖啡因的花草茶。果蔬汁可以看成是水，但是果汁中糖分太高，需要用不含气体的水或苏打水对半稀释。除了喝水之外，还有一个意想不到的途径可以给身体补充水：吃。新鲜、多汁的水果，沙拉和生蔬菜拼盘都含有很多的水分。它们不但富含维生素、矿物质、植物化学物质，而且美味可口。苹果中含有66%的水分，生菜花中含有82%的水分，香瓜或生菠菜含有84%的水分。大量食用沙拉和新鲜水果的人可以比其他人少喝一些水，因为他们从食物里获得的水分已经很多了。补水要选择纯正的水或果汁，任何含有精制食糖或高果糖浆的饮料都不要选择。即使对那些已经过了纯真时代的人来说,纯正也是必需的。

多爱自己一点

> 我喜欢水的味道,身体需要多少我就补充多少。

Date / 3月10日

出去看世界

十八岁那年,我搭乘冰岛航空公司的飞机前往伦敦。当时他们的机票比其他航空公司的便宜(我记得同乘一架飞机的还有许多修女和身背吉他盒子的年轻人),再稍微添点钱中途便可以在冰岛首都雷克雅未克停留几天。在3天的逗留中,我不由自主地爱上了冰岛。30多年后,我的两本书都闯进了冰岛畅销书排行榜,于是我得以故地重游,到冰岛主持召开一个研讨会。我一直觉得,冰岛人之所以喜欢我的作品,究其根源,是我在很久以前就形成的冰岛情结。人在踏上一片土地的时候,这片土地也就为你所拥有,即使拥有很少,也足以推动奇妙力量的运转。

将来会是什么样谁都不知道,所以现在就是走出去看世界的最佳时机。为什么要等到以后呢?现在去看并不耽误以后去看,你可以一次一次反复去看嘛。去看看不一样的地方,再看看你喜欢的地方——大千世界是多么的精彩。也许资金有限,但现在有那么多便宜的航线,待在家里简直就是一种浪费。住宿和早餐花费不多,何况还有很多专门接待不同年龄"青年"的青年旅馆(以便宜著称)。旅行能让你放眼世界,让你保持年轻。旅行能让你明白,你扮演的角色无关乎你的外貌或寿命,而在于你的行动所产生的影响。

不管你的祖国或家乡是哪里,你都可以作为亲善大使前往其他地方。这样一来,世界会因为你而变得更加友好,而你也因为这个世界而越变越年轻。

> **多爱自己一点**
>
> 计划一次旅行，哪怕你得说服丈夫、请假、筹款，哪怕这些事情繁杂得吓人。反正你无论如何都要开始计划了。或许你想去一个较为尊重妇女的国家，比如中国、法国，还有南太平洋上风光旖旎的小岛。计划一次远行吧，真的是其乐无穷啊。

Date / 3月11日

寻找高品位的杂志

我喜欢看女性杂志。上面的服饰很漂亮，照片很有创意，有些文章思想性也很强，颇值得一读。当然，其中也不乏几行呓语，些许的物质主义，更蕴含着一分危险。你眼睛盯着印在亮光纸上的人物造型，心里却暗暗瞄准了奋斗的目标：我要永葆青春，要永远美丽，面孔永远经过精心修饰，姿势总是摆得准确无误。可惜现实生活本身却不是准确无误的。生活中会有污迹、折痕和斑点。而你在最美好的时光里（我说的是真正美好的，例如性爱和睡眠），通常既不化妆也不怎么着装。由此可见，杂志上的摄影广告绝非生活的极致，它们不过是几张图片而已。

杂志（连同报纸和电视节目）的编辑应该寻找新的关注焦点，才能够继续探索最时新的话题，比如什么最新潮，什么最热门，接下来将出现什么，等等。虽然新的东西未必胜过旧的，但你浏览杂志不就是为了获取新的信息吗？新的信息要是合你的口味，就妥善保留。不合胃口，就抛之脑后。如果你现在看的杂志不值得你花费时间和金钱，那就到报摊上看看有没有别的可供选择。有些杂志大书特书那些早已不再青春年少的女性，有些杂志把读者看成是复杂的多元化的人，了解她们在精神上有各自的嗜好，知道她们的身体需要着装、喷洒香水。像这样的杂志倒不妨看一看。

不管你看什么样的报纸杂志，你从中获取的应该是观点、信息，是帮你摆脱严肃生活的一点轻松愉悦。等到有一天，这些杂志不再左右你打扮的风格，不再主宰你的生活时，浏览杂志就变成了一种纯粹的乐趣，而你也获得了一分逍遥自在。

多爱自己一点

本周去逛一次报摊，找一本新杂志翻翻。

Date / 3月12日

"应该怎么样"

二十岁刚出头的时候我在一个图书馆打工，注意到常来借书的人中有一对年轻夫妇。他们的儿子快要上小学了，生着淡黄色的头发，笑起来很有感染力。跟他们混熟之后，我了解到他们夫妇过得不太开心，甚至可是说是情绪低落，因为他们生第二胎的愿望迟迟无法实现。妻子悲哀地说："我们清楚自己的家庭应该是什么样子的，愿望一天不实现，我们就一天不会感到幸福。"当时我就想到，他们最主要的问题不是生不生第二胎，而是没有意识到自己的生活已经非常令人羡慕了。

这种"应该怎么样"的专制想法折磨的可不仅仅是年轻人。事实上，它让中年人的大部分光阴也在煎熬中度过。人到中年之后，各种文化信息都向我们暗示，我们盛年已过，我们的生活再也不会像我们所希望的那样了。要是把电视情景喜剧看作是当代生活的写照，你会发现剧中的主人公除了少数的特例之外，不是单身的年轻人，就是已经有了孩子的已婚夫妇，或者正准备要孩子的夫妇。倘若剧中真的出现了一个年龄稍长的人物，要么是主人公那讨人嫌的婆婆，要么就是个疯疯癫癫的邻居，反正都不会是剧中的关键人物。这些电视节目向我们暗示：年轻才是生活，才是所有生活中最重要的。但是在你的现实生活中，不管你是37岁还是73岁，你都是主角，插播完广告之后重新露面的人应该是你才对。

人千万不要因为别人的看法而抹杀你生活中原有的美好。无论你对"应该怎么样"的理解是来自于媒体、家人、朋友，还是来自于你那早已奉为永恒真理的信念，它们都不应剥夺你生活中的美好。生活不是别人的期望，也不是我们的希望，而是实实在在发生的事情。所以还是坦然面对真实的生活吧。

> **多爱自己一点**
>
> 现实生活与你心中的希望有哪些差距？把它写在日记本里。一定要看清楚，你生活中哪些方面确实有理由加以改变，哪些方面是为了顺应某个想法才需要加以改变。如果这一想法不能体现你现在的自我和价值，那就把它和别的"应该"一起丢进垃圾堆里去吧。

Date / 3月13日

强力早餐

早餐务必要吃好。我们选择早餐之前，一定要了解自己的身体在清晨是如何工作的，有哪些需求。研究结果一再地向我们表明，吃早饭的人比不吃早饭的人更长寿、更健康。

早餐时间，有些人喜欢吃容易消化的东西，比如一只甜瓜，一盘水果沙拉。胃里没有太重的负担反而让他们一天都精力充沛。另一些人则要求早餐中含有各种营养成分，比如合成碳水化合物、蛋白质和脂肪。这样的早饭消化得很慢，能让他们在吃午饭之前一直精神焕发。

我的强力早餐主要有两种，一种是夏天吃的，一种是冬天吃的。天热的时候我经常做一个果乐冰，配料有豆奶、各种莓子、亚麻油和麦芽，外加一大勺富含多种维生素、矿物质以及蛋白质的营养粉。天冷的时候我早餐的首选是燕麦粥，它不仅容易吃饱，而且含有能降低胆固醇的可溶性膳食纤维。另外我还在粥上撒点亚麻油、麦芽（烤过的麦芽比生的更香，而且保鲜时间也更长），少量的巴西碎坚果（为了补硒）或者碎核桃（它和亚麻籽、亚麻油一样，都富含 Ω-3 脂肪酸），最后再加上几片新鲜水果。你要喜欢加葡萄干、李子脯和杏干等果脯也不错。只要是水果都可以提供膳食纤维、维生素和矿物质。这两种早餐都简便易行，而且让我感觉很好。

如果到现在你还没有找到一种（或者两三种）让你感觉良好的强力早餐，不如试试我这两种，或者干脆自己设计一种。它的味道要诱人，让你欲罢不能；操作要简单，即使早上急着出门也来得及给自己补充足够的能量。

多爱自己一点

自己设计一到多种强力早餐，在日记本上记下配方，从明天早上开始逐一试吃。

Date / 3月14日

坚定的自信心

坚定的自信心是不以外界影响为转移的。有了这样的自信，无论你是套着旧T恤衫破牛仔裤，还是华服盛装，无论是站在自家门口招呼上门送货的小工，还是迈进法国餐馆向领班颔首致意，你都一样信心十足。单凭你身上的这份从容泰然，人们就会忘却你的年龄，完全被你的魅力所吸引。

坚定的自信心自是牢不可破，但是以自己的容貌或他人的看法为基础的自信却很容易丧失。如今，我们的文化还不懂得重视年长女性的价值。究其根源，那是因为我们的文化惧怕我们潜在的力量，只好加以排斥才能消除心中的恐惧。几十年前社会对女性的歧视让我们感到沮丧，总有一天，当今社会对成熟女性的普遍歧视会让人们感到惊骇的。现在，我们要么屈服于这种文化，乖乖地压抑自己，否认自身的才能，要么满怀信心地继续生活，不虚度任何一寸光阴。

即使你的自信心在动摇，也不要表现出来。在生活中取得成功的一个重要法则就是：行为可以先于信念。换言之，即使你的信心已经薄如蝉翼，你的行为举止却依然可以透出坚如磐石般的信心。这样做没有什么大碍。在日复一日的生活中，我们对自己、对自己的能力、对自己留给他人的印象，都要拿出十足的信心来。你不妨假设自己生活在一个尊崇年长女性的社会里，跟真心尊重女性的人一起营造一个迷你文化圈。如果你偏要认为自己不如别人重要，而且拘泥于这种怪异的自私当中无法自拔，那就扪心自问："是谁让我这么特别，处处不如别人的呢？"你不妨这样想：你所占据的每一寸空间，生活对你的每一份恩赐，都是你应得的。谦虚固然是好，但是过分的谦虚只会让人大失光彩。

多爱自己一点

我完全相信自己。

Date / 3月15日

今天休息

Date / 3月16日

有益健康的运动

在西方国家，心脏病导致的死亡率是最高的。正常行经的女性情况要好一些，但是一旦停经，她们和男性一样，在统计学上也面临着同样的危险。要想消除这种潜在的危险，除了求医问药以外，还有一个三步走方案：减缓压力；少吃含有饱和脂肪的食物，多吃全麦的天然食物（详见4月22日内容）；有规律地进行有益于心血管的运动。

每天步行30分钟与发足狂奔两分钟相比，前者更能缓慢地消耗脂肪。如果锻炼的强度太大，就超出了有氧练习的范围，不但对心脏没有丝毫的好处，还无法燃烧脂肪。为了锻炼心血管系统，我们每次至少要运动20分钟。但是在一天之中即使每次只运动一小会儿，多锻炼几次，也能够增强肌肉，减少脂肪。对你的心脏来说，身体里少一些脂肪可是求之不得的好事。锻炼的方式多种多样：跑步、游泳、骑自行车、跳舞、滑冰、参加锻炼心脏的训练班（其形式真的越来越有创意）、借助跑步机训练，甚至包括在城里或者商场里步行。只要你认真地、有规律地去做，而且能持之以恒，就可以收到锻炼效果。

最新的研究建议人们每周最好运动6次，每次30分钟。你每周可以利用两次午餐后时间去上爵士舞班，两个晚上跳拉丁舞，两个晚上走路。你也可以每周6个早晨骑健身单车（固定不动的那种）或者在跑步机上跑步，这样任务就完成了。如果你能按照以前的建议，每周抽时间运动3次的话也是有好处的。渐渐地你会喜欢上运动。充满活力的运动使大脑分泌出多种化学物质，它们能让你感觉快乐，让你乐此不疲。当然这种"瘾"是安全的、合法的。于是你开始盼着多做些运动。这种状态一定要保持下去，它不但能让你的身体变得年轻，还能延长你的寿命呢。

> **多爱自己一点**
>
> 根据自己的生活安排合理的有氧运动方案。如果你已经超过50岁，或者有心脏病史，一定要把自己的方案向你的医生通报一声。

Date / 3月17日

抱虎归山

我出生那年保姆蒂德已经57岁了。我父母外出工作的时候，就请她住进家里来照看我。那会儿她把电影叫做画片，管公共汽车叫街车，车上的司机叫做车夫，到市场购物不叫购物，而叫置办。她嘴里说的战争，是指步兵们蹲在散兵坑里为了所谓"世界民主"而战的那场战争。她那些老掉牙的词语虽然让十几岁的我倍感难堪,现在却成了我生活中的口头历史。前不久,我约17岁的养女到唱片店里见面,我忽然意识到,"唱片店"这个词听上去颇为落伍。其实也没什么令人震惊的。我很清楚,自己出生时世界上还没有低糖的健怡可乐,没有连裤袜,甚至连邮政编码都没出现呢。但这些老词仍然在提醒我:我已经变成了一座连接两个时代的桥梁。或许这正是"中年"一词的来由吧。

中年这种承上启下的特点,我倒是渐渐喜欢上了。我愿意回忆从前生活的一些片断。从前的人们,周日美餐一顿后都要开车出去兜风,为了能每周节省一美元而加入圣诞储金会(译者注:一种无息存款),平常到乔斯市场这样的地方采购日用杂货。正是经历过从前的点点滴滴,中年人才能品出现在的滋味。原来,"现在"还有着纷繁错综的根源和因果啊。另外,只有活到一定的岁数,你才能享受到我们所谓的"阅尽无数"的境界。这种境界在我们婴儿潮这一代人的眼里可是十全十美,简直可以同乌托邦相媲美。尽管你已经40岁或65岁,尽管你觉得自己仍然同多年前一样生机勃勃,但丰富人生阅历所赐予的那份睿智和20岁的年龄,你总不能同时拥有吧?

有些人活到70多岁时仍然充满了活力和热情。他们的秘诀,肯定不是天天抱怨逝者如斯。他们不会为自己的长寿而难堪,也不会只关注岁月的掠夺而忽略光阴的恩赐。他们拒不让自己无法控制的东西恫吓他们,因为他们牢牢地掌握着他们所能控制的东西。他们精心地照顾自己,有些甚至会去找整容医生给弄一下这儿或者那儿。但他们并非一心一意只顾着自己,只顾着自己的容貌,所以他们不会任由整容医生把自己的脸切拉揉搓成一幅漫画。那画上画的与其说是青春和美丽,倒不如说是惊慌和恐惧。

要想效仿他们,我们不妨借用中国太极中"抱虎归山"的理念。面对对手的时候,不管对手是有血有肉的,还是像生日日期那样无影无形的,我们都不能畏惧退缩,而是要拥抱老虎,拥抱恐惧,拥抱那一刻。就在你勇敢向前扑的那一刹那,机会冒了出来。这时你就不再是个处于劣势的受害者,因为你已经找到了自己的力量。

要想拥抱逝去的岁月可是需要相当的勇气,因为西方社会,特别是美国社会,早已将时光的流逝变成了凶恶的"老虎"。要是哪位中年女性魅力四射、生活充实的话,她简直就是公然挑衅以消费为导向的美国文化。在这种文化里,几乎所有的广告都在暗示:美貌、魅力和享乐只属于她女儿辈的人;对她而言这些都成了过去。这种暗示真是荒唐至极。广告商为了推销商品爱怎么做都随他,你为了好好生活需要做什么尽管放手去做。我们要争取把每一天,包括今天,都雕琢成一件艺术品。

多爱自己一点

在你内心深处，究竟是什么让你担心甚至畏惧年龄的增长？请找出一个原因，但要确保它是真正的原因。一旦确定了自己的"老虎"是什么，马上下定决心主动去拥抱它，并从中有所领悟。

Date / 3月18日

迷人的双唇

现在整形手术整出来的嘴唇一律都肿胀、上撅，好看在哪里我着实不明白。或许我的不明就里正好说明我已经上了年龄。如果你欣赏这种唇形，而自己的嘴唇偏偏从20岁起就越变越单薄，拿一只唇线笔就足以解决问题。有些化妆品店里还有一种在局部涂抹的溶液，涂上后你的双唇会暂时性地饱满起来。这样，等到薄嘴唇重新流行的时候（你知道这是迟早的事），你就不用再做一次整形手术了。

但不管唇形是饱满还是单薄，谁都不希望自己的嘴唇干裂、脱皮，所以双唇一定要保持湿润，每周还要去除一次死皮。家里通上暖气以后，3月份寒风料峭的时候，更要注意嘴唇的保护。我喜欢用一种油膏去除嘴唇的死皮。把它涂在唇上，10分钟后用纸巾轻轻擦拭，死皮就去掉了。你也可以拿一把软毛牙刷，轻轻地来回刷掉死皮。不管用哪种方法，之后都要涂上有滋养作用的润唇膏，或者维生素E油。

除非你崇拜返璞归真，素面朝天，否则口红要时刻随身携带。等你到了40岁甚至更往上的时候，口红为人增添光彩的作用就更为突出了。我18岁的时候，一位室友的妈妈邀请我和她们一起吃早餐。我推说化妆品太少婉言谢绝了。可室友的妈妈却说："只需涂点口红就可以了，快来吧。"只需一点口红！难道她看不出来我还需要遮瑕膏、粉底、腮红、眼线笔、眼影还有睫毛膏吗？现在我也到了室友妈妈的年龄，终于明白她说的那句话了。平时去体育馆，逛市场，周六上午到附近的咖啡馆看报纸，真的只需擦点口红和防晒霜就够了。

唇线过于浓重的话看起来很不自然，而且早已过时。但是对于嘴唇周围生了细纹的女士来说，唇线能够很好地阻止口红渗入到细纹中去。画唇线时要想扬其长避其短，不妨用唇线笔涂满整个嘴唇，然后再涂一层口红，以增加点亮度。这样一来口红许久都不会掉色。

职业化妆师一般都使用唇刷来涂口红。使用唇刷的技巧很值得一学。用唇刷涂上的口红，不仅色彩持久、自然，而且因为使用的口红量较少，不容易处处留痕。有些女士为了搭配服装的颜色拥有十多只口红。我觉得只要让家里梳妆台上的口红跟外出时手袋里的口红颜色一致起来，事情反倒简单了许多。从10月份到次年3月份我涂褐色系列的口红，春天和夏天涂偏粉红色的。无论你有多喜欢你现在的口红，千万不要一年到头只使用一种色调的口红。你的肤色一直在变化，所以口红的颜色也要跟上步伐。

有一位化妆师曾在电视上介绍了一个涂口红的小窍门：每次涂完口红后，把面巾纸缠绕在手指上，放进嘴里，像抽棒棒糖一样抽出来。这样就能擦掉嘴唇内侧多余的口红，免得它沾染你洁白的牙齿。下次不要忘记试一试哟。

多爱自己一点

为自己买一支口红吧。。

Date / 3月19日

富有创意的表达方式和你唯一的大脑

如何改进人的认知功能？我们对这方面的了解，大多来自于对那些不幸丧失了大部分认知功能的人的研究。对阿尔茨海默氏病（早老性痴呆症）所进行的最为权威的一项流行病学研究，将观察对象选定为中西部几所女修道院的修女。这些修女的日常生活整齐划一，但是有的患上了早老性痴呆症，有的却没有。因此她们成了探究患病原因的最佳实验对象。经过长期的调查，科研人员吃惊地发现，早老性痴呆症的预防居然与创造性思维及其衍生物——丰富多彩的口头表达有关。

修女们在20岁左右时都必须撰写一篇自传体文章。阅读比较之后研究人员发现，文章中描写事物的文采和她们年老后头脑的清晰程度有着显著的关系。有些修女在自传中写道："我出生在一个农场。"此类句子语法严谨但文采平平，结果她们上了年纪后大部分人的认知能力都普遍降低。有些修女语法虽差但写得很生动，比如"风急雨猛，这时爸爸跳上车去请接生婆"。这样的修女到了老年情况就大不相同了。

这个被称为"修女研究"的项目在大卫·斯诺登的《优雅地老去》一书中有详细记录。参加该项目的研究人员目前还无法解释出现这一现象的生理机制，姑且只能这样解释：善于进行创造性思考的人能够在大脑里打通许多新的神经通道。研究人员将那些生前口头表达能力很强、丝毫没有痴呆症状的修女的大脑进行了解剖，找到了能够证明这一说法的证据：她们的脑组织里也大量生长着痴呆病人特有的"缠绕和纠结"。显然，她们之所以能够幸免于痴呆症，凭借的就是自己别出心裁的思考能力和表达能力。

长期以来人们一直认为，人能够通过创造性地开动脑筋来保护自己的脑力。而对修女的研究正好为此提供了科学依据。原本不擅长用色彩斑斓的语言自我表达的人能否以勤补拙？这一点我们虽然还不确定，但是我以前教授写作课的经历让我坚信，不管是谁，只要他有这个意愿就能"补拙"。这就好比给人的头脑做内部装修，刚开始仅仅为了实用，完成后的效果却出乎人的意料。

刚一开始，你不妨在心里默默地玩点文字游戏。例如，带小侄女去公园玩儿的时候，你眼睛望着她，心里能想出多少个描述她的词语呢？清新、活泼、天真、机灵、好奇、蹦蹦跳跳有活力、可爱。你明白我的意思了吧？平素想问题的时候，原来思考的语言可能非黑即白，现在不妨换成鲜活亮丽的语言。回忆往事的时候不要简单地说一句："天哪！夏威夷真不错！"应该形象地回忆远处那一望无垠的碧海，近处海浪拍击沙滩，卷起朵朵白色浪花。你要能看到玉带般奔泻而下的瀑布，闻到热带雨林里番石榴的芳香，感受拂面的薄雾和脚趾间涌上的湿泥。跟朋友谈天写信时如果提到自己的旅行见闻，避免笼而统之地说一句"挺好玩的"。相反，要绘声绘色地告诉他们番石榴的香味有多么浓郁，状似油灰的淤泥有多么黏软、清凉。

于是，你的生活会逐渐变得更加深刻，你又可以再次享受生活中最美好的时光，因为你能够凭借故事和记忆将美好时光原原本本地重现出来。与此同时，你还在大脑中开辟出来许多新的通道，在你的夏威夷假期过去了多年之后，仍能带给你巨大的裨益。

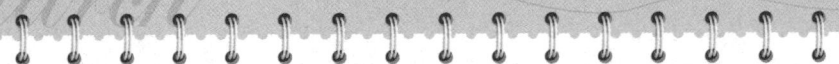

> **多爱自己一点**
>
> 在日记中锻炼创造性的语言表达。既然没有人能读到你的日记,也就不必担心用词华丽浮夸、堆砌辞藻。你的脑力一定能够提高的。

Date / 3月20日

春 分

在有些文明古国里,新春也是新年的开始。在春分这一天,大自然中万物复苏,万象更新。你也可以把它作为一个新的起点。所以,为了纪念这个季节的更替,我们要做一些特别的事情。例如:

☆**寻觅春天的踪迹** 即使天气还不够暖和,一些激动人心的事情仍然"当春乃发生"。请仔细观察迎春花、飞絮柳等能够报春的植物。

☆**还记得春季大扫除吗?** 本周要彻底清扫房间,通风换气,让每一样东西都焕然一新。

☆**化妆品柜台前试妆** 季节变换,妆容也要变。这儿可是有些新的颜色等着你来挑选。

☆**减去冬天积蓄的赘肉** 离夏天还有3个月——足够你锻炼你的三头肌了。

☆**用春天的色彩来装点你的生活** 清淡柔和的色彩又可以使用了。房间和衣柜里都少不了它们哟。

☆**用鲜花慰劳自己** 花园里的花虽然还没有绽放,书桌和餐桌上倒不妨有几朵鲜花争春早。

> **多爱自己一点**
>
> 如同新春的第一天，我心中也充满了无限的希望。

Date / 3月21日
正视你内心深处的斗士

每到星期天晚上，伊丽莎白都要给远在加利福尼亚的奶奶打个电话，聊几句天。伊丽莎白对我说："奶奶已经97岁高龄了，仍然独自住在自己家里。她倔犟较真儿，谁都没本事劝她住到养老院里去。"伊丽莎白奶奶的性格，正好是科研人员所谓的易于长寿者的典型：他们有棱有角，敢作敢当，在自己与他人之间划定了明确、粗重的界线。他们是那种谁都"打不垮、拖不倒"的人，是那种崇拜自己内心深处的斗士的人。

我当然不是提倡人要变得霸道、争强好斗、难以跟人相处。有好多人人际关系搞得一团糟，却照样不知道应该如何实现自己的目标。其实，要想正视你内心深处的斗士，就要尊重自己，尊重他人，知道他人和你一样，都有权利继续生存、获得成功并捍卫自己的权益。比如，要是哪个医生对你说："人到了这个年龄，总有一些事情需要忍耐。"你心中的斗士就会回答说："除非我先看过另一位好医生，试遍每一种治疗方法，不然我才不忍耐呢。"

如果说你内心中有一个斗士，你却不愿意接受，你可要明白，这是因为大多数女性所接受的教育的缘故。从来没有人教育我们应该如何认识并敬重这种斗士的品质。虽然人人都有好斗的倾向，但不是每位女性都像雅典娜女神那样，一生下来就会用头盔和盾牌将自己全副武装起来。而那些曾经全副武装的女性，在成长过程中受到的惩罚肯定远远多于表扬。所以，你现在不妨想一想，要是向你内心里的斗士致敬的话会是什么感觉？想想有哪些表现出斗士精神的女性值得你钦佩？如果你想把斗士的品质发挥出来，可以报名参加女子防身术培训班。然后你就能确定，自己的内心深处确实存在着一位斗士。

知道吗？今天正好是你发扬斗士精神的最佳时机。根据占星术的说法，今天太阳入主白羊宫，而统领斗士的正是白羊宫。今天，新的生命就要喷薄而出，大自然里蕴含着巨大的力量，所以一定要好好利用这个日子。要知道，有时候人要经过一番搏斗，自己的梦想和理想才会变得清晰。而搏斗的对手往往不是别人，而是自己的疑虑。请你心目中的斗士做好准备，使她在谈判桌前的表现跟沙场上一样，有勇有谋，进退有度。

多爱自己一点

今天要关注一下自己内心里的斗士，把它作为一种品质写进日记本。如果你从没学习过防身术，翻开电话黄页或上网查一查附近有没有培训班。短期的女子防身术培训班模拟女子遭到攻击时的实际场景，比传统的武术训练班更适合今天的目的。

Date / 3月22日

维生素 E

著名的健康问题作家简·卡波尔撰写的《立刻停止变老！》一书，专门指导人们如何补充营养、恢复青春。在书中她把维生素 E 称为"延长青春所必需的维生素"。维生素 E，我们身体血液中的红细胞需要它，肌肉离不开它；没有它身体还无法有效地分解脂肪。维生素 E 对心脏的健康至关重要。此外，它还能提高人的免疫力，调节血液中葡萄糖的浓度，逆转乳房小叶增生，预防白内障。还有证据表明，由于维生素 E 的抗氧化功能可以保护关节软骨，因此维生素 E 对缓解关节炎的各种症状也有帮助。

维生素 E 虽然在植物油、坚果、种子和完整的谷粒里都含有，但是它的最佳来源还是麦芽。不过话又说回来，要想恢复青春的话，单靠从食物中获得足够的维生素 E 是不可能的。因此，最好每天单独补充 100 到 400 个国际单位的混合生育酚（mixedtocopherols），或者与三烯生育酚（tocotrienols）一同服用。后者价格更为昂贵，但是好评如潮。

> **多爱自己一点**
>
> 如果你一直没有补充维生素 E，那就从今天开始吧。同样，如果你有自己的医生，在服用新种类的维生素之前，请先向医生咨询。如果你正在服用稀释血液的药物，或者身体某部位流血不止，补充维生素 E 是很不合适的。如果马上要接受手术（包括整容手术），术前两周就要停止服用维生素 E。

Date / 3 月 23 日

你的每一次呼吸

经常跑步、跳舞的人，怀俄明州每天清晨都翻山越岭的牧场主，华尔街趁股市开市铃声响起之前练习瑜伽的经纪人，他们都有一个共同之处：呼吸比常人更加深沉，更加自觉。也就是说，他们让自己享受到更充足的氧气。结果呢，他们眼睛明亮，皮肤白净，身体结实，精力充沛，意气风发。

做有氧运动时你会自然而然地吸入更多的氧气；瑜伽班上练习的呼吸法能教你循序渐进地呼吸。要是你锻炼、做瑜伽的时间都不规律，在日常生活中留心自己的一呼一吸就变得更加重要。帕姆·格鲁特在她写的《加速新陈代谢》一书中，重点说明了深深地吸气和充分地呼气如何帮人减肥的道理。深呼吸能够加速身体新陈代谢的速度，提高消化能力，改变暴饮暴食的习惯和厌恶运动的态度，于是减重的目的就轻松达到了。她在书中还指出，90% 的人都在做"无用的呼吸"（只吸入了相当于我们肺容量四分之一甚至更少的氧气）。

正确的呼吸方法，不管你是通过瑜伽、武术还是读书、减压训练班等渠道了解到的，能帮助你的呼吸变得更有成效。但最为基本同时也是最为有效的一种方法，是瑜伽的三步呼吸法。开始练习三步呼吸法之前，要席地坐好，挺直后背，还要知道自己将鼓起腹部来呼吸。对有些妇女来说，这一点不容易做到，毕竟我们天天收腹已经收了30多年了。但是现在鼓起腹部的动作不仅没错而且是必需的。所以不妨把手掌放在腹部，以确保吸气时你的腹部真的鼓了起来。等腹部完全鼓起后，还要继续吸气，让空气充满你的横膈膜、你的胸腔（也就是三步呼吸法的第二步和第三步）。然后，深深地呼气。呼气时要聚精会神，先呼出胸腔的气体，最后用手压迫腹部，呼出里面的浊气。反正我们早就习惯压迫腹部了，难道不是吗？

呼吸时要缓慢、轻柔。你也不希望出现换气过度的事情吧？多练习几次以后，等到你能毫不费力就缓慢、深沉地吸气和呼气，能让空气深入到腹部，那时就算你学成了。这种呼吸练习和你平时的呼吸一样，都要通过鼻子进行。毕竟鼻子专司呼吸，经过鼻腔的空气还能得到净化。格鲁特建议，每天要有意识地、缓慢深沉地呼吸10次。要是你每天的练习中已经包括了深呼吸训练，那就另当别论了。练习的时间很灵活，早晨起床后，晚上入睡前，外出吃午饭时，冥想之前，都悉听尊便。即使一天只做一次，对你一整天的呼吸也有莫大的帮助。

> **多爱自己一点**
>
> 你的呼吸怎么样？如果你只是做常规的呼吸，吸气时下腹部没有鼓起，说明你的呼吸还不够深入。这个周每天做一次瑜伽三步呼吸练习，每次吸气10次和彻底地呼气10次。没准儿你会上瘾呢。

Date / 3月24日

何为自由基

生活中你大量食用蔬菜、补充维生素，目的是借它们的抗氧化特性来消除自由基对身体的不利影响。但自由基（free radical）到底是什么东西呢？从化学

3月 力量

的角度来看,自由基就是缺少一个电子的氧分子。自由基为了弥补这个缺憾,会从别的氧分子那里偷盗一个电子,致使别的氧分子也遭到破坏。等到遭破坏的氧分子达到一定数量,皱纹、癌症等各种不良的后果就开始出现了。有些学者坚信,衰老的一切表现都是自由基一手造成的。

大多数自由基都是细胞正常活动的副产品,好比盛宴之后厨房里势必会一片狼藉。因此,我们无法阻止自由基的形成。我们体内正常和必要的耗氧活动都会产生自由基,就连我们为了延长青春而做的练习也会增加自由基的数量。此外,生活压力、空气污染、食物和饮用水里的化学物质、香烟(哪怕是间接吸入的),每天多喝的那一两杯酒精饮料,都会导致体内产生额外的自由基。

然而,自由基只有当我们清理不及时的时候才会造成危害。这跟不及时清扫厨房是一个道理。新鲜水果、蔬菜、维生素 C 和维生素 E 片以及 β-胡萝卜素都是清理自由基的行家里手。大家一致认为,足量的新鲜水果和蔬菜能为我们提供抗氧化物,消除自由基的危害。虽然还没有充分证据证明服用维生素片的效果,但是该领域的大多数科学家似乎都建议,平时要多吃农副产品,并辅以维生素片,以确保万无一失。

> **多爱自己一点**
>
> 把本周的饮食品种记录下来,看看你吃的水果和蔬菜够不够多。专家建议每天最好吃 5~10 份蔬菜和水果,其中要以蔬菜为主。

Date / 3月25日

你是你自己的权威

这里由谁负责?要是事关你的生活、你的身体、你的决定,那负责人就是你自己。这样一来你虽然背上了责任,但也卸下了一个包袱。因为你知道,那些登台演说的人，著书立说的人（包括这本书的作者），文凭可以贴满一面墙的专业人士，谁都不如你更了解你自己。

凭借你丰富的阅历，敏锐的直觉，在处理与自己相关的事务时，你手中的权限已达到了顶点。

你想聘请顾问、听听专业指导的时候，一定要像实力雄厚、财大气粗的大公司那样慎之又慎。在购买他们的书籍，聆听他们的讲座，去他们的办公室拜访之前，最好能够精挑细选，免得白花冤枉钱。对于专家的意见，如果弃之如敝屣的话太过愚鲁，但是也不能将其奉为圣旨，毕竟最终的决定权握在你的手里，因为最高的权威就是你本人。

年轻人在那些学历高、声誉广的人的面前，总会自愧弗如，自惭形秽，所以很难理解我上面的一番话。其实就算他们学历再高，那些精英们也没有一个是因为研究你这个人而获得学位的。而你就不同，你不但深入研究过自己，还成绩斐然，拿到过文凭呢。所以现在你可以转而崇拜你自己这张文凭了。于是，每当专家有些什么建议的时候，无论他是真是假，你都不会盲从。在选择内科医生、治疗专家、律师或财务顾问的时候，你也知道该如何选择了。如果你觉得某人不适合你，也许他、她还真的就不适合你。

有太多的女性在太长的时间里一直崇拜权威人士。那当然比自己做主来得简单。但别忘了你也是权威人士。所以从今天起就要拿出权威人士的样子来，妥善地行使自己的权力。

多爱自己一点

称职的人提的好建议我要听取，但我始终牢记，涉及我自己、我的生活时，我才是握有最终决定权的权威人士。

Date / 3月26日

获得第一手的蛋白质

一直以来,我只摄取第一手蛋白质,也就是源自于植物而非动物的蛋白。所以当更年期如同洪水猛兽般向我袭来的时候,我身体的重要健康指标如胆固醇、高密度脂蛋白HDL和低密度脂蛋白LDL、血压、高半胱氨酸以及体重,依然正常如故。由此看来,我一直讲究蛋白质的来源还是有道理的。

但是我必须承认,出于道德原因我是个素食主义者,所以不沾荤腥。许多年前我就痛下决心,既然我不可以亲手杀死动物,也不能让别人因我而杀生。弗朗茨·卡夫卡说过,他戒食荤腥以后就能够坦然地与牛四目相对。这份问心无愧我也很喜欢。瑜伽书上说素食有益于精神上的长进,如果真是这样的话,素食又多了一样好处。其实我也不知道我的食物是不是最有益于健康。或许,平时食素,偶尔吃点肉鱼,才是最理想的。但是对我来说,即使一丁点的肉食也意味着一整只动物惨遭杀戮,所以不吃也罢。而你或许还有其他方面的禁忌。单从健康和长寿的角度来看,确保饮食中大部分蛋白质都来源于植物是有道理的,以下就是原因:

◆ 肥胖是青春和长寿的最大威胁之一。而素食主义者的体重平均要比食肉者轻15磅。

◆ 植物类食品不含胆固醇,不含饱和脂肪(仅有少数例外,如椰子和棕榈油),所以不仅有益于心脏健康,还能预防动脉硬化和中风。

◆ 肉类和奶制品中的脂肪部分,汇聚了生活环境和工业生产中的化学物质,也包括一些已知的致癌物质。所以,令人担忧的并不是脂肪本身,而是其中所含的化学毒素。

◆ 人们开展了许多以不同人群为观察对象的流行病学研究,无一例外地认为素食更为优越。基督复临安息日会的教友经常被当成研究对象,因为他们中间大约有一半的人食素,另一半则不忌口。除此之外他们生活方式几乎完全相同,既不抽烟,也不喝酒。通过对他们的研究发现,无论看哪项健康指标(肌体胖瘦比、胆固醇浓度、血压等),素食者都胜于食肉者。

◆ 有些人群虽然食肉,但是食肉的数量和频率远远低于北美洲和英国两地的平均值,他们之中神经变性疾病的发病率就明显偏低。地中海国家和日本的传统饮食就是其中的典范。

虽然富含高动物蛋白的饮食在某些地区广受欢迎,但此类食物不易消化。人随着寿命的增长,体内分泌的盐酸会越来越少,要把肉食分解成可以吸收利用的成分,也越来越不容易。所以有些人减少肉食数量后,反而发觉精力比以前更加旺盛。一般说来,女性每天大约需 55 克蛋白质,这些完全可以从植物食物中获得。饮食中只要合理搭配多种蔬菜、豆类和全谷物,就可以确保摄入种类齐全的氨基酸,也就是蛋白质的基本构成单位。

我们早就知道,轻松愉悦的心态能让人变得年轻。而上面介绍的方法能让你的消化道轻松愉快,你自然就会越变越年轻了。

> **多爱自己一点**
>
> 许多女性坚持每天吃两顿素食,每周选定一天只吃素食,结果发现自己变得苗条轻盈、更加年轻了。你为什么不效仿呢?

Date / 3 月 27 日

自己独有的标记

如果你有一两样为你所独有的标记,显然会增强你的神秘感,提高你的知名度。这种标记不一而足,它可以是翻领上别的一枚别针,纽扣孔里插的一朵饰花,你经常穿着的黄色,你十指尖尖处那精致的法式指甲。或许你每年都举办一场别具特色的晚会,或许你每次都参加为白血病患儿筹款的万米长跑。以至于每次比赛,人们都打赌你肯定会到场。

我有一个叫琳达的朋友,她的衣服全是古香古色的怀旧式样。另一个朋友也叫琳达,但她的衣服全部出自著名设计师之手。我认识的一个伊丽莎白很有名,她能用占星术分析任何正在发生的事情。另一个伊丽莎白则因为写诗而闻名。巴巴拉喜欢骑自行车,结果骑自行车成了她的标记;另一个巴巴拉擅长诠释神话故事(特别是《灰姑娘》),而且能用故事的寓意用来分析现实生活,这也成了她的标记。

你的标记可以庄重严肃,也可以轻松诙谐;可以有特定的目的,也可以是纯娱乐性质的。不管是哪一种,它们必须能让人们联想到你,联想到你始终不变的特色,而忘记时间对你的改变。但是说到底,你的标记与其说是为了别人,不如说是为了你自己。世事多变,白云苍狗,但你的标记始终能准确地体现出你的为人。例如,自从去年的万米长跑以后,这一年来你可能失去了一位好友,接手了一份艰巨的工作,搬到一个不太自在的地方居住,但是,你心里知道,无论如何,明年你一定会去参加万米长跑,会继续保留法式指甲等独特的标记。

多爱自己一点

你的标记是什么?有什么特点或者行为能作为你的象征?如果非要你想出一个来,那会是什么呢?

Date / 3月28日

按自己的方式行事

时候到了,你的资格也够了。从现在开始,你可以按照自己的心意来行事了。牛奶放在冰箱的哪个位置,周二晚上看什么电视节目,这些琐事无关紧要,我觉得没必要在这上面固执己见。我所说的事情都是涉及自身的重大问题,诸如选择住处、工作,购买医疗保险。你的生活甚至是你的寿命,全都依赖于你能否发表意见,能否按照你的意愿行事。

人既需要自己做主,又需要融入集体,二者很难平衡。要想获得内心的宁静,更不用说世界的和平,我们就必须倾听他人的心声,尊重别人的观点,有时为了家庭、公司或集体的利益,还要牺牲自己的理想。但是,我们认真地倾听别人讲话,却放弃了自己的发言权。我们不问是非地尊重他人，却忘了要求对方也尊重我们。我们只敢在点汉堡包时替自己做主，凡是比这更重要的事，我们都不准许自己染指。到头来我们迷失了自己，同时也迅速地衰老。除了严重的疾病，除了接踵而至的悲伤的打击，没有什么比迷失自我更能让女性加速衰老了。

　　我的朋友苏珊，睿智而又聪慧。她听说我正在写这本书，便对我说："每个女性都丧失了部分的自我。要让她们知道，失去的自我可以失而复得。"此话不假。每次你为自己出头、为自己说话、替自己做出选择的时候，无论人们认可与否，你都找回了一部分丢失的自我。要做好一件事情，方式方法多种多样。但在你的生活中，你的方式才是最好的。

多爱自己一点

　　我待人接物时亲切慷慨；在必要的时候，我会按照自己的方式做事。

Date / 3 月 29 日

提高政治意识，积极参政议政

　　有调查表明，25岁及25岁以下的人大多怀有理想主义，而到了退休年龄的及更年长的人，怀有理想主义的人则少得可怜。但是，介于二者中间的我们，如果能够提高政治意识，甚至积极参政的话，自会获益匪浅的。参政能让我们跳出自我的小圈子，重温自己满怀理想、为某项事业而献身的年轻时代。我们因为参与了比个人恩怨更为重大的事情，而体现出了生命的价值。

　　你千万不要被"政治"一词吓住。它的意思不过是"有关民众的事情"。你的政治意识强，说明你了解自己所在的城市、国家和不断缩小的世界所面临的种种问题。所谓提高政治意识，不是让你每天往脑子里灌输些乱七八糟的新闻。你只需要了解重大事件，想明白自己的立场就可以了。

积极参加政治活动？有些人可能会吓一跳。他们忧心忡忡地认为"积极分子"等同于"激进分子"。其实两者根本不是一回事儿。作家艾丽丝·沃克写过的一句话非常精辟："行动主义不过是我为了在地球上居住而缴纳的租金。"我认为，稍微审视一下我们现在的生活，大家就应该明白，缴纳租金的时候已经到来了。积极参政，不过是选择一两件能触动你的头脑或灵魂的事件。就是这么简单。但这一两件事你要视为分内之责。你现在时间充裕，资源充足，你该怎么做呢？

几天前我和朋友希拉里去一家餐馆吃饭。一位在那里就餐的女士主动走上前来，顷刻间便成了我积极参政的偶像。当时她说："抱歉打扰一下。你们看上去都是好心人，可能会对这个感兴趣。"她递给我们几张卡片，上面讲述了联合国为了妇女和儿童的利益而开展的一些工作。我们高兴地收下了这些卡片，同时还学会了如何帮助他人的一些简单方法。除此以外，我敬佩承担这份工作的这位女士。她知道我和希拉里可能对她口出不逊，爱答不理，但她还是不肯放过一次机会。面对我们，她可以高谈阔论，颐指气使，肆无忌惮地侵犯我们的空间，侵占我们的时间，但是她没有那样做。相反，她选择了启发和鼓励的方式。

我们的世界也许一直都潜伏着危机。我们这一代人，还有稍微年轻一点儿的人，终其一生都生活在核威胁的阴影之中。如今，新的危险又层出不穷，花样翻新。这么多问题没有哪一个人能独立去解决，但是如果我们每个人都以自己的方式尽一份力，集腋成裘，或许就能起点作用。或许，只是或许而已，一己之微薄力量能够成为促成巨变的一部分。这一点单是想想也足以令人感到欣慰了。

多爱自己一点

今天请抽点时间想一想，我们这个世界还有你所在的社区都面临着什么样的问题？哪些问题最为紧迫？那些与你休戚相关？如果你手中握有无限的权柄，你会怎么做？以你现有的力量，你又会怎么做？

Date / 3月30日

Date / 3月31日

为什么要使用天然化妆品？

皮肤其实是一种器官，有着自己的功能。无论我们往上面涂抹什么，大部分都能被它所吸收。因此，在选择化妆品和护肤用品时，必须慎之又慎。我在某本书上读到过，说一位女性一生之中平均要吃掉重达1.8公斤的口红。所以这些口红的质量必须达到能够入口的标准才行啊。

面对受到污染的空气和食物，或许我们无可奈何。但是说到要买什么样的口红和粉底，使用什么样的洗面奶和保湿液，可就全凭我们做主了。根据美国统计局的统计数字，化妆品中含有125种潜在的致癌成分。如何才能既免遭致癌成分的荼毒，又借化妆品为自己增光添彩呢？最好的办法就是坚持使用天然的、高品质的化妆品。有许多公司都以生产此类产品而闻名，比如，悦木之源（Origins）、德国世家（Dr. Hauschka）、奥泊丽有机（Aubrey Organics）、亚波娜（Arbonne）、艾凡达（Aveda）、美体小铺（The Body Shop）等等。它们的产品各种价位的都有，但太便宜的也不容易找到。

这些大公司非常注重环境保护，支持人道主义事业，不会利用动物来测试其产品的安全性。这些也都是我所赞赏的。人在生活中都喜欢走捷径，为什么每次光顾化妆品柜台时不选个捷径，直奔天然化妆品柜台而去呢？此外，那些利用动物来做实验的化妆品，充满了血性杀戮和冷血淡漠，怎么可能让人变得漂亮呢？就算真能漂亮一点，也不是我所追求的那种美。

　　许多女性会发现，自从开始使用天然化妆品后，她们变得喜欢摆弄化妆品了。用它们上妆或卸妆也成了一件赏心乐事。这可是她们以前从未体验过的。的确，这种化妆品不但好用，还因为不添加人工香料，清香宜人。最为重要的是，天然的产品和天然的生命之间，我们涂在身上的化妆品和我们的身体之间，呈现出一种和谐。你天然食物吃得越多，就越喜欢使用天然化妆品。反之亦然，天然化妆品用得越多，你对食物的口味有没有变化呢？只要你开始尝试，不管先从哪一端开始都可以。

> **多爱自己一点**
>
> 　　检查你的化妆包和医药箱，洁肤液、保湿液、睫毛膏、洗发水，看看哪种快要用完了。你向自己保证，要把它们全都换成你所能找到的纯天然产品。当然每次只需换一种，直到你的所有化妆、美容和修饰用品都变成纯天然的。

March

4月 轻松与幽默

Date / 4月1日

开开玩笑

我不知道其他国家是什么情况，但是在美国，今天是愚人节。愚人节不是什么重要的节日，连邮局都还正常营业呢。不过趁着这个日子，人们可以把开玩笑、捉弄人的本事全都使出来。要是每天都能过得像今天这般开心，每个人都会年轻许多的。所以，我们就把轻松和幽默确立为4月的基调。

幽默是一剂良药，心理学家和内科医生不约而同地认识到了这一点。大家都知道，幽默能够降低血压。多项研究还表明大笑可以提高人体的免疫能力，使体内正在工作的免疫细胞的数量明显增加。官方为此甚至还建立一些机构，诸如美国幽默疗法协会、国际幽默研究学会。这些名称听起来就很好笑吧。

从今天起，我们要学会如何开玩笑，学会欣赏其中蕴含的机智、诙谐，不放过任何一个开怀大笑的机会。无论置身于何种境况，都要善于发现其中的幽默之处。要是你的同伴闷闷不乐，不妨直言相告，让他跟你一起开心。注意要经常和乐观的人交往。乐天派并不一定非得是专业的滑稽演员，但至少应该明白一个笑话的好笑之处，了解一个情景的讽刺意味。此外还可以经常去书店买点幽默书籍，从网上下载一些笑话。

另外要善于玩味报纸杂志上的卡通漫画。我有个朋友，她在家里的冰箱上贴满了卡通画，每次有客人来访，宾主都会聚拢在冰箱旁边，忍俊不禁大笑一通。看喜剧电影和爆笑的电视节目也是个不错的主意。你要是不喜欢闹剧和黄色笑话，尽管选择自己喜欢的类型好了。一切只要你开心就好。此外还有喜剧俱乐部的现场表演，去之前可以先打电话问问当天有哪位演员登台，他/她擅长哪一种幽默。你要是觉得自己善于插科打诨逗乐子，干脆报名参加单人秀、脱口秀的培训班。这样你的笑声会越来越多。

> **多爱自己一点**
>
> 今天要对笑话下一番工夫。无论如何也要让自己尽情大笑一回。

Date / 4月2日

摆脱担忧

年轻人常常想入非非地憧憬未来，而年长者虽然已经进入了从前的未来，却消极地丢掉了憧憬，整日耽于忧愁。于是她们身心疲惫，愁容满面。担忧可要比自由基和腹部脂肪更容易催人老去，因为它能渗透到你的整个生命中，充斥于你的身心和灵魂。

担忧不是直面现实、实事求是的态度，不是解决问题、控制局势的办法。相反，它是对一切自然规律的挑衅。当然著名的墨菲定律是个例外。墨菲定律认为，但凡能够出乱子的事情早晚要出乱子。我却认为：但凡你盼着出乱子的事情，多半都在所难免。

担忧实在是浪费精力。因为你担心的事情，要么根本就没有发生，要么就是我们完全无法左右的事情，可我们却把大量宝贵的时间和脑力扔到子虚乌有当中去。等到真有事情发生，需要我们认真应对时，我们却已经精疲力竭、无暇顾及了。担忧有时候会互相传染，尤其能从父母传染给幼小的孩子。幸而担忧只是一种习惯，不是无法医治的顽疾绝症。担忧还像一台机器，一旦开动起来，你得费些力气才能把它关闭，不然它就一直转个不停。我们多数人都有不少事情需要担忧：比如，一个敢于跟烈火洪水抗争的勇敢女人，只要一想到自己可能会失去工作、失去丈夫，她心中担忧的机器马上就会开足马力高速运转起来。

如果你正好是这种类型的女人，那么请你慢慢地长吸一口气，把下面这番话吸到心底里：我很安全，我很聪明，这件事情，任它怎样都打不倒我。然后再去找人倾诉一番。注意千万不要找一个喜欢担心的人来当你的听众，他只会使你的烦恼有增无减。你要找的人应该理智、可靠、乐观，能帮你从自以为是绝境的地方找到出路。你还可以走出家门，去散步、跑步、游泳，把肌肉里的忧虑驱赶出去。你要精心照料自己，恐惧焦虑往往与营养不良结伴同行。要是已经知道有一种方法能让你从担忧中摆脱出来，那就赶快使用吧。最后，要毅然决然地把自己拉回到现在。此时此刻可能正有事情急需处理，但是绝对不需要你担忧。

多爱自己一点

> 如果你一直无法摆脱担忧，至少不要太拿它当回事儿，也不要为其开脱辩白。担忧除了催人老去之外，对你没有任何好处。

Date / 4月3日

戏剧女王

英语中所谓的戏剧女王，就是喜欢无事生非、小题大做、不搅个天下大乱誓不罢休的女人。出了任何事情，全都是针对她个人的；出了任何差错，全都要怪罪别人，要人家赔偿。她们的经典台词是："这样做绝对不可以！""我要去告你！""你听我说完！""真是糟糕透顶！"这些话最好是高声喊出来、号出来才能达到活灵活现的效果。有些女王甚至还能号出几滴眼泪来呢。

这样的女人可不招人喜欢。有些人可能会因为她们年轻可爱而一时忍耐，但是一旦红颜老去，此类言行就会让别人觉得很丢面子。何况它还能催人变老呢。这样的女人刚一张口，自己就衰老了10岁，再说点什么的话，会衰老15岁呢。戏剧女王需要处在聚光灯的照耀之下，但这样的光线太强烈，根本起不到衬托美化的作用，反而将她的所有缺点暴露无遗。我之所以说得如此尖刻，是因为我得努力克制自己，免得暴露自己戏剧女王的本性。我并不以此为荣，但是我吃过这方面的亏，所以有几点建议想跟大家一起分享。要是你觉得自己傲慢无礼、令人尴尬，请记住：

☆**你只是芸芸众生之一，不是宇宙的中心**　如果你像我一样也是独生子女，明白这一点可不容易。但你我如今都已长大成人，应该可以明白了。

☆**不管遇到什么气愤恼火的事，事情往往不是针对你的**　开会要穿的衣服干洗店没按时洗好，行李没及时运到，火车晚点，医生候诊室里只有体育杂志等等，这些事确实让人冒火，但没有一件是存心整你的。

☆**人非圣贤，孰能无过**　什么时候你不再期望普通人能做到十全十美，你对人对己就能更加宽容了。

☆**这一天再糟糕也只有24个小时，跟平常日子一样**　对于戏剧女王而言这可是个好消息。因为她们总把倒霉的日子当成漫无尽头的徒刑。

☆**外面的世界博大辽阔**　你要是能关注自身以外的事情，关注别人遇到的大事，无论遇到什么糟糕透顶的事情，相形之下便不再那么惹人生气了。

多爱自己一点

留心自己或别人身上"戏剧女王"式的言行。要是发现自己有类似行为，马上把它消灭在萌芽状态。

Date / 4月4日

慧眼识别碳水化合物

关于衰老，有人提出这样一条理论：人们食用某几种碳水化合物后，使得胰岛素分泌水平居高不下，结果会导致肥胖、2型糖尿病、骨关节炎等炎症，甚至癌症。所谓的"某几种碳水化合物"大致就是美国人天天要吃的精加工主食，比如含糖的零食、餐后甜点、精制面食（白面包、白面饼干、麦片粥，其实它们的营养没准儿还赶不上塑料包装袋呢），还有油炸薯条、薯片等。

大部分天然的碳水化合物,不仅没有上述碳水化合物的害处,反而能增强人的体质。比如大多数的水果、蔬菜和未经过加工的粮食就属于此类。水果中的纤维能减缓肠胃吸收消化果糖的速度,蔬菜和未经加工的粮食含有复合碳水化合物,在体内新陈代谢的速度往往比甜食和精致淀粉都要慢。

根据血糖生成指数,我们知道不是所有的蔬菜都有这一功效。血糖生成指数一般缩写为 GI,它根据碳水化合物分解的速度和对血糖含量影响的高低,将碳水化合物进行了新的排序。比如,土豆在人体内分解成糖分的速度要比其他蔬菜快,甚至比红薯还快。在日常饮食中,我个人并不严格参照血糖生成指数,因为我觉得饭菜本身就可以相互调节。比如在吃土豆的同时,我也吃了烧豆豉,外加一盘用油和醋拌好的沙拉。尽管其中土豆的 GI 值很高,但是综合平均一下就没什么大碍了。要是谁患有糖尿病,或者葡萄糖耐受性不良,那最好还是研究一下血糖生成指数。否则只要一切从简即可。粮食要吃大麦、燕麦、麦麸,面包要选用整粒麦子或黑麦面粉做成的。我觉得这些都是中世纪农民常吃的食物,即丰盛又有嚼头。多吃蔬菜水果(土豆则可以少吃点),远离垃圾食品。吃的时候别忘了带一分开心和感激哟。

> **多爱自己一点**
>
> 好好吃饭也是一件乐事。

Date / 4 月 5 日

找一位非凡的发型师

找发型师跟找对象一样,再怎么谨慎小心也不过分。纽约这个地方荟萃了众多优秀的理发师,但我住了整整两年后才找到了一位让我满意的。她名叫丹尼斯,非常了解我头发的质地,知道我想要什么样的发型,该如何去做这样的发型。她诠释流行时尚的方法非常高超,可以让我的发型跟上时代的步伐,又不至于亦步亦趋得像个小高中生。她虽然年轻，但绝不会拿一罐发胶、几个发卷来打发我这个老太太。

倘若你还没有找到自己满意的发型师，而你朋友或某个陌生人的发型又让你十分喜欢，那就让她们推荐一位吧。天才发型师的收费当然不会便宜，不过，有时候为了跟高档美发店竞争，连锁美发店会搞一些培训活动，这时你就能够花少量的钱得到一个漂亮的发型。不管你打算花多少钱来美发，先不要急着开始，之前一定要打听清楚，要不然就是拿自己的头发去冒险哦。首先，要看你是否喜欢面前这个将要为你做头发的人，看他是否和善可亲，这一点非常重要。另外还要带些照片给他看。无论多高明的美发师也无法看透人的心思，看照片比听你描述可要直观多了。不过，你千万别指望最后做出来的效果和照片上的一模一样，毕竟你不是照片上的模特，发质也有所不同。但照片至少是个参考，可以给美发师指明努力的方向。

和美发师建立起良好的关系之后，要尽量维持。每次做完头发，一定要如实告诉理发师你是否满意。我想他/她宁可重做一次，也不希望你回去后对朋友们抱怨说："他以前剪得挺好的呀，这次不知道怎么搞的。"其实，发型师跟你的医生、瑜伽教练等等为你永葆青春付出努力的人一样，都希望你能达到最佳状态。去美发的时候一定要守时（提前预约时间的话），有礼貌，把自己的要求说清楚。倘若发型师为了你格外卖力的话，一定要给足小费，以表示感谢。

多爱自己一点

如果你的发型师很棒，一定要有所表示：送上一束花，一盒点心，一张逗人发笑的谢卡。如果你暂时还没找到合适的美发师，看见谁的发型好，就请她为你推荐一位。如果很多人都向你推荐同一位发型师的话，那就是他了！

Date / 4月6日

何谓"里拉"？

里拉（leela）——是梵文，翻译过来的意思是"上苍的游戏"。按照这一观点，大千世界芸芸众生都是上苍心爱的玩具。既然宇宙都深深刻上了游戏的烙印，那我们人类放下严肃、轻松一下也是允许的了。

我们周围的一切显得庄严肃穆，有些甚至还预示着不详，而我们内心当中又充溢着重重的恐惧和沉重的压力。可以说"里拉"这种宇宙级的幽默感，已距离我们千里之遥了。要是你发现有什么事情以一种好笑的方式出了差错，说明你清楚了什么是上苍的游戏。要是你心想："我想大哭一场，可我还不如放声大笑的好。"说明你具备了游戏的心态。要是你能在自己喜欢的公园里，全心全意地跟一个孩子、一只宠物玩耍，完全忘掉你的"心事"，说明游戏已经渗透到你的行为当中了。要是你说："这会儿先不用为这事儿发愁，我们先出去玩一会儿吧。"这话里也折射出了游戏心态。有了这种心态，你会为如此糟糕的一天暗自发笑，会在痛苦之中看见美好，能在走投无路的时候觉得好玩。

从此以后，要是你没赶上公共汽车，老天又瓢泼不止，可别忘了想想"里拉"，然后耸一耸肩。可不要像以前那样大声诅咒发誓，说以后午休时间再也不出来自找感冒的罪受了。要是你打完一份长达123页的文件后发现，前后页码全都错了一位，这分明又是上苍在玩游戏。最多再印一遍就是了，而且那123页废纸还可以拿回家给孙儿们涂鸦呢。这要是放在以前，你可能会越想越生气："讨厌的活儿都归我来干。我读大学可不是为了干这个的。我净遇到这种倒霉事儿。"

你只需知道"里拉"这个词，这个概念，就能让你的生活轻松不少，让你的青春保持得更加长久。很多别人觉得困难的事情，你却觉得不过是上苍的游戏，于是，你的心情会更加愉快，精神也会更加年轻。

> **多爱自己一点**
>
> 今天，包括本周，心里要常常想起"里拉"这个概念。要是突然发生了什么事情，让你觉得是上苍在玩游戏，是生活的嬉戏或者讽刺，那肯定就错不了。等到合适的时候，一定要为这事儿的可笑之处而大笑几声。

Date / 4月7日

看包识女人

我经常想，女人自从离不开手提包那天起，是不是就离开了自由？只要你挎着小坤包，一到关键时刻就有人朝你索要钢笔、电话号码、纸巾、薄荷糖，等等。试想一下，如果你拿着钱包，提着提包，背着背包，如何能在舞池里翩翩起舞，如何能轻盈地越过草地，飘然投向爱人的怀抱？也许正是因为这个原因，轻盈的旋转和翩然的舞姿只能在电影或广告中看见，在没有台词、没有编舞的现实生活真是难得一见。

既然长大成人之后我们每天非背着包不可，我们起码可以把手里的包变得可爱一些吧？里面放的东西要精挑细选，没用的东西要定期清除出去。在生活中有些时候是离不开背包的。上学的时候要背书包，生完孩子后要背装尿布的大包。但是我们现在已经走出校门，孩子也长大了，我们的包就可以换成小号的了。

有些女士对提包情有独钟，各式各样大小不同的包全都买回家。我的朋友莱斯利就是其中一位，购置贵重手袋的时候不惜花费重金。而我则爱开动脑筋，设法把现金、信用卡、梳子、粉盒、口红、牙刷、钢笔、手机，全都装进我那个只有7英寸长、4英寸宽的有很多分层隔断的小包里。要是你像莱斯利一样喜欢买包，不妨好好地秀出来。根据不同的心情和场合来搭配不同的手袋。暂时不用的包，要在里面塞上报纸收好，免得变形。你要是和我一样，就选一个自己非常喜欢的手提包，但每周至少要整理一次。这一点非常重要。食品包装纸、没用的收据、用过的纸巾，这些没用的东西一定要丢掉，整天提着它们只会让你身心俱疲。多余的负担减掉了，我们自然能身轻如燕、翩然起舞。

青春就是要活得轻松，整天像圣诞老人一样扛着个大袋子，你又如何轻松得起来呢？凡是用不着的东西出门时都不要携带。身份证等重要的物品可以放在办公室抽屉里或汽车前座的储物箱里，省得放在包里每天背来背去。想想哪些东西是随身必备的。其余的物品，没有它们你照样能活，而且能活得更加精彩。

多爱自己一点

重新考虑一下你和手提包的关系。你喜欢它吗？它有没有变形？它有多重？让你心仪的男士看你包里的内容你会尴尬吗？你要是不喜欢现在的手袋，那就换一个，也包括里面的内容哟。

Date / 4月8日

安稳的睡眠

以前人们觉得，人越老需要的睡眠也越少。但最新的研究发现，老年人睡得少是因为健康有问题，而不是因为需求减少了。有少数人每天只睡六七个小时就能精神饱满，除非你属于这一类人，否则你就应该睡足8个小时。如果8个小时还不够，那就再多睡半个小时，甚至更多。这听起来好像太多了点，但是在上个世纪初，人们的平均睡眠时间可是高达10个小时之多啊。

随着年龄的增高，人脑中的松果体分泌出的能促进睡眠的物质（N-乙酰-5-甲氧基色胺）会减少，要想睡个好觉也越来越困难。此外，更年期的潮热，身体上的病痛不适，都会无情地干扰我们的睡眠。如果你的睡眠问题比较严重，无法入睡，或者睡着了就难以清醒，应该去看看保健医生，请他推荐一名睡眠方面的专科医生。睡眠很重要，万不可掉以轻心。

如果你没有患上失眠症，只是想提高睡眠质量，一些简单的家常验方就能管用。

无论你能否入睡,一定要按时作息。临睡前不妨喝杯热牛奶、加钙的豆奶。钙镁片也可以在这个时候吃。薰衣草有一种催人入眠的清香,就连从薰衣草中提炼出来的精油、乳霜,都能从嗅觉上起到催眠作用。有意识地绷紧然后放松全身肌肉,或者做爱,都能让人产生睡意。

用春黄菊、甘草泡成的花草茶有放松身心、宁神催眠的作用。要是能养成习惯,每晚睡前喝一杯的话,效果会更好。孩子小的时候,临睡前你会给他洗澡擦身,讲个故事。现在,你睡前可以为自己梳洗一番,读一段美好的文字,作为一天中的完美结尾。渐渐地,这些习惯变成了对身心的无声的催眠,帮你进入梦乡。你还可以明确地告诉自己:"我很容易入睡,睡着了就整夜不醒。早上醒来后我精神焕发,精力充沛。"祝你做一个美梦。

多爱自己一点

> 我很容易入睡,睡着了就整夜不醒。早上醒来后我精神焕发,精力充沛。

Date / 4月9日

新鲜果汁

如果你每天吃很多很多的水果沙拉、清蒸蔬菜,那你对新鲜果汁的需求量就远远低于那些整日靠加工食品度日的人。但是无论如何,我建议大家还是多喝一些鲜果汁。果汁里面富含各种维生素、矿物质、植物化学物质和各种各样的酶。一杯下肚,你几乎都能感觉到我们的身体马上加以利用,让我们焕发出勃勃的生命力。

我所说的新鲜果汁可不是装在瓶瓶罐罐里的那种。法律规定,所有的果汁,包括在包装上注明"非浓缩"的果汁,都必须经过巴氏高温消毒。而高温加热的过程,不仅会降低维生素的含量，杀死各种酶，还会抹杀果汁成品的"鲜活"。果汁的"鲜活"虽然难以言传，却非常重要。要想喝到真正新鲜而又美味的蔬菜汁和果汁，要么经常光顾榨汁吧，要么自己把榨汁机买回家。

买榨汁机的时候，可以去健康食品店、打折商店、百货公司，也可以通过互联网或者看目录邮购，但是别忘了比较价格。买二手货肯定能省很多钱。许多人买了榨汁机没用几天，很快就在健康食品店的告示牌上，在网上或报纸上，打广告出售。不管你通过何种途径购买榨汁机，一定要调查一下它的品牌和型号。我的两大选购标准是：第一看它的动力，第二看它是否容易清洗。要是机器的动力不够大，果汁榨得不干净，会白白浪费一些蔬菜和水果，当然也让你花更多的冤枉钱。要是榨汁机很难清洗，你可能嫌麻烦不愿意用它，那喝果汁的好处你也享受不到了。很多人卖掉榨汁机不为别的，就是因为厌倦了清洗。所以买二手货的时候千万别把别人的麻烦给买回家来。

等你把一台性能良好的榨汁机摆在厨房里，就可以享受美味的果汁了。刚一开始，可以每天喝一杯（250ml），觉得好喝的话再增加到两杯，三杯，甚至更多。超过这个数量，蔬菜就会遭到排挤，而蔬菜中未经切断的纤维可是我们所必需的。我自己每天喝一杯蔬菜汁或者蔬菜水果混合汁，最多喝两杯。有的时候我在早饭前喝一杯，下午三点左右再喝一杯，以防感觉精力不济。

你要是不喜欢味道太甜，不妨按1∶1的比例掺入矿泉水稀释果汁。要是喜欢吃甜的，可以把苹果、橘子、胡萝卜（胡萝卜虽然是蔬菜，但它的汁很甜）的汁混合起来，用作鸡尾果汁的基础，然后再掺入味道浓烈的蔬菜汁。这样一来，你既喝到了富有营养的蔬菜汁，又不会嫌它的味道太浓重。

下面是几款常见的鸡尾果汁的配制方法：

☆**胡萝卜芹菜汁**　四根胡萝卜，一棵芹菜。

☆**胡萝卜苹果芹菜汁**　三根胡萝卜，一只苹果，一小把芹菜。

☆**胡萝卜甜菜菠菜汁**　五根胡萝卜，一棵甜菜，一把新鲜菠菜。

☆**苹果黄瓜甘蓝汁**　三只苹果，两根黄瓜，一把新鲜甘蓝。

我说的用量只是大概，具体数量请你通过试验以后再根据口味适量增加或减少。如果觉得配出来的汁味道太苦、太重，可能是蔬菜放得太多，而用来调味的水果太少。如果觉得太甜，下次多放一点蔬菜就可以了。

> **多爱自己一点**
>
> 你还不了解果汁的益处吗？今天就行动起来吧。先去街上的榨汁吧，品尝各种不同的混合果汁。你要是够勇敢的话，过一段时间就去买合榨汁机。要是能在本周的每一天里都享受一杯新鲜果汁的话，那可就太好了。糖尿病患者，或者因为其他疾病需要特别注意饮食的人，请先去咨询你的医生。

Date / 4月10日

四十岁女人化妆十戒

☆**粉底不要厚得像面具** 只在面部有瑕疵或色斑的地方涂一点粉底。为了改善肤质，平时要仔细做皮肤护理（可以去看皮肤科医生）。

☆**脸部和颈部的粉底颜色要搭配** 许多女性误以为自己的面部肤色比较浅，因此买的粉底霜颜色也偏浅。但另一种错误比这个还要可怕，买回来的粉底颜色太深，结果头部以下巴为界，上下泾渭分明。

☆**腮红不要打得太狠** 仔细选择适合自己的腮红颜色，不要使用亮粉色。上腮红的时候，要选用一只大小合适的刷子（粉盒里附带的刷子太小，不能用），可以避免上得太多。像小丑一样绯红的脸颊反而显老。

☆**涂口红时要小心翼翼** 最好选用无色有光泽的唇膏。浓重的一抹不但不符合你的唇形，还给人留下草率马虎的印象。

☆**可以重点突出眼睛或者嘴唇，但是千万别两者都突出** 如果眼部化了浓妆，唇膏的颜色就应该浅淡一点；要是唇膏是猩红色的，眼睛部分就要轻描淡写。

☆**参加舞会聚会时不要选择闪闪发亮的颜色** 年轻女孩通过服装、化妆把自己打扮得亮丽动人，跳脱可爱，会给人一份惊喜。而打扮得美丽动人的成熟女性只会招来吹毛求疵、挑剔探究的目光。

☆**迷人眼影三部曲**　Ａ：在整个眼皮表面涂上一层浅淡自然的眼影，要是有眼影底打底就更好了。

Ｂ：挑一种不太刺眼的颜色，在眼睑处涂抹均匀。

Ｃ：眼睑褶皱处涂上深色的眼影，以加强对比。涂在眉骨处的眼影颜色要稍淡一些，以起到突出重点的作用。

☆**使用可以用手抹开的眼线笔**　假如你的视力是2.0，手又稳当，那就继续使用你的液体眼线笔吧。

☆**多余的睫毛膏一定要擦掉**　多余的睫毛膏别忘了用纸巾擦掉，以防从睫毛上掉落下来。在下面一排睫毛以下涂点眼影底，也能起到防抹花的作用。

☆**如果不懂化妆之道，尽量少化就是了**　你没听见谁嫌弃别人的妆太淡吧。在这种情况下，正好能以少胜多。

多爱自己一点

看看这十项中有哪一条你没有做到，利用这一周的时间把它养成习惯吧。要是你根本不喜欢化妆，今天就休息一天好了。

Date / 4月11日

卸下重负

众所周知，身体要是承受太重的负荷，寿命就会缩短。但生存的负担若是太重，又该如何呢？一个女人，房间储物室汽车手袋办公桌里都塞得满满的，日程表也排得满满的，以至于个人生存的空间都给挤占了，她会有何感受呢？肯定不是自由自在、朝气勃发，更何况她每天还得在家清洗、归拢、收拾呢。

当然，家里有些东西并没有错，只要你在想象自己房间的屋角壁橱抽屉的时候，自己不觉得难受就可以。现在，请你在脑海里设想自己走进大门口，来到第一个房间，环视四周，你感觉如何？再到其他房间看看，然后是地下室、车库、床底下、书桌抽屉里，汽车储物箱里。每到一站，都问问自己有何感想。

在想象的过程中，倘若你能够呼吸顺畅、感觉满意，说明你没有因为那些或买或送或继承来的杂物而变成奴隶。但要是感觉胸闷想吐，说明你肯定是饱受家务之苦。换言之，你家里满满当当堆满了衣物、摆件、纸张，就像被饱和脂肪堵塞的血管一样。血管堵塞能缩短人的寿命，家中杂乱不堪则败坏了生活的兴致。

所以，家中抽屉、橱柜、壁柜、地下室、车库、箱子等处还是彻底清理一次吧。当然不是要你一次全部整理完，而是要分阶段进行。每清理一处，先不要急着盘算还剩下多少没有清理，因为搬东西本身就能让人多年凝滞的那股气韵活动起来。把凌乱的东西归置得井井有条，让家里的物件都明白是谁在当家主事儿，这可是你恢复青春之旅的必经阶段。毕竟青春就是自由自在，无拘无束嘛。也许你还记得，从前搬家，只需把两只箱子、一台音响、几本书和唱片、一些旧餐具往一辆甲壳虫汽车里一丢，就算大功告成。过去那种简单至极的生活虽然谁也不愿意再回去，但是在简单轻松和累赘繁复之间，总应该找一个平衡点吧。千万不要被财产所累，耽误了享受生活。

放在家里的物品，要么是为我们服务，要么是为我们添堵。但大多数的东西，即使有用，也需要我们费心清洗、修理、投保等等，所以可以说是二者兼而有之。要是家里的每一样东西，既能为你所用，又能带给你快乐，还不费钱费心费力，就再理想不过了。

整理一只抽屉，然后祝贺自己；整理一只橱柜，感觉心情愉悦；收拾地下室，获得重生般的欣喜。除非你生来干净整洁，否则要时刻注意保持。杂乱拥挤像是细菌一样，繁殖能力很强。为了变得年轻，你不必杀灭所有的细菌，但是必须把握住控制权，杜绝任何杂乱拥挤。

多爱自己一点

凡是让我身心疲惫、压抑的东西，我全都清理掉。

Date / 4月12日

随 兴

兴之所至，自然为之。这可以说是年轻的特征。每天随兴而为，你的生活态度，人们对你的看法，就会洋溢起青春的味道。所谓随兴，意思就是允许自己一时任性，突发奇想地改变原来的计划和路线。不为别的，只因为自己喜欢。但凡事都容易走向极端。我们可不要突然地变来变去，弄得没人敢相信你。不过我相信你没有这个危险。作为女人，我们很懂得如何尊重别人的感受，满足别人的需求。就算年轻的时候还没学会，经过这么多年在工作、婚姻、家庭中的磨练，也早已驾轻就熟，谙于此道了。我敢打赌，仅是在早餐之前你就得循规蹈矩地完成12件杂事。而我仅仅要求你在一整天的时间里做一件不循规蹈矩的事而已。比如：

☆即兴买一件小东西。

☆为了展示自己充沛的精力，蹦一蹦，跑一跑，跳个舞，等等。要是敢当众蹦跳的话更好。

☆去同时放映多场电影的电影院看电影，在最后一分钟改变主意，改看另一场。

☆在周五下午就提前溜走过周末。

☆周一独自用晚餐的时候，拿出最好的碗盘来用。

☆享受雨中漫步的浪漫，要是能在水洼中踩水玩儿更好。

☆给侍者一大笔小费。平时看见街头流浪汉都给一块钱，今天就给两块。

随兴之于生活，恰似活力之于健康，能让你变得灵活善变，更加年轻。

多爱自己一点

今天尝试随兴做一件有趣的事情。

Date / 4月13日

维生素 B_{12} 及其家族

人们将维生素B族视为抗压一族。人如果精神紧张，特别是长期如此的话，就需要快速地消耗维生素B族。此时如能额外补充维生素B族，便可以保护身体免遭其害。虽然维生素B族的每一个成员都有各自的功效，但它们往往都共同存在于食物当中。

☆维生素 B_{12}　维生素 B_{12} 增强精力，保护心脏，对血红蛋白的生成至关重要。此外，它还能提高大脑功能。维生素 B_{12} 供给稍微不足，都会导致记忆的丧失。奇怪的是，维生素 B_{12} 只能由微生物产生，因此不存在于植物中（除非你打算不清洗蔬菜上的泥土就直接入口）。因此维生素 B_{12} 只能通过肉类食品获得。如此一来，素食主义者只好服用维生素 B_{12} 片，或者经常食用添加了维生素 B_{12} 的大米、豆浆、袋装麦片等食物。

对其他人而言，服用维生素 B_{12} 片也是明智之举。因为人的消化功能会随着年龄的增长而退化，补充的维生素 B_{12} 片据说要比食物中的更容易吸收，所以每天最好能补充500微克。

☆叶酸　任何一位可能受孕的妇女都需要补充叶酸，以避免婴儿出现脊椎开裂的现象。但是叶酸的好处决不仅止于此。还记得那项对修女进行的早老性痴呆症调查吗？（详见3月19号）研究人员发现，人体内叶酸含量越高，脑力水平越好，甚至到了高龄都是如此。它还有助于血液红细胞的生成。叶酸常见于绿叶蔬菜当中，此外还有豆类、鳄梨、坚果、肝脏和小麦胚芽。每天最好服用400微克的叶酸片。

☆维生素 B_6　维生素 B_6 同叶酸、维生素 B_{12} 一起，对于降低血液中的高半胱氨酸的含量有着重要作用。现在人们认为高半胱氨酸是诱发心脏病和记忆力衰退的一个重要因素。同时，维生素 B_6 还有助于抗感染抗体的生成。虽然绿叶蔬菜、鱼类、家禽、坚果、香蕉中含有维生素 B_6，但大多数食物中的含量都很低。因此，建议大家每天补充100毫克的维生素 B_6（绝对不要超过此量）。

☆其他　维生素B族还包括以下成员：硫胺（维生素 B_1）、核黄素（维生素 B_2）、烟酸、泛酸（维生素 B_3）和生物素（维生素H）。人体要完成新陈代谢、神经功能、记忆、荷尔蒙的产生以及许多其他功能，都必须有它们的加入。它们存在于全麦粮食、坚果和豆类等许多食物中。很多精加工的食品中也添加了某几种维生素B。另外，选购复合维生素时最好认准带有 B+ 符号的。

> **多爱自己一点**
>
> 了解维生素B族的基本知识，多吃天然食品，服用补充维生素B_6、叶酸和维生素B_{12}的维生素片。如果觉得太复杂，可以向资深营养专家咨询。

Date / 4月14日

分享微笑

要想变得年轻，有机会就请微微一笑，而机会就是每次与别人擦肩而过的时候。你的微笑能让人感觉放松，也能让自己心情愉悦。

我听说有些女士害怕脸上长皱纹，便决定不再微笑。得了吧，我们总归还是要正视自己年龄的。人就是保养得再好，随着岁月流逝，脸上生几条皱纹总是难免的。既然难免，那还不如生点儿笑纹的好。正如马克·吐温所说："脸上的纹路标志着微笑到过的地方。"

微笑有益于健康。它能使人身心放松，摆脱委靡不振的情绪。嘴角仅仅向上一弯，你的大脑就收到一个信息：事情并不是太糟糕嘛。于是大脑分泌出一种让人感觉良好的复合胺。用不了多久，你就会时常发自内心地微笑，而别人，自然也会笑脸相对。这样，即使在最灰暗的日子里，也会有一线阳光透过乌云照耀到你的身上。

微笑可以送给每一个人，认识的，不认识的，在候车室或电梯里偶然相遇的。这种相遇是如此之神奇，不论对方知不知道这一点，它都可谓上苍意志的体现。遇到年轻人或长者，眼前出现了美好的景致，脑海中突然有所顿悟，心中有一点点开窍，一阵阵感动，都可以令你微笑。你可以对着镜子中的自己微笑，与不看电视扭过头来看你的丈夫相视一笑。对餐馆的服务生，对寓所的看门人也报以微笑。打电话时也要微笑，因为对方能听得出来。我们微笑，是因为我们为自己感到快乐，为

生活在这个世上心存一份感激。

多爱自己一点

今天要比平时多笑一笑。看看别人有何反应,今天又和往常有什么不同。

Date / 4月15日

今天休息

Date / 4月16日

退隐静修

46岁那年,我遇到了现在的丈夫威廉。第一次约会之后,他要求再次见面,我说:"今后3周都不行,我要去静休。"其实我为了治疗粉刺留下的痘疤,打算接受一个激光手术。我觉得这是私事,而且以后也不打算再见他,便随口这么一说。到了后来,他对朋友说我想借"静修"之名来打发他。

虽然那次我没有去静修,但我以前确实去过,而且一直坚持不懈,没有停止的意思。静修,就是离开一段时间,去追求心灵的升华和内心的平静,并借机整理思绪,认识自己,反省你的生活。静修的地点可以选在修道院,林间小木屋,酒店房间,或者干脆就待在家里(如果家里没人,电话、电视和电脑全部关掉的话)。有的静修地可供群体共用,让大家共同提高;有的则供单人独自与他心目中的神灵相处,独自静修。

传统的静修需要一天、一个周末或者一周的时间。不管时间长短,你归来以后,都会变得更加沉静、专注。詹妮弗·罗登在《女子静修书》中写到:"静修之所以具有恢复元气的功效,是因为你心中有了目的和决心。至于你去什么地方静修,静修多长时间,都无关紧要。"

好的静修应包括以下因素:静谧与音乐,放松与散步,祷告与沉思。此外还有记日记,会见同样也在静修的朋友和精神导师。要是谁的内心世界令你仰慕,也可以约见一次。静修时一张小床,一个淋浴便是最大的享受,其他的不要再奢望。为了帮助身体和心灵同时静修,可以增加蒸汽浴、旋流温水浴和按摩等有抚慰作用的项目。静修也不要忘记了大自然,日出、日落、鲜花、雨滴,都可以为我所用。其实静修就是让你从日常生活的纷杂中解脱出来,让你有机会去观察大自然,观察自然状态的你。你要是感觉到清新振奋,焕然一新,静修的目的就达到了。

> **多爱自己一点**
>
> 翻看一下日程表,找个合适的时间去静修一次。

Date / 4月17日

信息素

人身上有一种名叫"信息素"的东西,它有一种不为人注意的气味,能将他人吸引到我们身边。一提起它,很多人便会想到性吸引,但我认为信息素的内涵不仅仅局限于此,它向人发送的信息多种多样,从"刺激而阴郁"到"和善而友好"都可以算在其中。女性到了更年期阶段,信息素的分泌明显减少,使得我们即便不是完全隐形(详见1月6日内容),也很少令人瞩目。你知道吗?猫和狗照镜子的时候不会作出任何反应，因为镜子里的影像没有气味，没有立体感，所以猫狗对此毫不在意。同样道理，一个活生生的女人要是没有了信息素，男士便会熟视无睹。

以前上生物课的时候我就知道有信息素的存在，但是直到有一天等我身上的信息素变少了，我才意识到它的威力有多么强大。我还记得最后一次有男士主动上前来献殷勤，是在我最后一次月经来潮之前，可能那时我的信息素还在发挥作用吧。当时为了庆祝新书出版，我参加了一个聚会。面对他的主动，我赶紧说我已经结婚了。他则蹩脚地回答说："优秀的女士都是如此。"令我难以释怀的不是他回答得好不好，而是从那以后我再没听到过此类的恭维。不管是机灵的还是糟糕的恭维，从此都听不到了。不错，我已经结婚成家，不再期望获得异性的注意力。但是有些时候我真的希望异性能注意到我，比如机场里的咨询员，健身中心的教练，慈善晚会的主持人。

我见过一些关于信息素香水的广告，据说其中蕴含着能吸引他人注意力的神奇奥秘，但我并没有购买。后来我看到一个关于信息素的电视节目（不是广告），片中有一对一模一样的双胞胎姐妹，其中一个人工增强了信息素，一个没有增强，结果前者受人注意的程度远远大于后者。于是我也想试试。我买来一瓶信息素香水，涂在太阳穴和手腕上，然后就出门了。我发现主动跟我问好的门房明显比平时要多，卖报的人见了我也不再像以前那样咕哝两声完事，而是好好地和我说话了。管我叫"小姐"的人数比叫"夫人"的也多了一倍。

这种变化可能是因为信息素香水，也可能是因为我知道自己擦了香水，自我暗示使我的言行举止发生了变化，变得更加自信。无论如何，这种香水倒是很好闻的。如果你有兴趣，不妨上网查查"信息素"方面的信息，看自己作何感想。我就是觉得涂上它之后好像比平时更加引人注目，除此之外，我再没有其他理由向朋友们推荐了。其实我掏钱买这种香水也可能是上了广告的当。那为什么有更多的门房与我打招呼呢？没准儿那些门房都是新雇来的，都是些好脾气的人而已。

多爱自己一点

仔细研究一下信息素香水，看自己作何感想。

Date / 4月18日

多吃坚果好处多

我小的时候人长得胖,坚果是一口都不肯吃的。到了现在我才知道,体重不太理想的人,坚果也应该适量吃一些。各类坚果,无论是生的、烤的、原味的,都含有必需脂肪酸(又称维生素F)、抗氧化剂、钾、镁、锌、纤维和蛋白质。

虽然小小的一颗坚果含有极高的热量,算是一种高浓缩食品,但是食用坚果以后,能够稳定血糖含量,使身体对于糖和精制碳水化合物的需求保持在较低水平,从而达到减肥和保持体形的作用。

澳洲坚果(马卡达姆)和山核桃的脂肪卡路里含量较高,而花生实际上属于豆类而非坚果。虽说如此,但是所有的"坚果"都对人体有益。英国胡桃以富含 Ω-3 脂肪酸而闻名,杏仁则是坚果家族中的宠儿。杏仁中含有能够减少低密度胆固醇(LDL)的单饱和脂肪,而且一盎司(约合31.1克)的杏仁中就含有高达6克的蛋白质,而热量仅为160大卡。根据印度传统医学理论,人体的健康和红润有赖于一种金色的液体,名叫 ojas(元气或者精气),去皮的杏仁正好可以增补身体的元气,有类似功效的食品还有橙子、绿豆、大麦和蜂蜜。曾有人建议人们每天吃三颗杏仁以防癌。目前的研究还发现,每周把50克的杏仁或其他坚果分成4到5次来吃,以代替同等热量的其他食品,不仅能够降低食欲,还是理想的减肥方法。

多爱自己一点

每周多吃几次坚果。有人发现把生的坚果在清水中泡一晚上,等到第二天再吃就更容易消化。给杏仁去皮的时候,先用开水往上浇,烫两分钟以后,沥干水分,戴上橡胶手套把皮搓掉就可以了。

Date / 4月19日

做一个创新型的母亲

要想重新塑造自己，花样翻新，就要把握住变化。变化是肯定会发生的，而且往往不利于我们。科学界中提出的"热寂说"认为物质的实质就是分解、枯萎、衰败。虽然如此，但凡这个世界存在一天，构成已知世界的每一个原子都是不灭的。所以当一个属于旧物/旧人的原子变成一个新物/新人的原子，它的所作所为也是全新的，于是这个原子也就完成了自我更新。而这一点，我们同样可以做到。

我的母亲已经85岁高龄，依然活跃好动，魅力不减当年。20年前她从管理美容院的岗位上退下来后，就一直没闲着。她从事房地产买卖，照顾生病的亲戚，提高打高尔夫的球技，还学会了钩毯子、制陶、做彩色玻璃。她去医院、养老院、图书馆做义工，上网打桥牌，加入了一个新的教堂（还在那里教别人打桥牌）。最近肯定又有什么新的活动，只是我们已经一周没通电话了，我拿不太准。我母亲有种特殊的本事，各种事情，她都能拿得起放得下。每一项工作，每一个活动，该做的时候她都尽心竭力，力争最好。但是等时间一到，她马上开始着手进行下一个事情，扮演另一个角色，决不回首从前。

我相信你也跟我妈妈一样，希望能重新塑造自己，否则你就不会读到这本书了。如果我猜得没错，你可以试做以下几项练习：

☆改写（或者只是在脑子里改一改）自己的人生经历。不妨作如下设想：如果你的母亲不变，而父亲却换作他人，你的生活将会怎样？反过来呢？如果你出生在另一个国家或地区会怎样？假如你生活中某一至关重要的事情没有发生，某一关键人物没有出现，你的生活还会是现在的样子吗？通过这个练习我们会发现，我们原以为千真万确属于我们的东西，其实也不尽然。

☆一周之内不要看以前熟悉的电视节目，转而收看其他不太常看的节目。

☆有些事情你以前觉得不好玩，现在不妨尝试一下。比如听听合唱、乡村音乐、歌剧、爵士乐，去看鸟，打高尔夫，玩扑克，品尝印度、韩国、越南的菜式，等等。

☆与你完全相左的意见，不妨也听一听。最好能保持中立，争论完全于事无补。倾听别人的意见不是为了改变自己的想法，而是为了弄明白别人为什么会有不同的意见。

☆以前觉得根本不可能穿的衣服，不妨穿上一穿，比如低领性感的长裙，量身定做的套装，具有嬉皮风格和新新人类特点的服装。这些衣服要是让你感觉紧张的话，那你就更应该尝试了。另外，还要轮番在帽子、假发、首饰、化妆上做试验，务必打破自己多年养成的俗套。

每次重塑自我的时候，哪怕只做些微的改变，你都能从故步自封中解放出来。你还会说服自己的身体和大脑：它们的主人远比它们想象的要年轻。与此同时，你也是在告诉周围的人：你千变万化，富有魅力。他们永远猜不到你的下一步，但他们老是会去猜。这样即使再过许多年，他们也不会觉得你老，因为他们已经积习难改，一直认为你多变而有趣。

多爱自己一点

探索新鲜事物没什么可怕的，随心所欲地更新自己真的非常有趣。

Date / 4月20日

尺码不过是标签上的数字而已

女人，无论处于哪个年龄段，对自己的体形都过分讲究，对服装的尺码都过分在意。更年期的女性更是经常痛心疾首，因为她们突然发现，自己的体形跟6个月前大不一样，许多衣服要么穿不进去，要么完全走样了。但是你千万不要灰心，只要你注意饮食，坚持锻炼，你就已经尽了全力（除了做吸脂手术）。不管你现在的体形怎样，你都有权穿上好看的衣服，把自己打扮得漂漂亮亮。

女人无论胖瘦，都可以穿着得体、合身。首先，不要再刻薄自己的体形。要是觉得自己太胖太老，肌肉松弛得厉害，那就付出加倍的努力吧，按照本书介绍的各种方法来培养自尊心。如果你真的很胖，在你意识到自己值得改变之前，你照样还会口不择食，不加约束。如果你的肌肉真的太松，在你意识到自己值得付出努力之

前,你照样还会懒散怠惰,不肯锻炼。如果你确实衰老了,在你能够直面自己的年龄之前,你心里不会感觉年轻。毕竟跟将来相比,现在的你是最年轻的。要想转变自己的态度,迈出的第一步便是享受穿衣的乐趣。不错,就在现在,就凭你现在的年龄、体形和健康程度,你照样可以穿出美丽、穿出风韵。

要想穿出品位,最好的训练课就在服装店的试衣间里。每个季节都要去逛商店买衣服,同时要特别注意衣服的颜色、款式和质地,看是否适合你。这样过不了多久,买衣服的时候你都不用试穿,看一眼挂在架子上的衣服,就能判断它能否衬托你的优点。其实穿衣打扮是一种视觉艺术,它借衣服来左右别人的目光:让目光从身体不太完美的部分挪开,转而注意你最得意的部位。总之,试穿的衣服越多,就越会挑衣服,知道哪件衣服能淡化缺点,突出优点。

著名的个人形象顾问玛丽·林·亨利主要为纽约和洛杉矶的女士服务。这两个城市的女性可是以狂热追求稚嫩、纤细的形体美而著称。尽管如此,在面对各个年龄段、各种体形的客户时,她还是要说:"等你允许自己变得漂亮而又真实的时候,你就真正找到了自我。"我想这句话应该写在每个试衣间的墙上,和"当心小偷"的标语并排挂在一起。

多爱自己一点

要抱着这样的心态去买衣服:(1)看自己穿什么衣服更漂亮;(2)愿意看到自己更加漂亮。

Date / 4月21日

快乐更年期

们都知道,所谓的经前综合征就是脾气暴躁,爱着急上火,有事没事都能痛哭一场。后来又出现了"快乐更年期"一词。只要你能够正视自己的年龄,

敢于从任何一种缺陷里找出两个好处来,快乐的更年期就降临了。你也许正在经受潮热等讨厌的更年期症状的困扰,"快乐"听起来似乎遥不可及。姑且稍安勿躁,或早或晚,快乐更年期一定会到来的。

40岁那年,我去参加一个茶会,100多名来宾全都是女士,都比我大10~50岁。其间我注意到一种奇怪的现象,令我感触颇深。那些七八十岁跟我妈妈同龄的老太太,无一例外全都轻松怡然,笑容满面,非常安逸自在,让人看了觉得可亲可爱。而那些稍微年轻一些的老妇人却不一样。她们不惜血本地拼命打扮自己,却适得其反,让人感觉不舒服。

当时当地我就对自己发誓,我绝对不能步那些女人的后尘,不能像她们那样拼命抓着青春的尾巴不放手。又过了10年,我才尴尬地发现我的看法有误。如今我也到了她们的年龄,完全理解了她们的心情。谢尔说过一句话:"我曾经贫穷过,也富裕过,发现富裕的日子更好些;我经历过40岁,也经历过50岁,发现40岁更好些。"此话果然是真理。

现在我走到了一个十字路口上:是拼命地抓住青春的尾巴,还是履行当年的诺言?当年的我太年轻,还以为自己到时候就可以接受衰老,便轻易许下了诺言。可到了这个时候的我并不想衰老,于是摆在眼前的选择就清楚了:我在接受现实的同时还要充分加以利用。我已经年逾50岁,这是不争的事实。可又该如何充分利用呢?那就是一头扎进每一个日子里,像海绵一样能吸收多少就吸收多少。

接受现实并充分利用,请把这种态度应用到生活的细节中去吧。你要是还没有准备好变老,不如把自己的色彩弄得更浅或更亮一些;化妆比以前淡雅一点;不管你显不显小,对外公开自己的实际年龄。这种想法和做法是度过快乐更年期的前提条件。

正如我所说,你迟早会进入快乐更年期的。不过你也没有必要等20年那么久,你现在就可以快乐起来。凡是你想要改变的东西,只要不是铭刻在你基因里和骨子里,你都要慢慢地、耐心地、执着地加以改变。你的变化和你接纳的现实会给你带来无尽的快乐,你就尽情享受吧!

多爱自己一点

我能很好地面对成熟。

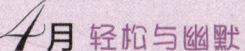

Date / 4月22日

脂 肪

对普通人来说，脂肪是所有营养成分中最难搞清楚的一种。曾有好几位注册营养师对我说，有时就连专业人士也颇感挠头。当然，专业人士必须精通生物化学，而我们普通人只需要知道如何吃出年轻来就可以了。下面是关于脂肪的一些基本常识：

脂肪种类	优点	缺点
脂肪	是三种基本的营养元素之一，其他两种是蛋白质和碳水化合物。	是浓缩的能量源。人体保暖、分泌某几种荷尔蒙必须有脂肪。它可以使皮肤柔嫩，头发光亮；也是必需脂肪酸的来源。	热量比蛋白质和碳水化合物高出两倍多；经证实，某几种脂肪能引发心脏病、癌症和炎症。
饱和脂肪	常见于动物食品（如肉类、全脂牛奶、奶酪、黄油）和热带植物油（特别是棕榈油和椰子油）中。	黄油和椰子油在高温环境下能保持稳定，有些专家建议人们煎炸食品时可以适量使用。	导致体内胆固醇含量升高，引发血管堵塞、心脏病、中风；有可能导致老年痴呆症。
多不饱和脂肪	常见于大部分植物性食品和液态植物油中，如玉米油、豆油、葵花籽油。	坚果和大豆等若未经加工便食用，非常有利于健康。经过加工和榨取后，也不会像饱和脂肪那样增加体内的胆固醇。至少有一项研究证明多不饱和脂肪可以防治老年痴呆症。	榨取的植物油是人工产品，因为自然界中没有单独存在的油这种物质。它们极不稳定，容易变质，而且能产生大量自由基。

反式脂肪	用氢化植物油脂制成（亦即人为地使不饱和脂肪的分子充满氢），购买时注意标签上标有"氢化""半氢化"的字样。	因为成本低廉而被大量使用，甚至可以把液态油转化为人造黄油。	冒牌的饱和脂肪，具有单一不饱和脂肪的不稳定性和危险性；有可能导致心脏病和癌症；会阻止必需脂肪酸的转化利用。
单不饱和脂肪	常见于橄榄油和芥花籽油中，在室温下为液态，降温后变得黏稠。	此种质地的油容易消化，是健康的地中海饮食的主要成分。冒烟的温度比多不饱和脂肪要高，因此更加安全，用途也更广泛。	跟其他脂肪一样，吃得太多容易使人发胖；芥花籽油的原料多经过基因改造，因此最好选择有机方式种植的芥花籽油。
必需脂肪酸	人要想生存，保持健康，必须从脂肪中摄入必需脂肪酸（详见8月8日）。	为人体细胞提供最基本的结构材料，对所有组织和器官都至关重要。	大部分人过多摄入Ω-6脂肪酸，而Ω-3脂肪酸的摄入量却不足。

以上内容换种说法会好懂一些：

☆ 摄入的脂肪总量要适中。不要吃油腻的食品和煎炸食品。拌沙拉时油要少放一点。

☆ 少吃肉，多吃蔬菜和鱼，减少饱和脂肪的摄入量。橄榄油和新鲜胡椒可以很好地替代黄油。

☆ 为了平衡Ω-6和Ω-3脂肪酸的摄入量，要多吃未经加工的天然食品；鲑鱼和鲭鱼的脂肪含量丰富，每周要吃两次；每天的餐桌上都要有亚麻籽和核桃，或者服用必需脂肪酸补充剂。

☆ 大多数瓶装食用油都可以淘汰掉。唯一值得保留的是低温压榨的初榨橄榄油。使用有机菜籽经过螺旋机榨出的菜籽油，可以用来做甜品、烘烤点心。

☆ 家里凡是写着"氢化"和"半氢化"的反式脂肪全都要扫地出门。氢化酥油、人造黄油、常见的花生酱和烘烤食品都是致病的罪魁祸首。天然花生酱的配料只有烤花生和少量盐，所以才是健康的。

☆学会用低脂肪（低热量）的方法烹制自己爱吃的食物。比如用蒸代替煎炒，或者煎炒时不用油，而是代之以水、番茄酱或葡萄酒。吃面包的时候不涂黄油，改涂果酱或烤蒜。凉拌色拉时只用米醋。

如此一来，你的脂肪摄入量便会大大降低，你也可以放心食用一些一直不敢吃的好东西了，比如鳄梨、杏仁、核桃、巴西坚果、葵花子、南瓜子等等。它们里面可是富含大自然馈赠的各种健康的脂肪。

多爱自己一点

把冰箱和食品柜整理一遍，凡是反式脂肪和植物性多不饱和脂肪，全都扔掉。

Date / 4月23日

留心小的惊喜

在一天之内，可以发生许多令人欣喜的事情。你去投币洗衣店洗衣服时发现短了一枚硬币，而楼上那位出了名的怪人邻居居然肯帮助你。你儿子没打招呼突然大老远从寄宿学校跑回家来了，让你喜出望外。汽车出了毛病，本来以为要大大破费一笔，结果10分钟之内只花了20美元就搞定了。这些事都可以算是小的惊喜，是老天为了让人活得更加滋润如意，特意送来的小礼物。我们无需费时费力，也不必拿什么做交换，该来的时候它们就自然而然地降临了。

要是生活中发生了不好的事情，不管是倒了大霉，还是小事一桩，我们马上会哀叹说："怎么会发生这种事？""为什么偏偏会是我？"在这种时候，我们需要想到生活中那些好的事情。好事需要你的关注。你越是留心，好事就越频繁地出现。今天要是有一件好事情，请默默地说声谢谢，然后跟朋友讲一讲，在日记里记上一笔。当然还可以把它当作帮助他人的动力。

心理学家亚伯拉罕·马斯洛说过：人在实现自我的过程中会经历一次又一次的巅峰体验。而小的惊喜就是具体而微的巅峰体验。所以从今天开始，任何一个惊喜都要牢牢抓住，然后细细品味哟。

> 多爱自己一点
>
> 我像磁石一般引来源源不断的小的惊喜。

Date / 4 月 24 日

忧郁的人，都是从哪里冒出来的？

情绪就像流行感冒一样容易传染。置身于积极乐观的人群之中，你也会积极乐观起来。

别人有了困难当然不能退避三舍。但是有的人善于自找麻烦，有本事让自己天天都扮演悲剧角色。这种人可千万沾不得。看到别人伤心难过，自己却心情舒畅，有时难免会产生负罪感，好像非要陪着人家一起伤心才说得过去似的。其实这种想法是错误的。要是哪个朋友向你倾诉了一连串的伤心事，迫于情势，你可能会说："其实我工作上也不顺心，我理解你的感受，我最近也觉得很疲惫。"其实，这种时候你千万不要陪着伤心，更不要跟着倒苦水。如果非倒不可的话，也要说些能帮助朋友的事情，比如："我在工作中也遇到了麻烦，但是我约老板面谈了一次，现在好多了"；"我先前也总是觉得累，后来我坚持每天早晨游泳，现在我觉得精神多了"。有句话说得很精辟：你本来一心想要开导别人，但倘若你也跟着一道伤心难过的话，就好比医生患上本该由他救治的疾病一样。

人如果想变得年轻，想过理想中的生活，想追忆美好的往事，就不要允许任何人来横生枝节，从中捣乱。要是横生枝节的人不是别人正是你自己，赶紧偃旗息鼓，鸣金收兵吧。生活中不如意者十之八九。但是，只要一切还算过得去，我们就有权

利说一句:"一切都棒极了。"就算事情很糟糕,我们也可以说:"一切都会好起来的。"毕竟机会还是有的呀。

当然,有时候我们需要敞开心扉、实言相告,并聆听别人的意见和建议。但这类谈话需要预先筹划安排,不能随意而为,也不能屡次重复。所以还是折中一下:万一出了事情,首先想清楚自己能不能左右,是否已是无力回天。要是倾诉能让你感觉好一点,那就痛痛快快地倾诉一番。但是你要知道,消极悲观会变成习惯。一旦发现自己沉湎其中,要毅然决然地改变心态,干脆利落得就像按遥控器换频道一样。要是别人老是为了一点点烦恼来拖累你,一定要表现得乐观开朗,他受不了的话自然会去找别人的。

多爱自己一点

在家人、朋友、同事当中,谁比较乐观?谁比较消极?不是让你评价他们,而是要做到心中有数。本周能否设法避开消极的人,与乐观的人多待一段时间?如果非得跟忧郁的人待在一起,一定要表现得格外开朗乐观,看看会有什么结果。

Date / 4月25日

分清轻重缓急

翻开英文同义词词典,你会发现"重要"与"紧急"两个词可以相互取代,但它们可不是一回事儿。"重要"是从长远看来要紧的事,而"紧急"是需要马上处理的事。事情呢,有些重要,有些紧急;少数事情既重要又紧急,大部分事情既不重要又不紧急。

在当今这个时代,几乎所有事情都被夸张到至关重要、万分紧急的程度。连语音信箱里都可以附上一面小红旗作为急件的标识。请想一想:你上一次发送真正紧急的语言邮件是在什么时候?可能是在急诊室里打电话,也可能是那次夜半时分车子抛锚,你被困在荒郊野外。不错,这些事情确实会发生,但谢天谢地不会经常发生。大部分所谓紧急的信件其实根本不紧急。

那些所谓的紧急事件，还有喜欢打着紧急的幌子的琐碎小事，都有一个通病：妨碍人们去处理真正重要的事情。工作中需要按期完工的项目很紧急，但是会占用你跟孩子相处的时间，而后者才是重要的。急急忙忙奔赴约会很紧急，但是会影响安全驾驶，而生命才是重要的。给别人留下良好印象是当务之急，但是会妨碍你做真实的自己，而你才是世上头等重要的。

所以，从今天开始，在今后的生活中，要时刻注意分辨到底什么才是紧急的，什么才是重要的。不要理会别人的说法，不要被人误导。问问自己："回复这封电子邮件真的很紧急吗？一分钟也耽误不得吗？一个小时之内回复可以吗？一天之内呢？""这一任务别人认为很紧急，这个活动别人认为重要，去做的话会不会妨碍我呢？会不会让我远离自己的目标？"如果你的答案很干脆，说明你能够节约自己的生命力，把好钢用在刀刃上。

> **多爱自己一点**
>
> 我能区别紧急与重要。对打着"紧急"的幌子但实际上既不紧急又不重要的事情，我一眼就能看穿。

Date / 4月26日

"钢铁药丸"

重量训练也叫阻力训练，是专门借助反作用力进行锻炼的。早在20世纪初期，探索全新健身方法的人认识到它类似于灵药般的神奇疗效，称之为"钢铁药丸"。重量练习通常使用哑铃和杠铃等可移动式重量训练器材，还有联合器。二者若能使用得当，你的肌肉会变得结实饱满，即使坐着躺着不活动，身体也能燃烧更多的热量。阻力训练对于超过40岁的人益处更大，哪怕是高龄老人练了都能增强力量，改善肌肉的耐力。肌肉变得强壮后，人就不容易受伤。重量训练还能减少罹患骨质疏松症的几率，让人反应灵敏，身姿稳健，从而预防跌倒。此外还可以降低血压，减少腹部脂肪，而后者更容易引发心脏病和成年发病型糖尿病。

练习之后自己的肌肉会变得粗壮凸出吗？其实不用担心。要是不吃类固醇，不当专业的健美运动员，女人就是想练成大块头也不容易呢。另外，女人过了30岁肌肉就开始减少，过了更年期后减少得更快。所以实在不必担心自己会像男人那样肌肉发达。

器械练习每周可以安排3次，至少也要2次。每次训练之间要有一天的休息时间。趁此机会，你的关节得到休息，肌肉也得以生长。器械练习的原理是，将肌肉拉至极限，把细小的肌肉纤维拉断。一天以后，等这些细小的断裂愈合了，你的肌肉就会变得更加强壮。

你可以买本书，几个哑铃，一根耐力带（粗壮的橡胶带），然后开始在家练习。但要想持之以恒的话，你需要超强的自控力，所以多数人都难以做到。不过只要有动力，就会有收效。对大多数人来说，最简单易行的方法就是参加健身俱乐部，请行家从旁指导，教你如何安全有效地锻炼。为了更好地利用时间，你还可以加上其他的有氧运动项目（练半小时的器械，再骑半小时自行车，或者练跑步机）。很多健身俱乐部还开办了使用哑铃的练习项目，名字往往很吸引人，比如"塑身"等等。那些爱热闹、讲氛围、爱听欢快音乐的人都踊跃参加。

在所有的训练项目中，重量训练见效最快，作用也最为明显。仅仅两周之后，肌肉的形状就会发生变化。再过不久，你就会像年轻人那样，忍不住对着商店的橱窗自我欣赏。而这仅仅是看得见的方面。力量的增长会为你平添一种威仪。强壮在任何年龄都是好事。但是女人年过中年后,我们的文化就不期望她们有任何力量了。如果你体力充沛，强壮有力，那就没事儿偷着乐吧。无需任何人的帮助和首肯，这股力量可以任你随意支配。

多爱自己一点

下定决心，制订一个切实可行的计划，每周按时进行重量训练。把计划写进日记，然后持之以恒。

Date / 4月27日

心不老，人不老

"我感觉跟从前一样，没有什么变化"；"太让人吃惊了，我的外貌改变了，可我依然感觉年轻"；"别人对我不像从前了，但我并没有感觉到什么不同"。这样的话你肯定经常听到，甚至自己也常说。其实，这些话都体现了一种积极的态度。自我感觉年轻依旧当然很好，但唯一麻烦的是，自我感觉和别人的看法会不一致。别人，尤其是越来越多的年轻人，看到你后会脱口而出："她和我妈妈差不多大，我们怎么会有共同之处呢？""她没准儿都当上奶奶了，看来这个健身班是针对身体不好的人开的。"

年轻人出于思维定式，往往会这样想。但是，除了尚不懂事的孩童，真正了解你的年轻人可不会产生上述想法，而陌生人的想法我们完全不用理会。可惜忽视成熟女性、忽视其感受的可不单单是陌生人。在这一点上，医生们可谓有过之而无不及，而修理工也好不到哪里去。但这都只是别人的看法而已。要是让你去拜访一位老人，他们的看法会截然不同，他们会说："我像你那么年轻的时候……""趁着年轻要赶紧享受生活啊。"所以，不管自己身在何处，不管和谁在一起，一定要牢牢地坚守自己的信念，要牢记自己对自己的看法，牢记自己在这世界上的位置。常言道："心不老，人不老。"你觉得自己正当花样年华，那你就是花样年华花样红。别人怎么想的，我们就管不着了。

多爱自己一点

今天我感觉自己很年轻，其实我一直都很显年轻。

Date / 4月28日
梳妆台上的必备物品

谈到化妆，我们自然而然会想到那些软件，比如粉底、腮红、口红。而那些硬件，也就是化妆工具，虽然也很重要，却常常被人忽视。其实这些小东西好买好用，价格又不贵。我觉得打扮时必不可少的工具有：

☆**发带** 皮肤是皮肤，头发是头发。洗脸和化妆时最好能分清界限。一条普通的发带就能解决纠纷。

☆**带灯泡的镜子** 如果你刚搬入新居，浴室刚刚整修过，镜子周围的光线会比较充足均匀，很适合化妆。如果不是这样，最好去卧室、浴室专卖店，买一面立式带灯泡的化妆镜。有些镜子有日光、夜光和办公室灯光三种不同的光线，可以任你调节（所谓的办公室灯光就是荧光灯光线，是所有灯光中最不起眼的一种）。大多数镜子中有一面是放大镜，对不戴眼镜看不清东西的人最能派上用场。

☆**睫毛夹** 20世纪50年代末，睫毛膏问世，并宣称能使睫毛"更长、更卷、根根动人"。后来睫毛夹便风光不再。但是如今它又回来了，因为人们发现仅仅使用睫毛膏效果并不理想。如果你的睫毛能向上反翘着，即使不化妆也很醒目。

☆**刷子** 要为自己准备下列几种刷子：一只特大号的粉刷用来刷去浮粉，大号的腮红刷，一只眉刷（要使眉毛显得浓密，先直直向上刷，然后把眉毛尖向下扫，使眉毛的形状更自然），一只口红刷（用刷子涂上的口红更加自然、耐久）。涂眼影要用好几把刷子（打底时用宽的，描眼线时用窄的），也可以用带海绵头的刷子，我觉得海绵头的更好用。反正一切都要根据自己的喜好来选择。买刷子时，不妨买贵一点的，否则容易脱毛，弄不好会粘在脸上。

☆**化妆海绵** 楔形的化妆海绵最好用。涂粉底液时，可以把海绵稍微沾湿，会产生一种润泽光彩的效果。涂粉底露时就无需蘸水了。用海绵比用手更容易控制上妆的面积和均匀程度。

☆**棉签** 化妆时往往容易出错，这时棉签就派上用场了。模糊的睫毛膏，出线的唇膏，出界的眼影，一擦即可。大多数情况下用干棉签就可以，顽固的污迹用棉签沾上卸妆液擦去。

记不记得儿歌中有句老话，说周一就是打扫的日子。那就利用周一（或其他哪天）

把化妆工具都清洗一遍吧。清洗海绵要用开水,外加一点肥皂或香波;刷子、发刷和梳子用温水清洗即可。

> **多爱自己一点**
>
> 列出你使用的化妆工具,看看装备是否齐全?它们干净吗?好用吗?

Date / 4月29日

绝不错过任何事情

任何事情,只要没有超出常理,不会累得你精疲力竭,就一定不要错过。至少,如果你心里隐隐觉得这件事一旦错过将来会后悔,这样的事情千万不要错过。其实我的建议包括了两个部分:不要错过大事,也不要错过小事。所谓的大事可以是一次婚礼(哪怕要你动身去别的地方),一场演出(即使会害得你勒紧腰带),一个可以见到总统的机会(就算你没投他的票)。而我所谓的小事,是生活中任何能够丰富你的感官享受的细枝末节。《送冰人来了》的巡回演出是件大事,你不会错过;路边顽强的雏菊破土绽放出了微笑,这虽是件小事,但你同样也不会错过。

为了防止错过不该错过的事情,要时刻做好准备,多多留心身边的人和事。朋友的生日要记住,报纸的娱乐版新闻要好好阅读,日程表要提前安排好。一听说有音乐会或棒球比赛,要赶紧去买票,不要拖到最后好座位都卖光了才去。

如果刻意训练自己的观察力,任何一件小事都不会逃过你的眼睛。春天到了,你可以参与大自然的任何变化,因为你提醒自己,不要因为工作忙或杂务缠身而错过草木的发芽、开花。你的确很忙,还有许多事情要处理,但是从今天开始,不要因为这些而错过任何可爱的事物。

多爱自己一点

我决不错过任何事情。

Date / 4月30日

May
5月羹

Date / 5 月 1 日

美是一种生存状态

印第安人祈祷的时候会说:"美丽在我眼前,美丽在我身后;美丽在我头顶,美丽在我脚下;美丽环绕在我四周,美丽将我全部浸透。"

在这精彩纷呈的 5 月,我希望你能够牢记,美丽是一种生存状态,是你生活中催人奋进的动力。要睁开你敏锐的眼睛,刻意也好,无意也罢,时刻留心美的存在。为了美还要开动你所有的感官,去聆听,去触摸,去注视。特别是人之美,无论是心灵美还是容貌美,我们都要善于去发现。

与此同时,也别忘了欣赏自身的美。欣赏自己,不是随便拿一个标准来跟自己比较,而是懂得接受自己现有的一切。你有办法使自己显得比实际年龄年轻,这当然是你的美,但这只是一部分。另外一部分就是过去岁月留下的痕迹,因为它们能证明岁月赋予你的深邃。顺势疗法医生芭芭拉·白林顿说过:"我知道承载着我的灵魂的肉体肯定有所磨损,但这无所谓。真正重要的是我对身体、精神各层面进行的高品质的维护。"(译者注:顺势疗法认为,人体具有天生的自愈功能。通过激发自愈系统,来加强受损细胞基因的自我修复能力,使紊乱的内分泌系统、神经系统、免疫系统的功能恢复平衡,达到从根本上治愈疾病的目的。)

为了培养自己欣赏美的能力,不妨做一下这个练习,它真的很有意思。找一本人物肖像相册,最好都是出自摄影师之手的黑白照片,然后花 1 个小时的时间,仔细研究人物的脸庞,特别是他们的眼睛。你要敞开心扉,让自己融入人物的故事中去。大多数人通过这个练习发觉,老人的面孔内涵更加丰富,讲述的故事也更加有趣、更有启发性。跟年轻人的面孔相比,老人的脸更耐看,更有魅力。从今天开始,你要开始练习鉴赏美的能力,这个练习你可以到图书馆、书店里去做。美好的事物,你看的越多,吸纳的越多,折射给世界的也就越多。

> **多爱自己一点**
>
> 抽时间翻看一本印有各色人物照片的肖像画册，从所有这些面孔中去发现美，以此充实自己、丰富自己。

Date / 5月2日

防晒小常识

在五六十年代，古铜色的皮肤被看作健康与美的标志。为此许多人不惜晒脱一层皮。小孩子在夏天晒脱皮就跟膝盖擦伤一样，家常便饭，稀松平常。但是现在我们已经知道，晒伤意味着皱纹，甚至是皮肤癌，就算没被晒脱皮，晒得黝黑也是皮肤细胞遭到破坏的表现。最最严重的日晒伤害也许早在我们满18岁以前就已经发生了。我们没办法让时光倒流，但是可以终止这种伤害。具体做法如下：

☆ **涂抹防晒霜** 防晒指数（SPF）至少为15，并且能够同时抵御紫外线A和B（UVA，UVB）。上妆的顺序应该是：先擦保湿霜，后涂防晒霜，再打粉底（如果用粉底的话）。即使保湿霜和粉底中含有遮光剂，也一定要涂防晒霜。含有氧化锌和二氧化钛等矿物质的防晒霜能反射阳光，一般不会造成皮肤过敏，而且能马上起效。但是含有化学成分的防晒霜擦上后要等半个小时才能起效，而且是否安全也是个问题。瑞士的一项研究发现，几种常用遮光剂所含的化学成分有可能模拟雌激素，至少在实验中能够促使癌细胞的生长。

☆ **了解几个数字** 倘若防晒霜的防晒指数为15，跟不涂防晒霜相比，你可以安全地暴露在阳光下又不至于被晒伤的时间延长了15倍。虽然皮肤白皙的人最好能使用SPF更高些的防晒霜，但大部分专家认为SPF 15已经足够。况且任何一种防晒霜都不可能保护你一整天之久，你需要反复涂抹。

☆ **防晒霜** 要放在好拿的地方以备随时取用办公桌抽屉里，汽车前座的小箱子里，要各放一瓶防晒霜。在室外活动时，每隔两小时涂一次，而且用量不能太少。往脸上和脖子上涂时，要挤出相当于一元硬币大小的一团。穿泳装的话，往身上要涂整整1盎司之多。

☆**选用有防晒作用的香粉** 没有比擦粉防晒更方便的了。

☆**不要忽略以下这些部位** 耳朵、后脖颈、胳膊（穿无袖衫开车时，尤其要注意靠车窗的胳膊），穿凉鞋时露出的脚背，还有胸脯锁骨部位。如果忘记了前胸，那里的皮肤会变得干燥、黝黑。更糟的是，它上面的脸部有你精心呵护，它下面又遮得严严实实，相形之下，这个部位就更难以入目。每次洗完手，别忘了在手背上涂抹防晒霜（或含防晒成分的护手霜）。

☆**要知道云彩和窗户都没有防晒功能** 去巴哈马乘船兜风，肯定要比在俄勒冈躲雨更要注意防晒。但日晒是日积月累形成的，所以每天都要保护自己。你虽然坐在室内，但要是离向阳的窗户太近，那就当自己是在户外好了，因为能够使人衰老的紫外线可以轻易地穿透玻璃，照在你身上。在室外，轻薄的T恤根本挡不住有害光线。但你也不用为此吓得不敢上街买东西。你要是想步行10英里，那当然还是小心为妙。

多爱自己一点

养成防晒的好习惯。把防晒霜放在显眼的地方，出门之前，洗手之后，都不要忘了涂上一些。要是觉得穿过玻璃的日光晒得你暖洋洋的，要赶紧擦些防晒霜哟。

5月

Date / 5月3日

27条解决之道

有时候精力不足往往不是由于年龄，而是由于你生活的空间。杂乱无章的环境最能够让人感觉疲乏，最起码，也会让人感觉压抑烦乱。早晨一觉醒来，本来是神清气爽，精力充沛，但睁眼一看，成堆的报纸、衣服，如山的杂物都堆到鼻尖了，马上会心烦意乱，头昏眼花，好像一整夜都没合眼似的。眼前的烂摊子你不动手决不会自动消失，但你又实在太累，根本没有力气收拾，于是你就陷入了进退两难的境地。唯一的解决方法就是：祭起27的大旗，在家里，甚至在一间屋子里，挑出27样东西来整理。

　　根据中国传统的风水学，27是个神奇的数字，代表着圆满妥当地解决一个问题。只要移动家里的27样东西，你的生活就可以发生改变。当然，风水先生们说的是家具、绘画之类的27样东西，但我借来指杂物时，发现也很管用。你要是能把27样东西收拾归置好了，不论家里多么杂乱无章，也能被你理出个头绪来。现在，每天早晨收拾27件物品已经成为我的习惯。早起后，我会先做冥想，洗漱穿衣，然后就动手把27件乱放的东西放回原位。比如：（1）床边的茶杯；（2）喂狗的碗；（3）喂猫的碟子；（4）铺床叠被；（5）把落在浴室地板上的毛巾挂好；（6）沙发上的稿子；（7）把盛脏衣服的篮子搬走。有时会多了床单和毛巾，那就把它们当成第7项，把袜子、内衣当成8，别的当9，然后一直到数到第27。

　　你家里要是凌乱不堪的话，只要能定期收拾27样东西，我保证你会感觉精力充沛，而且还能体验到成就感。书桌、衣柜，任何地方都可以如法炮制。更妙之处在于，你一天只需要整理27件物品就足够了，其余的东西，姑且留到明天再说吧。

> **多爱自己一点**
>
> 　　自己周围容易凌乱的地方，不妨依法施治。如果已经都井井有条，今天就休息一天。

Date / 5月4日

钙、镁、维生素D与健壮的骨骼

患有骨质疏松症的人，仅在美国就有1000多万，而且大部分都是妇女。另外还有1800万人因为骨密度太低，极易骨折。其中最令人谈虎色变的是髋关节骨折，养老院收治的病人中有四分之一都是因此入院的。其实要想让骨骼变得强壮，只需补充大家都很熟悉的钙、镁和维生素D就可以了。

大家都知道，钙是健康骨骼所必需的成分，摄入过多的钙能够降低患上骨质疏松症的风险。但是人在成长时期补充钙，效果远远要好于后来身体缺钙后再设法补钙。钙能坚固牙齿，帮助肌肉和神经正常工作，还能缓解紧张焦虑，改善睡眠，降低血压。

大量天然食物中都含有丰富的钙，许多包装食品中也添加了钙质。除了奶制品，绿叶蔬菜（特别是甘蓝、芥菜）、杏仁、芝麻、芝麻酱、豆子、豌豆、贝类也可提供每天所需的钙质。添加钙的食品有橙汁、豆奶、大米糊，还有多种麦片。

世界卫生组织最近建议，从19岁直至更年期的女性，每天要摄取1000毫克的钙。停经后的女性骨质流失日渐严重，10~18岁的女性正在发育终生享用的骨骼，因此这两组人群每天最好能摄入1300毫克的钙。你要是不了解自己钙的摄入量，就把每天的饮食内容详细记录下来，2周以后，去找营养专家帮你计算一下。补钙要适可而止，不能过量。有研究表明过量的钙质会引发心脏病、痴呆症和关节炎。

维生素D不仅对钙的吸收极为重要，它还能预防乳腺癌。如果你皮肤黝黑，生活在北方，为了减缓皮肤衰老的速度还大量地使用防晒霜，那你体内很有可能缺乏维生素D。就算你适当地接受阳光照射（详见9月14日），由于年龄的原因身体也越来越难以合成维生素D。牛奶、豆奶中一般添加了维生素D，而动物肝脏和鱼油本身就含有一定量的维生素D。除此之外，维生素片中也含有维生素D，数量虽然不多却很安全，因为维生素D过多的话具有毒性。

除了钙和维生素D，还需要镁才能使骨骼保持强壮。虽然我们所需的镁的数量仅为钙的一半，但是很多人的摄入量依然不够。加上大多数人认识不足，往往只注意补钙，忽略了补镁，真是可惜。因为镁不仅能强健骨骼，还能消除自由基，平衡血压，预防心脏病。含镁的食物有：全粒谷物、麦糠、坚果、大豆制品和绿叶蔬菜

（生吃时镁尤为丰富）。如果要服用镁片，建议每天补充200毫克左右比较合适。但是患有心脏病和肾病的人，补充镁的数量如果超过了复合维生素片中的含量，一定要请教医生。

> **多爱自己一点**
>
> 计算一下自己摄入钙、镁、维生素D的数量，也可以找营养专家帮助计算。如果需要，请按照上述建议加以调整。

Date / 5月5日

健壮的骨骼（续篇）

要想保持骨骼健壮，只补充钙镁等营养成分是远远不够的。能导致骨质疏松症的危险因素有：

☆女性。女性上了年纪之后骨质流失的现象更加厉害。

☆体格娇小。

☆高加索人和亚洲人。

☆45岁以前就开始了更年期。

☆家族史中有骨质疏松症。

不管你属于以上哪种情况，最好能在40岁时找医生检测一下骨质密度，更年期以后再测一次。如果骨质流失比较严重，可以服用专门的药物。此外还可尝试下列做法加以改善：

☆戒烟，限酒，少吃盐，减少咖啡因的摄入量，每天只喝2杯咖啡或4杯茶。

☆多吃水果和蔬菜。它们富含人们鲜有所知的维生素K。以前人们认为维生素K有助于血液凝固，现在这一看法已经改变。不仅如此，人们还发现它和钙、维生素D一样，都能防止骨骼弱化。甘蓝、菠菜、汤菜、长叶莴苣、花椰菜中含有维生素K。每天食用其中任何一种（半碗熟青菜，一碗半长叶莴苣），就能够提供人体所需的90毫克维生素K。

☆磷酸饮料会腐蚀骨骼，尽量不要饮用。如果汽水让你欲罢不能，饮用之前一定要看清成分，要选择不含磷酸的那种。另外还有几种牌子的饮料，是果汁兑苏打水，喝了特别提神解渴。

☆蛋白质的摄入量要适中。大量研究发现，摄入过量的蛋白质，尤其是动物性的蛋白质，会导致人体通过尿液排泄超出常量的钙质。但是老年人摄取的蛋白质数量如果不够，相比而言其骨骼会较为脆弱。总之，每天最好能遵循专家推荐的数量摄入蛋白质，每一磅体重（0.45kg）需要4克蛋白质，体重为140磅的女性每天应平均摄入56克蛋白质。

☆大豆好处多。大豆和豆制品(如豆腐、豆豉)中的异黄酮有助于保持骨质密度。

☆每周进行6次重量训练，其中包括器械练习和有氧运动，但是游泳除外（当然，游泳另有其他的好处）。

多爱自己一点

我知道应该做些什么来保护自己的骨骼，并且能落实到每一天。

Date / 5月6日

花草怡情

送人一束鲜花，能消除芥蒂、表达谢意。但是，鲜花首先是大自然馈赠给所有人的一份礼物。它们美丽芬芳，赏心悦目，"眼睛看着它们，它们的色与香便深入人心，能帮我们欣赏自身的美好"。说这话的不是我，而是著名的插花专家凯文·凯丽。她写过一本《芙蓉花开》。

花束是一种生机勃勃的生命形式。无论什么花，只要它新鲜艳丽，就能让整个房间充满生气和美丽。一两天之后，败相初现，只需把凋败的花瓣和枝茎剪去，它照样还能灿烂一到两天，只是大限将至。后来，花朵就枯萎了。这时，留着残花败叶还不如让花瓶空着。况且，寿命短暂也是花束的魅力之一。要是能明白这一点，我们就会趁着花开的时候，赶紧去看，多看几眼。要是赶不及，就白白错过了。

盆栽比插花更持久，耐人观赏，生机盎然，有利于你恢复青春。此外它们还可以释放氧气，吸收甲醛、苯等有害化学物质，起到净化室内空气的作用。最好的"空气净化器"有盆菊、

吊兰、垂叶榕、芦荟、千年木、七里香、黄金葛和常青藤。盆花需要精心照料，但不管是在室内养花种草，还是侍弄菜园，都能让人青春焕发，因为哺育生命能充实我们自己的生命。

> **多爱自己一点**
>
> 本周，家中目光可及的角落里都要插一束花，哪怕只是一束雏菊。

Date / 5月7日

着眼于小处

你签名的习惯，打电话的语调，邮票贴得整不整齐，没有客人时被是叠与不叠，这些生活中的琐碎小事其实界定了你的为人，而且体现了你对生活的态度：你过得很满意，还是万分沮丧？

当然，我们都不愿意陷入过度追求完美的泥沼："天哪！邮票贴歪了！"但我们还是要着眼于小处，哪怕是小事情，也要愿意费点心思把它做好。如果小事情多得顾不过来，能不能让小事情变少一点呢？能不能让别人分担一点？每做一件事情，能不能专心致志、倾尽全力？要是能一一做到，你会发现你的时间更充裕，生活更丰富，整个世界都变得更加精彩。

> 多爱自己一点
>
> 今天要格外讲求细节，每一件事都力求工整妥帖。

Date / 5月8日

水果慕司

杯慕司，可口宜人，健康美容。一杯下肚，轻而易举地给身体补充了各种水果和养分（如浓缩蔬菜汁、蛋白质、麦芽、亚麻油、富含维生素B族的酵母）。今天介绍慕司的制作方法，但你可以随意改变，比如用脱脂牛奶、豆奶、杏仁奶（牛奶中掺入1／4杯去皮杏仁和一杯水）或酸奶代替苹果汁；用未经冷冻的香蕉代替冷冻香蕉，做出来的慕司比较稀，不会太凉；如果慕司是用作早点而非甜点，还可以加上营养粉、麦芽、亚麻油或其他东西。每一份未经改变的慕司含有热量116卡，蛋白质1克，碳水化合物27克，脂肪量为零。

草莓慕司

☆ 1大只冷冻香蕉，切成2.5厘米的小段

☆ 1杯冷冻草莓

☆ 半杯或1杯无糖苹果汁

把香蕉、草莓和半杯苹果汁放进搅拌机，然后让搅拌机高速运转，直至液体变得黏稠、细腻。中间不时地停下搅拌机，把没打碎的水果块用抹刀推到机器中心处。要想把香蕉完全搅碎，可以多倒一点果汁。做好后可供两人饮用，最好现做现饮。（注：冷冻香蕉的时候不要去皮，切成小段，松松地存放在密封容器内，可以保存1个月，冷冻草莓能保存6个月。）

多爱自己一点

今天或明天早上为自己做一份慕司当早餐吧。

Date / 5月9日

前方永远都有目标

　　一家电影公司想用欧文·柏林谱写的《永远》作电影主题曲，愿意出100万美元购买版权，但是柏林竟然拒绝了。问及原因，柏林说这歌自己将来另有用处。说这话时，他已经99岁高龄了。

　　人要想健康长寿，快乐逍遥，前方始终都不能缺少目标。心里有所期盼，你才能兴奋高兴得起来。你现在手头上可能有一些计划，比如攻读学位、整修房屋、写回忆录，全都耗时耗力，让你整日忙个没完。但是一旦完成，你会突然发现自己陷入茫然，不知道下一步该如何举措。所以我们必须预先设定好目标。最理想的状态是，在完成一项重大的项目后，给自己放一个假，在家也好，出门也好，让自己有时间休息调整，然后再为下一个项目制订计划。注意要经常给自己换换口味。如果先前的项目是独立完成的，下一次不妨找人合作；以前是做脑力工作，下次做些体力工作；以前的总和本职工作有关，下次可以试试慈善事业或消遣活动。总之，一定要确保自己有将来的目标，它要是能价值100万美元就更棒了。

多爱自己一点

我现在有安排，将来也有计划。

Date / 5月10日

释放你的激情

激情是生活之魂魄。生活中你越是激情四射,你得到的也越多。单调枯燥的生活对谁都不利,因为它会榨干心中的激情,让一切都变得索然无味、萎靡不振、蔫头蔫脑。激情的典型代表就是爱情。刚刚坠入情网的人,不管他(她)是17岁还是70岁,只要被丘比特的箭射中,都会异于常人,他们的生活也为之焕然一新,从黯淡无光顿时变得光彩夺目。其实人不一定非要挨上一箭不可,只要对生活怀有激情,我们的身上也会焕发出同样的神采。

请想一想,自己现在热衷于哪些事情,以前又热衷于哪些事情。这些年来奔波忙碌,旧有的激情可能早已被排挤出局了。把这些在纸上一一列出。范围可以放宽一点,凡是能让你感觉满足、好玩、愉快的小事,甚至那些超越了你本人和家庭、能在一定程度上影响社会的大事,都可以包括在内。小事可以是谱曲、画画、旅游;而大事可以是帮助非洲的艾滋病孤儿,为了世界和平而努力。以上只是举例说明,你的嗜好你才知道,随你怎么写都行。

一旦明确了自己的爱好,答应我,每天至少要挑一件来做。花5分钟可以,花整整一个下午也行。就从今天开始吧。一定要让自己的生活变得更加快乐开心,更加有意义。

多爱自己一点

在日记中写下自己的嗜好,从今天开始,每天做一件。

Date / 5月11日

挑战地球引力

倒立能够抵御衰老的说法不但由来已久，还经过了时间的验证。采用瑜伽功法中头倒立和肩倒立两种姿势，或者每天躺在斜板上放松几分钟，都能使人青春永驻。女人中间还广为流传着这样的逸闻：要敢于挑战地球引力，倒立能使人头发茂密，并恢复年轻时的色泽。这可能只是市井传闻，但我确实认识几位风姿绰约的女士，她们发誓说自己驻颜的秘诀就是"倒躺"。冥想、看电视时，她们都头朝下躺在斜板上，让头部得到充分的血液，从而滋养头发和面部肌肤。自从我们祖先学会直立行走以后，头部得到的营养跟实际需求相比就大大减少。而倒躺和倒立的动作则有助于扭转这种情况。此外肩倒立还能够促进甲状腺的分泌，算是额外的好处。

如果你刚开始练习瑜伽，做头倒立和肩倒立时一定要找私人教练从旁协助，否则需要谨慎从事。要是没人帮忙最好不要冒险。此外倒立还有许多禁忌，下列人员最好不要倒立：颈部有伤痛的人，孕妇，行经期的妇女，高血压、心脏病患者，刚刚做过外科手术的人，眼部血管脆弱的人等。即使你不在上述人员之列，倒立之前最好能请专业老师手把手地进行指导。

倒立不行的话，利用斜板同样也能达到目的。斜板在网上和大型的天然食品商店里有售，一般都是用泡沫制成，能够折叠。你还可以自己动手制作一个斜板：把熨衣板的一端搭在结实的椅子或沙发上即可。每天头朝下在斜板上躺上几分钟，起来的时候，面色一定艳若桃花，仿佛十七八岁的少年。起身的时候一定要慢，以免头晕。饭后不宜立即倒立，此时消化系统比你的头发更需要血液。

多爱自己一点

自己制作一个安全可靠的斜板，今天就躺上几分钟。如果感觉不错，并且能够认同它的好处，就上网买一个真正的斜板。

Date / 5月12日

要多交往能够赏识你的人

你的邻居复杂多样,但是成年人有一桩好处,就是可以随意选择交往的对象。换言之,谁能够欣赏你的美好,明白你的价值,你就可以跟谁多多往来。

隔壁办公室的那个女人不知为何总是拿白眼看你,你姐姐嫁的那位16年来一直与你不合……生活中总有这样的讨厌鬼,而我们又实在避无可避。即便如此,生活中仍然有许多可亲可敬的人,我们要善于结识他们,并培养与他们的友谊。

能够欣赏你的美好、明白你的价值的人,不是那些专拣顺耳的好话奉承你并借此抬高自己身价的人。他们必须真的看到你美好的一面。唯有如此,你才能受到启发看清自己。

要是我问你,谁能够帮你恢复青春?你可能会说皮肤科医生、私人教练、手艺高超的发型师,等等。但比他们更值得一提的,应该是那些真心诚意地欣赏你的人,而且,他们对你的帮助可是分文不取的。

> **多爱自己一点**
>
> 把赏识你的人列成一个名单,在接下来的24小时里至少要去拜访一位。

Date / 5月13日

专心致志

专心就是全神贯注地注视着生活,随时发现其中令人心动的美。做事情时如能专心致志,你的身心便融入其中,变得物我合一。此事一旦完成,你又开始着手彼事,但是专注的程度没有丝毫的改变。

专心的人对周围每个人来说都是福气,因为他们从不会心不在焉、若即若离。而在实际生活中,跟我们打电话聊天的人往往边聊边写邮件或者打鸡蛋。一心二用是我们惯常的做法。但你要是能心无杂念,把全部精力倾注于一个人身上,你一定能锦心绣口、字字珠玑。

让我们每天至少专心一次吧,只一次而已。倾听朋友的诉说,观赏鲜花的花瓣和枝叶,观察从路边冒出的热气,电扇吹出的微风,玻璃杯上的氤氲,每天只需要专心做一件即可。在这么做的时候,你就是在真实地生活,而不只是一个过客。于是时间放慢了脚步,你的生命变得充实。专心,你在带给别人福气的同时,自己也能获得福佑。

多爱自己一点

我每天都专心致志地体会生活。

Date / 5月14日

文　胸

年过30的女人，除非做过隆胸手术，否则极少有人能挺得像受训点名时的新兵。即使年龄、地心引力、体重波动、生育哺乳没能让乳房下垂，等到后来荷尔蒙分泌水平降低，它们便也在劫难逃了。有些女性要么什么也不戴，要么只戴最轻薄舒适的，对文胸根本不当一回事儿。但是我觉得，戴文胸很舒服，还能让我重温年轻时的感觉。

文胸必须大小合适。但你又怎么知道它合不合适呢？首先它的后背部分不能往上缩，罩杯才能够托起胸部；后面的带子不能勒进肉里，罩杯不会因为太大而起褶皱，也不会因为太小而罩不过来；不能宽松得一弯腰乳房就逃逸出来，也不能箍得太紧，让人感觉不舒服。

要买到合身的胸衣仅仅知道尺码可不够，毕竟尺寸并不是绝对统一的。不同的品牌尺寸不一样，运动型胸衣要比普通胸衣小一些。另外，跟5年前相比，即使你的体重没有变化，胸罩的尺寸肯定也不同了。女式内衣店和百货大楼里有专门帮人挑选胸衣的人，她们可以帮助你买到适合的尺码和样式，而且不收分文。

尽管文胸能帮你保持较好的体形，有时还是不戴为好。乳房是我们身体的器官，不能整天都处于禁锢和压迫中，睡觉时一定要脱掉胸罩。既然白天大部分时间都穿着底下带钢圈的矫形胸罩，那么晚上不出门，周末休闲时，不妨穿戴质地柔软的文胸。

洗文胸的时候可以倒一点洗发香波，然后再用手搓洗。这样能延长文胸的使用寿命。不错，我说的就是香波。有些超级喜欢文胸的人除了香波，别的一概不用。但是无论你保养得多么仔细，文胸早晚都会变形，需要买新的。除非你情况特殊，实在买不到合适的尺寸，或者做过乳房切除手术需要定制特殊的文胸，否则不要购买太贵的文胸。便宜的文胸我们舍得常买常换，贵的往往穿得变形也舍不得丢弃。

> 多爱自己一点
>
> 下次买文胸，一定要我专业人士帮忙。

Date / 5月15日

今天休息

Date / 5月16日

给心灵馈以艺术的美食

去年的某一天，19岁的女儿从学校回来，眼睛亮晶晶的，和平时不太一样。"你猜怎么着？"她迫不及待地说："劳拉的父母给她弄了几张今晚的门票，看Met的演出，我也一起去！"原来她知道自己将要享受一顿精神大餐，所以才这么兴奋。我想哪怕当晚有暴风雪突袭，哪怕城市陷于重围，我也会毫不犹豫地说："去吧，好好享受去吧。"

有太多的人任由自己的心灵饱受饥渴之苦，最后甚至患上了厌食症。他们要么是太忙顾不上，要么是不舍得花那份钱，要么是觉得这事不如别的重要。其实，如果我们能妥善照顾自己的心灵，所耗费的那点时间和金钱反而是用在了刀刃上，反而能给我们带来更多的时间和金钱。我们要是把灵魂放在高于其他杂务的位置上，处理杂务时反而会觉得精力更加充沛，效率也更高。灵魂的盛宴包括下列几道大菜：音乐会，电影，艺术品，林中徒步旅行，等等。这些也是世人最不重视的美的享受。倘若你只是偶尔慰藉一下心灵，可能一时看不出有什么变化。要是提高频率，定时定期地给心灵以美的享受，你会发现，时间开始倒流，生命变得更丰美了。

看看你下周的日程表，如果没有给心灵留下一点享受的时间，一定要安排一次。以后每天都要给你的心灵喂一点好吃的，比如在家或开车时，打开收音机，收听自己最喜欢的音乐；回到家里放上一张CD，聆听让你激动抑或沉静的乐曲，甚至跟着哼唱两句；步行或开车时注意沿途风景优美的地方；不论是在办公室还是家里，摆上一些漂亮的装饰品和工艺品来美化环境；阅读诗歌、散文、小说等文艺作品，随之欢笑悲戚；拥抱你的孩子，哪怕他们已经长大，不想再让你抱了。

多爱自己一点

本周要为自己的心灵安排几次外出，要让心灵浸泡在艺术和大自然中，从中汲取美、力量和灵感。

Date / 5月17日

漂亮的腹肌

效率中蕴含着美，而锻炼腹肌就是有效地利用你的时间和肌肉。曲体运动可以防止身体的前部和中部变得臃肿肥胖，但腰部要是足够强壮的话，就能为下部脊柱提供天然的支撑和保护。结实的肌肉让人显得很年轻，而健康的脊柱则能保障人的生活质量。背部疾患给人带来诸多烦忧，仅在美国一地，一年的医疗费用就高达260亿美元。

曲体和仰卧起坐主要锻炼腹肌。侧弯和侧拉能锻炼腹斜肌，重塑腰部曲线。向后曲体和前踢腿的动作锻炼下部腹肌，缩减小腹部的赘肉。脂肪最容易堆积在腰腹部，一旦堆积形成，就需要进行有氧锻炼（详见3月16日），甚至在锻炼之余还要节食。虽然如此，强壮的肌肉能美化任何人的腹部。你要是愿意躺在地板上做仰卧起坐的话，出门快步行走也不是什么难事了。

以下是你能在几分钟之内完成的腹部练习方法，节选自约翰·普莱斯的《随时随地做运动》一书。

☆**曲体** 仰卧，屈膝。双手在胸前交叉，或者两手枕在脑后，两肘向外。头颈放松，深吸一口气，呼气时收紧腹部肌肉，并借力依次抬起胸部、肩部，要是可能的话，让肩胛骨离地。上身的姿势要保持2秒钟，然后再用4秒钟的时间慢慢落回地面。自始至终头颈部都要放松。以上动作要重复8~12次。

☆**曲体转身** 右脚跟搭在左膝盖上，右手扶住右侧大腿。起式跟常规的曲体动作一样，但是半途要向右侧转腰，然后朝右膝盖依次抬起胸部和肩膀。慢慢落回地面。以上动作重复8~12次后再换到左侧。

☆**高难度反向曲体** 仰卧，两腿上举，两臂平放在体侧，掌心朝下。呼气时，两脚慢慢向头部方向靠拢，收缩腹肌，带动你的臀部稍微离开地面。回到起式，然后重复8~12次。练习时一定要用腹肌发力，不要用手强行上推，也不要摇晃两腿以达到动作要求。

现在你知道该如何减少腹部赘肉了吧。晚上上床之前，请在房间正中央铺开瑜伽练功垫。第二天早晨从卫生间出来，路过垫子时，就可以趁势躺上去，做几个瑜伽伸展动作，然后就是上文提到的锻炼腹肌的健身操了。等一会儿洗澡的时候你一定特有成就感。

> **多爱自己一点**
>
> 要正确对待小腹。首先要亲近它，不要成天对着它抱怨："我讨厌这个小肚腩！"相反，你要知道这个部位很有用处，能屈能伸，还大度能容。其次，给自己制订一个腹部锻炼计划，就算是给你留的家庭作业吧。每周最好能做4次腹肌锻炼，其实腹肌天天练都没问题。要想了解更多内容，请登录网站 www.joanprice.com。

Date / 5月18日

为自己做点小事

作为朋友,我想郑重地奉劝你一句:不要忙过了头。其实人很容易忙昏头的,比如你读这本书的时候,肯定每件事都想要尝试一下,结果根本忙不过来。你我要是生活在一个完美的世界里,你大可以凡事都力求完美。但我们的世界并不完美,所以你我也无须孜孜以求了。

其实,为自己做一点事情才是最重要的。你可能听说过全息宇宙的理论。根据这一理论,凡是能影响局部的行为都能够影响到全局。而我们挽留青春的行动就是如此,即使各项活动你不能逐一身体力行,仅做其中某几项照样也可以改变你的全部生活。运动就是一个很好的例子,它能帮你振作精神,改善免疫力,增强自尊心,还能让你头脑清醒,皮肤干净,肌肉结实,骨骼健壮,塑造优美形体,强健心脏功能。而运动只是一个局部而已。此外,讲究健康饮食,充实内心世界,多多喝水,抓住每个时机,正确看待自己的年龄,所有这些都跟运动一样,具有影响全局的效力。

要是不能面面俱到,不要紧。只需为自己选择其中一项,情况就会大有改观。

多爱自己一点

我为了健康每一天都在采取行动。有时候这就已经足够了。

5月

Date / 5月19日

植物化学物质

你要是觉得心脏病、糖尿病、癌症和高血压是邪恶恐怖的妖魔鬼怪，那植物化学物质就是能专门斩妖除魔的卫士。植物化学物质是植物中存在的多种化合物，个头虽小，可威力强大，能够预防好几种退化性病变和多种癌症。它们常见于蔬菜水果、全粒谷物、豆类、坚果和种子、茶叶，以及紫苏、姜、甘草、薄荷、牛蒡等草药当中。

现在市面上有很多专门补充植物补化学物质的药片，但截至目前，已经发现的植物化学物质有上千种，一枚小小的药片又能补充多少呢？要想摄取各种各样的植物化学物质，最好的办法就是每天多吃各种蔬菜。环境毒理学家罗伯特·黑塞瑞尔博士在他的《食疗防癌》一书中，把几组常见的食品清清楚楚地列了一张单子，并称之为"超级八大食物组合"。你每天的饭桌上要是能有下列食品，就能把那些讨厌的退化性病变拒之门外了。

超级八大食物组合：

☆**葱类组合** 葱属植物，大蒜，韭葱，细香葱，芦笋。

☆**十字花科组合** 卷心菜，花椰菜，西兰花，甘蓝，芥蓝。

☆**坚果和种子组合** 南瓜子，芝麻粒，核桃仁。

☆**禾本组合** 小麦，黑麦，玉米，燕麦，大米。

☆**豆类组合** 黄豆（豆腐），四季豆，豆角，豌豆。

☆**水果组合** 柑橘类水果，各种浆果。

☆**茄科组合** 灯笼椒，番茄，土豆。

☆**伞形花科组合** 胡萝卜，白萝卜，芹菜。

根据季节和市场供应，食物要变换花样，但是各组合中的蔬菜每天最好都要吃一样。这其实并不很难，比如说：

☆**早餐** 燕麦粥（4），蓝莓（6），碎胡桃仁（3），半只葡萄柚（6）。

☆**午餐** 胡萝卜姜汤（8），全黑麦曲奇饼干（4），生吃花椰菜和西兰花（2），豆酱（5）。

☆**晚餐** 蔬菜沙拉，全麦面条（4），配西红柿、大蒜、洋葱做的杂菜调味汁（7），素肉丸（5），烤大蒜（1），红酒或葡萄汁（6）。

> **多爱自己一点**
>
> 接下来的几天注意一下自己的饮食，看自己吃的果蔬是否全面。

Date / 5月20日

勇敢之美

人生中有一个阶段，人会因为头发、皮肤、身材的状态而美丽动人。但是到了另一个阶段，人要想美丽动人就得有所付出了。上了年纪之后若想美丽如故，就必须拿出勇气，该做什么尽管去做，不要害怕退缩。遇到事情的时候，年轻人也许会打退堂鼓，你却必须知难而上，从容应付，勇闯难关。这些可比穿衣打扮困难得多。

日常生活中，有些事情人往往能拖就拖，比如看牙医，整理文件，利用周末打扫车库。如能知难而上、勉为其难的话，勇气就能一点一滴地积少成多。收到信件后，发觉其中一封里可能装着预示着麻烦的律师函，另一封里是生日贺卡和支票，那就先拆律师函再看贺卡吧，慢慢你就会勇敢起来了。你本来害怕老鼠、异常的响动和老板，但是厨房有了老鼠敢于上前去打，门廊里有异常响动敢于过去察看，见了老板的时候不卑不亢，你就可以算是非常勇敢了。

平时借助小事情来锻炼自己的勇敢和无畏，等到需要拿出勇气时，你就知道该怎么做了。若把勇气说成一种美好的品质，可真是小看了它。勇气是生活中必不可少的东西。无论是你还是你的亲人，病痛降临时，你需要拿出全部的勇气、毅力和决心来战胜疾病。敬爱的人去世时，你可以委靡不振，也可以重振旗鼓，而勇气是你重新振作的关键！勇气需要历练，需要榜样。有些情况下别人需要拿出十二分的勇气，而你只需要一分。你若肯伸出援手，若能克服恐惧尽应尽之责，便能变得勇敢。你要是对某一伟大事业、运动或计划怀有信心，你的勇气便会源源不断。

> **多爱自己一点**
>
> 在接下来的24小时里，要是有机会变得勇敢，一定不要错过机会。

Date / 5月21日

冥想与返老还童

有一项研究表明，每天进行冥想的人，要是能够坚持5年或5年以上，其生理机能要比没有冥想习惯的人年轻12岁。整整12岁呀！生理机能的衰老表现在以下几个方面：短时记忆，视觉和听觉的灵敏度，血压，胆固醇含量，以及关节的灵活性。你想想，不管是谁，只需安静地坐一会儿，这么多方面就全都能得到改善，不是很好吗？如果你改变饮食习惯有困难，坚持锻炼又缺乏毅力，那就席地静坐吧，坐着坐着人就变年轻了。

冥想跟思考、做梦、熟睡一样，仅仅是人意识的一种状态，不需要为此而改变宗教信仰（或者接受一种信仰）。它简单易学，不费分文（除非你自愿拜师听课）。冥想是最好的减压方法。最新的研究表明，人通过冥想能减少导致情绪低落的皮质醇的数量。但它唯一的缺点是需要花一点时间，还需要你有较好的自控力。但想想它能让时光倒转12年，这又算得了什么呢？

当然，冥想的主要目的可不是为了降低血压。通过冥想，我们能将自我（ego self，你心目中的自己）与本我（eternal self）相连通。要是你能使二者协调，并每天练习，内心就会充满宁静与勇气。于是，生活的烦扰不再令你急躁，自然也无法摧残你的容颜。

冥想的时候，可以舒服地坐在床上、椅子上，或者盘腿坐在地板上。脊背要挺直，双手放在大腿或膝盖上，同时注意自己的呼吸。但冥想可不是一种呼吸练习，而是一种观看练习。观看就是冥想，亦即佛家所谓的"将心与德相融合"。你要是嫌静坐太枯燥的话，可以挑一句喜欢的话语，随着每一次呼吸默默朗诵。比如梵语中的"唵"，据说宇宙万物都生发于这个最为原始的声音。

为了让时光倒流，我建议每天花10分钟的时间冥想。在对冥想功效的研究中，大多数的研究对象都是印度超在禅定派的人士，他们每天早晚冥想两次，每次20分钟。这个目标当然值得我们努力，但刚开始的时候，能抽出10分钟的时间来冥想也未尝不可。在精神领域里时间的概念毕竟不是那么明晰，有一句话说得好："冥想就是忘记时间的存在。"

如果你以前接触过冥想练习，但没能坚持下来，我建议你再从头开始。毕竟今时不同往日，你以前所缺乏的自控能力和耐心在这期间也许得到了提高，何不借助它们进行冥想练习呢？如果你尽了最大努力仍然不行的话，不妨换个方法，把这段时间用于写日记，阅读名著，思考一些深刻的问题，同你视为精神导师的人对话。或者趁着游泳、散步的时候，放松心灵，任自己在"既松弛又警觉"的冥想境界中徜徉。也许有人要告诫你，说只有标准的冥想坐姿才能起作用，但我们凭着丰富的阅历，肯定明白"条条大路通罗马"的道理。

> **多爱自己一点**
>
> 最好能在早晨留出10分钟的时间，专门用来静坐冥想。冥想的方法可以是你熟悉的，也可以是本文中介绍的。如果不喜欢冥想，可以代之以祷告或写日记，但要每天进行，而且时间最好能固定。

Date / 5月22日

维生素 C

每天早晨喝一杯橙汁固然很好，但并不能为你补充足够的维生素 C。维生素 C 具有多种多样保持青春的功效，最好每餐都食用富含维生素 C 的食品，然后再补充维生素 C 片。除了柑橘类的水果之外,以下食品也富含维生素 C:哈密瓜、甜椒、浆果、番茄、猕猴桃,还有花椰菜、甘蓝等绿叶蔬菜。

维生素 C 能减少有害的低密度胆固醇 LDL,增加有益的高密度胆固醇 HDL,帮助清除血管壁上附着的脂肪性残渣。它可以增强免疫功能,改善血液白细胞的活动(它会随着衰老而逐渐衰退)。此外,维生素 C 还能使人精力充沛,协助分泌某些化学物质,让人的思维更加清晰,并有助于保持牙龈健康,预防癌症和肺部疾病。维生素 C 也是骨胶原蛋白形成所必不可缺少的物质。而骨胶原蛋白能使人的皮肤健康、富有弹性。

维生素 C 是水溶性的,不能像脂溶性的维生素 A、E 那样能储存在身体里,因此必须每天补充大量的维生素 C。要是服用维生素 C 片的话,一天的摄入量最好分两次服下。研究表明,维生素 C 每天补充 250 毫克即可,能补充 1500 毫克更好,但是超过 1500 毫克就没有必要了(除非是遵医嘱)。

如果服用高纯度的维生素 C(即抗坏血酸)让胃感觉不舒服,市面上还有缓冲型的。要是不喜欢吞药片,还有咀嚼型等其他类型。现代人凡事都推崇天然,但是研究结果没有表明,天然形态的维生素 C 比人工合成的效果更好。大家不妨购买便宜的维生素 C 片,省下钱来去购买用有机方法种植的新鲜草莓。

多爱自己一点

今天每餐都要吃些富含维生素 C 的食物,明天、后天也是如此,直至养成习惯。

Date / 5月23日

"机会岁月"

整形外科医生和专门帮助我们延长青春的医生，认为40~60岁是"青春走廊"，是采取行动留住青春的最佳时机。无独有偶，印度的长寿学也认为：人的青春终止于60岁。要想为以后的岁月"购买健康保险"，明智之举就是在60岁之前调理好身体，保持健康。所以，所谓的"机会岁月"就是指40到60岁之间的岁月。在这期间，衰老已经初露端倪，但还不太厉害。通过我们的努力，各种衰老的表现，有些可以逆转，有些可以暂时终止，至少也是被延缓。

比如，在这个期间只需要调整饮食，就可以防止2型糖尿病的发生。但要是错过机会，以后治疗起来就困难重重了。想要做面部拉皮手术的女士，50岁做显然比等到70岁做要容易得多。总之，以前人们觉得人生登上顶峰后就要走下坡路，现在却发现前方还有一段"机会岁月"等着我们，这难道不令人欢欣鼓舞吗？

虽然如此，我并不是说60、70、80多岁的人就没有机会变得年轻了，其实机会始终在你的身边。我们的身体和心灵具有惊人的反弹能力。不久前我看过一项跟踪研究报告，说一组90岁的老人做完力量练习后，肌肉的可塑性好得惊人。这就说明，机会岁月是无限延展的，只要你想，机会就会有的。我觉得心灵也具有延长"机会岁月"的作用，应当妥为利用。今天的青春箴言就是为此而专门设计的。从严格的物理意义上来讲，越是接近实际的"机会岁月"，就越能以较少的努力获得最大的益处。你要是正好处于这个阶段，可千万不要浪费机会哟。如果你有朋友跟你同龄，却还没有意识到这段时间的重要性，一定要提醒她们才对。

> **多爱自己一点**
>
> 我正处于机会岁月，我要好好地加以利用。

5月

Date / 5月24日

悬挂你儿时的照片

你要是有子女,家里和办公室最显眼的地方一定会挂上他们的照片。你要是有孙子孙女,更不得了了,你会满墙满屋都贴上他们的照片,简直要把家里布置成一个摄影展厅了。置身于这些照片中时,你觉得自己有多大?3岁、6岁还是14岁?但是,在显眼的地方,一定别忘了至少应该挂一幅你自己小时候的照片。它会时刻提醒你是谁,你的本我曾经是一个小女孩,如今已是一位妇人,拥有经年的阅历和深邃的见地供你随意挥洒。快去找一幅自己最喜欢的儿时照片,把它挂在墙上,摆在写字台、梳妆台上吧。

看见照片上童年时代的自己,会产生一种认同感,将她视为你现在生命的一部分。每天看上几眼,能帮你记得自己年轻活泼的一面,让你明白自己不仅仅是个60岁的妇人,还是个有着深刻智慧的6岁女孩。

多爱自己一点

利用周末或者抽个傍晚,翻翻老照片,至少要挑出一幅儿时的照片,配上相框后挂在你能随时看见的地方。

Date / 5月25日

音乐疗法

音乐能使人放松,增强活力,振奋精神,提高情绪。这些,20年前我就知道了。当时我在凯斯特出版社做助理,帮助哈尔·林格曼校订《音乐的疗效》一书,所以了解得比较系统。后来我在怀孕、养育女儿期间一直按照书中的建议听音乐,算是获得了亲身的体验。再后来我忙碌起来,音乐又退居次要位置,成了生活的背景音乐。直到有一天,我重新发现,要想消除岁月的侵蚀,摆脱生活的诸般烦恼,音乐才是最妙的方法。

我喜欢配上歌词的音乐,所以我非常爱听音乐剧。在一个星期三的下午,我第一次去看《剧院魅影》,居然铭心刻骨地体验到了脱胎换骨的滋味。歌声一首接一首地传入我的耳中,我感觉自己的意识也随之起了变化。等到演出结束的时候,我心中豁然开朗,有些事情虽然没有细想,却忽然开窍了。我知道现在交往的男友跟我不会长久;我知道我早晚会搬到纽约定居;我知道我的生活还没有真正开始。结果呢,我和那位男友又交往了两年就分手了,而我搬家到纽约也是六年之后的事情,但是命运的巨轮早在那个周三的下午就开始朝着这个方向转动了。

虽说现场音乐的感染力无与伦比,但是播放CD版的歌曲,如《悲惨世界》中的"你能否听见人们的歌唱?"《星光快车》中的"只有你";《吉普赛》里的"某些人",每次听到这些乐曲,我都觉得没有什么事情是不可能的,没有什么事情是我做不到的。这些歌曲能令人缓解疲劳,恢复体力,按照林格曼的标准可以叫做"欢快的歌曲"。下面是他特别推荐的音乐,我觉得无论谁听了都会感觉更轻松、更自由、更年轻。

☆**精力充沛型** 舒伯特的《军队进行曲》,柯普兰的《为普通人而作的鼓号曲》,门德尔松的《仲夏夜之梦》序曲。

☆**思维清晰型** 巴赫的《勃兰登堡协奏曲》,韩德尔的《水上音乐》以及巴洛克的弦乐(由泰勒曼、托雷利等作曲。)

☆**排解恐惧、哀伤和郁闷型** 海顿的长笛四重奏,苏萨的进行曲,德彪西的《大海》,圣桑的第三交响曲"管风琴",它的终曲荡气回肠,让人久久亢奋不已。

☆**翩翩起舞型** 德沃夏克的《斯洛文尼亚舞曲》,柴可夫斯基的《天鹅湖》和《睡美人》里的舞曲,肖邦的华尔兹舞曲。

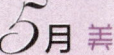

要是想随着乐曲翩翩起舞，那就尽情地跳吧！

多爱自己一点

留心看音乐能给你的身心带来了什么样的影响。今天听的一首乐曲要能够深入你的内心世界、让你觉得世界更加美好。甚至可以把自己最喜欢的乐曲收集起来，刻在一张CD上。

Date / 5月26日

特大新闻：原来大多数女人长得都一样

玛丽琳是经朋友介绍才认识我的。我们第一次会面的地点就选在曼哈顿的一家生食饭店。刚一见面她就说，街对面有一家俄式浴室，想不想先洗个澡，然后再吃饭？于是我们就去洗澡。纽约东村是曼哈顿一个嬉皮士经常出没的区域。那里的"俄式和土耳其式浴室"建成于19世纪，早已黯淡了昔日的辉煌。那天早晨我们先去独特的蒸汽房发汗，再勇敢地跳进冰水池，最后又享受了全身按摩。洗完以后我们觉得如获新生。

除此之外，我们还获得了个意外的收获：就是看到了许多赤身裸体但充满自信的女人。我们平时都穿戴整齐，偶尔见到的一两个裸体女人，也都是临时模特或者电影女主角的替身，所以我们总是想当然地认为，其他女人的身体都像她们那样完美。那天你要是跟我们一起进了俄式浴室，你肯定会像我一样马上改变这个想法的。我们见到的女士自然而然地赤裸着身体，走来走去。那份自信和高贵俨然是来凡间休假的女神。她们丝毫也不为自己的身体感到难堪，置身于她们中间，你会受到感染，不由地也对自己感觉满意。

你要是总因为身材而自惭形秽，那么请相信我：真正的女人都长得差不多，都跟我们类似。我们不会拿丈夫的身材与好莱坞的男星进行比较，为什么要拿自己的身材与跟那些女星一比高下呢？如果你不相信我的话，那就跟我一起到俄式浴室去开开眼界吧。

> **多爱自己一点**
>
> 我是个身材漂亮的女人。

Date / 5月27日

专业的皮肤科医生

大二那年皮肤科医生没能治好你的青春痘,你要是因此就再也不去看皮肤科医生,可就不对了。因为世界上很多事情都发生了改变。现在的皮肤科医生能够帮助我们检验皮肤癌,治疗红斑狼疮和湿疹,还能在我们的脸上创造出奇迹。皮肤科的医学博士一直专攻皮肤病的治疗,而美容皮肤科是皮肤科的一个下属分支,这个领域的医生致力于帮助人们美化容颜。

以前我觉得这个领域没什么实际用处。后来听了西奈山医学院皮肤系的副主任玛沙·戈登的一次讲座,我的想法便彻底改变了。戈登博士头脑清晰,讲求实际,而且自身的皮肤完美无瑕,使她的论点更具说服力。她认为,医学的其他分支能够延长我们的寿命,而美容皮肤科则能为那段额外的生命增添光彩。现在,皮肤干燥、皱纹、红斑、成人粉刺等让你的肌肤无法完美展现的小问题,都迎刃而解了。如果你面部肌肉松弛得厉害,你要么听之任之,要么去做整容手术,或者找皮肤科医生帮你的忙。

首先,使用维生素A或其他能脱皮的药物清除堵塞的毛孔,去除表面的死皮,淡化皱纹,增强皮肤表面的微循环,避免皱纹的形成。你的皮肤到底需要哪一种,你的医生会做出选择的。如果能够按照医嘱定时擦用,维生素A一项就能让你的脸看起来更年轻更有光泽。

但是维生素A也会使你的皮肤对阳光更加敏感,一定要加倍小心地涂抹防晒霜,远离紫外线 A 和 B。

要是胆子再大一点，还有保妥适（Botox），是肉毒杆菌神经毒素的一个品牌。在美国的医院里，医生常常把它注射进患者的面部肌肉里。它能让肌肉弱化或者瘫痪几个月的时间，因此无法产生皱纹。但是我依然心存戒备，这全怪我六年级的老师。她给我们讲肉毒杆菌引起食物中毒那一课时，拿了一罐鼓胀起来的泡菜罐头给我们看，让我至今无法忘怀。但是保妥适已经使用多年，而且跟踪疗效非常理想。在美容方面，保妥适主要用来消除两眉之间的皱纹，对鱼尾纹、抬头纹等面部动作引起的皱纹也有效果。有些人适量注射一点保妥适，能拉平下颌处松弛的肉皮，免去作拉皮手术之苦。

皮肤科医生还有各种各样能够注射进皮肤里的东西，它们可以填平皱纹，修复某几类疤痕，让塌陷的双颊恢复原样。这些东西包括：骨胶原蛋白，透明质酸，或者你自身的脂肪。医生会详细告诉你它们的利弊的。

此外，皮肤上的斑斑点点（如黑斑、红斑、毛细血管破裂等）可以通过漂白剂、激光或者更新的技术加以去除。美容皮肤科领域的发展日新月异，总有新的东西处在试验阶段，或者在等待药监部门的审批。

大部分的治疗在医生的诊室里就能一次完成。目前常见的治疗方法只要你找的医生经验丰富，一般非常安全，很少或者没有返工的事例。但是，过敏、出现意外结果的可能性虽然极小，却也是难免。许多人在术后仍需要长期的维护，也就是说在 3~12 个月之后要进行重复治疗。具体时间要看治疗的部位和个人体质的好坏。但是有一点要事先知道，美容治疗一般是不包括在健康保险之列的。

皮肤科医生的治疗，可以说是介于家庭自我护理和美容手术之间。有一位著名摄影师曾说过："在某一阶段，什么样的人有什么样的脸。"而一位好的皮肤科大夫则能帮你增色一二。

> **多爱自己一点**
>
> 内科医生和妇科医生你可能都找好了，皮肤科医生也应该找一个。如果还没找的话，请别人向你推荐一位。

Date / 5月28日

量身打造的运动项目

　　一项运动，只有等你喜欢上它你才能从中获得应有的益处。所以最要紧的是找一种能吸引你的、有意义的运动。人跑步是为了乐趣，跳舞是为了优美，举重是为了锻炼力量，练瑜伽是为了融合身心。如此一来，运动就不再是枯燥的机械运动，而是充满魅力的诱惑。设想你与男友跳交谊舞，跟最好的朋友跳肚皮舞会怎么样？你要是喜欢技巧加汗水型的运动，可以打网球；要是喜欢亲近大自然投身于户外，可以骑自行车；冬天可以玩雪橇滑雪、雪板滑雪、雪鞋滑雪；想要冒险的话可以学习攀岩、独轮脚踏车和杂技。健康俱乐部一直在设法推出有意思的项目，吸引人们去锻炼。要是"脱衣有氧操"和"同宠物一起练瑜伽"的课程都不能吸引你离开家门，那你就待在家里，边听音乐边骑健身脚踏车。总之要勤于尝试，直到找到自己中意的项目为止。

　　有时，由于伤病或能力等原因，在短期或长期内不能够继续你从前喜欢的运动。这时就必须寻找其他适合的运动项目。你一旦习惯了从运动中寻找乐趣，即使顶着压力坚持锻炼也不会觉得困难的。不管怎么样，要不断尝试，直到找到一种能让你既开心又健康的项目为止。选择时，不妨借鉴选择男朋友的标准：能吸引你，让你在一小时之内不感觉厌倦的就行。

> **多爱自己一点**
>
> 　　反思一下自己的运动项目。你是否真的喜欢？你是不是渴望进行这项运动？你觉得能长久坚持下去吗？如果不行，不妨扩展视野，试试别的运动。要给自己留下足够的选择余地。这样，运动就会像自助餐一样丰富多彩了。

Date / 5月29日
随时保持衣饰整齐

翻辞典,能查到许多整洁的反义词:邋遢、懒散、肮脏、污秽、褴褛、难看、破旧。把它们一一列出来,就能体会邋遢是多么的触目惊心。邋遢能让20岁的姑娘显大,让40岁的女人显老。每当你任由自己陷入邋遢的状态时,你都会有意无意地感到自己邋遢、懒散、肮脏、凌乱。但是在别人的眼中,你的形象却是老迈、孱弱、病得连打扮的力气都没有。其实我们希望的却是精神矍铄、身体健康地活到100岁。

谁都不会故意当众展示自己邋遢的一面,但是一个人独处的时候,往往会原形毕露。这是因为我们觉得家是我们放松身心的最佳场所,还因为我们把邋遢与松弛、自由、随意搞混了。不错,人人都需要回到家后,解除盛装的束缚,摘掉勉强做出来的面具,做回真正的自己。这时自己是否"破衣烂衫,邋遢难看"我们已经毫不在意了。反正不论多么邋遢,只要我们能干净体面地出现在众人面前就够了。其实这种想法的实质就是邋遢,绝对不是我们想要的态度。在我们自己的心目中,我们应该是松弛惬意的、亲切随和的、悠然自得而又随心所欲的,但绝对不应该是邋遢的。

要想避开邋遢的陷阱,可以参照以下的方法:

☆确定自己的休闲风格:从镜子前走过时,如何才能让自己穿得舒服,穿得悦目,又不至于感觉拘束?

☆衣服中凡是破旧的、污渍无法洗掉的,都拿来当抹布。

☆买几件家居服,别把旧得穿不出门的衣服拿来敷衍。

☆学会欣赏自己素面朝天时的美丽。尝试一下,看看有什么方法能让你只需稍加修饰,就可以显得既好看又不造作。有的人可能只需涂点唇彩,有的只需要一点保湿霜和睫毛膏。

☆想想松紧裤是否适合你?有人喜欢它的舒服,有人嫌它太肥大。

> 多爱自己一点
>
> 看看你在家常穿的衣服，把旧得不像样子的都丢出去。

Date / 5月30日

今天休息

Date / 5月31日

每天都要变得优雅一点

年轻的时候，最最重要的就是一个"酷（cool）"字。但是年过30以后，除非你做了摇滚乐人，否则"酷"字就应该让位给"雅（classy）"字了。虽然优雅的气质一眼就能看出来，但它无法伪装，也不能用来炫耀，因为它是内在的。跟大多数人的想法相反，我们所说的优雅（classy）与社会经济学意义上的阶级（class）毫不相关。生活富裕的人，优雅不是什么难事，却也更容易因为不够优雅而丢人现眼。田纳西·威廉姆斯曾经说过："能凭着自己的勇气从容优雅地度过逆境，才能获得显赫的社会地位。"我很喜欢其中"勇气"和"从容"两个词。二者在我们的

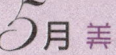

生活中展现得越多,我们就会变得越发优雅。

那什么是优雅呢?别人夸夸其谈的时候,你有话却保持缄默,因为你懂得话不需要都讲出来,这时候的你就很优雅。你帮助了一个人却对他人隐瞒真相,因为你不想借此赢得他人的表扬,这时的你就很有风度。你出错的时候敢于承认错误,正确的时候不要求他人的认可和夸奖,无疑也展示了你的优雅。

我觉得现在的你就已经堪称优雅大方了,但是,我仍然要鼓励你让自己每天都变得优雅一些。你遇到的每个人,包括街上偶遇的人,给你打电话的人,都是使你变得优雅的机会。越是难缠的人对你的帮助就越大。

多爱自己一点

我是一个优雅的人。

June
6月 开心快乐

Date / 6月1日

开心快乐没有错

今天学校放假喽！虽然走出校门已经很多年，到了这一天我依然会兴奋异常。其实凡是进过学校的人，都会觉得6月是一段快乐的时光，可以尽情戏耍、游戏。所以，在6月里我们要敞开心扉，让心中充满欢愉和快乐。奥斯卡·王尔德说过一句名言："对快乐的极度渴望是青春常驻的秘诀。"遗憾的是，许多人在潜意识中仍然固守着清教徒式的观念，认为人不该贪图安逸享乐。拼命工作？好的！休息一个下午？不行！跑步一英里？应该！按摩一下？绝对不可以！

其实这种观念犯了个逻辑错误。人的身体需要有张有弛，需要活动也需要休息。同样，由身体、心灵、精神组成的你，既需要工作也需要娱乐，既需要精心安排时间也需要摆脱时间的束缚，既需要全力以赴的付出也需要理所应当的享乐。所以，在6月份里，你的任务就是改变自己对快乐的看法。要想一想快乐在增进健康、丰富生活方面都起了什么作用。平时要更加重视它一些，适当的时候甚至可以全身心投入其中。比如在沐浴的时候，当身体浸入温暖的水中时，别忘了让你的心灵也感受一下那份舒适和快乐。

快乐不仅仅是感觉很好，它本身就是好的。你工作已经很努力了，要是能用快乐加以调剂的话，一定会让你青春常在的。

多爱自己一点

我允许自己享受生活的快乐。任何一种乐趣我都要品味。

Date / 6月2日

举办睡衣晚会

倘若我们整天忙着从事年轻人的事情，又怎么会有时间变老呢？任何一种你喜欢的嬉戏玩乐都可以算是年轻人的事情。而其中最好玩的，当数睡衣晚会了（译者注：通常是小姑娘们聚在一起通宵闲聊）。听起来荒唐吗？一点也不。下次再有朋友来家小住，或者你去看朋友的时候，机会就来了。要是你和姐妹（亲如姐妹的密友也行）住在一起的话，不需要费心营造气氛，晚会的气氛就很融洽温馨了。我们和知交好友待在一起时，一切装饰面具都卸了下来，每个人内心深处那个小女孩状态的自我便会浮出水面了。

你也可以专门举行一次睡衣晚会。下次家里只剩下你一个人的时候，邀请两三个愿意参加的朋友，痛快地玩一个晚上，或者干脆玩通宵。大家可以聊天，看租来的搞笑影碟，听CD音乐，跳舞，换穿衣服，互相剪指甲、搓背，做面部护理，或者找些旧杂志和纸板，每人把自己的希望和梦想都剪下来做成贴画（详见1月24日）。

成年女性举办睡衣晚会，目的并不是为了怀旧，让往日重现，而是想借那段时光的无忧无虑来冲淡现在的肃穆和沉重。人在开心嬉笑的时候，体内会产生一种让人恢复青春的化学物质。人要是能像孩童般地戏耍，只要适时适当，等于是在告诉自己的细胞和灵魂：你其实还是个小孩子，它们需要为此做出相应的调整，也就是让衰老放慢前进的脚步。

多爱自己一点

对睡衣晚会进行一番筹备。给几个朋友打电话，问她们是否愿意参加你办的睡衣晚会。一旦确定了人员名单，就不能打退堂鼓了。你要是参加了一个青春强力组合，举办睡衣晚会是最好不过的小组活动了。

Date / 6月3日

古玩摆件

在自己周围摆上一两件年代久远的东西，尽管逝者如斯，你仍会觉得现在很从容镇定，将来还遥遥无期。比如，把几世同堂的全家福照片拿出来，挂在显眼的地方；在书桌上摆一只老式的自来水笔，一沓厚实洁白的信纸；衣橱里挂几件复古样式的衣服；随处摆一两件古董，几件手工艺品，哪怕它是上个星期才雕刻出来的赝品，其材质和工艺依然是古旧的。寥寥几样东西，就能够把现在与过去调和在一起。

移居他乡的游子为了寄托思乡之情，眼前总要摆上家乡的纪念品，睹物思乡。岁月流逝，我们在家里摆上几件不同时代的纪念品，同样也可以慰藉自己。我曾在距离英格兰十万八千里的印度，看到了有点怪异的英国乡村的景物，原来是在殖民地时期，由移居印度的英国人修建的。他们出于思乡之情，愿意在他乡重现家乡的风貌，只不过修得过于完美，超出了实际才略显怪异罢了。我们也可以借前辈留下的古物和纪念品，效仿那些英国人的榜样。但是我们一定要牢记，这些东西是另一个时代的舶来品。那些英国殖民者也明白他们修建的英式村庄旁边就是班家罗尔（印度南部城市），而不是布里斯托（英国西南城市）。

> **多爱自己一点**
>
> 在接下来的两周之内，要找出几样古旧的或者跟古旧有关的东西来：蜡烛，自来水笔，妈妈答应送给你的祖传相片，等等。

Date / 6月4日

尽享人世间的快乐

一次，女儿埃达尔遇到了一个难关，我对她说："生活有时的确很难，但我们来到这个世界是有所追求的。""对啊，不就是为了吃嘛。"她想都不想就冲口而出。

不错，食物多么美好呀，还有性爱，还有光着脚丫踩在沙滩上的感觉。把一颗颗弱小的种子埋进松软的土坑里，到野外经受风吹雨打再回到家里烤火、睡眠、伸懒腰、冲澡，所有这些都是那么的美好。人上了年龄，经得多见得广，这些微小的乐趣可能觉得无所谓了。殊不知，这种态度危险至极，会在不知不觉之间催人老去。

人一上年纪，体能就会下降，味觉不再灵敏，性欲也消失殆尽，身体的病痛超过了肉体的享乐。但有些人却是例外，活到八九十岁照样精神矍铄。在生活中他们追求智力和精神上的享受，同时也不放弃平凡世俗的乐趣。对生活满怀兴趣肯定能延年益寿，好比对主妇殷勤有礼的客人能备受主人的礼遇一样。

我们要是能时时探索自己内心的奥秘，又不辜负每一个良辰美景，不错过每一次花谢花开，不枉负每一次激情浪漫，我们在这世上怎么可能活得不长久不快乐呢？一颗青春洋溢的心不仅能顽强地跳跃在这个星球上，还能每时每刻享受着生活的盛宴呢。

多爱自己一点

今天我生活在一个感官的乐园里，我要纵情享乐。

Date / 6月5日

把新鲜水果当作饭后甜点

跟大多数人一样我也爱吃甜食。水果满足不了我对甜食的渴望时，我就吃糖或者添加了甜味剂的食品。记得我节食那段日子，馋得把甜味剂和香草精掺进奶酪里当布丁吃，真是可怜啊。你要是打算在21天里戒食太甜的食物，吃糖的欲望便可以靠吃新鲜水果来满足。所以不妨试试在3周之内不吃任何甜食和咖啡伴侣，改吃新鲜水果。最好的水果应该是成熟诱人、有机种植的时令水果。假如你是个超级甜食爱好者，一开始，可能会不适应。坚持下去，不到1个月，你就会喜欢上芒果、橙子、樱桃、浆果等各种水果。

我也不是要你一口甜食都不吃。遇到特殊场合时，可以做些不常做的事，吃些不常吃的食物。但即使在这些特殊场合，最好也坚持吃以水果为主要佐料的甜食，它的甜味都来自于水果干、槭树汁等。我喜欢比较天然的甜食，如：烤苹果、水煮梨、蓝梅馅饼、草莓蘸巧克力或水果沙拉，简直是此物本应天上有，人间难得几回尝。

多爱自己一点

在接下来的3周里用新鲜水果代替甜食，这个季节正好可以养成吃水果的习惯。

Date / 6月6日

被绿洲围绕

大家都知道喝水对人体有多重要,可惜很多人做不到及时饮水。不是忘了喝水,就是被摆在面前的其他饮料所诱惑。要想解决这个问题,关键就在于让喝水变得简单易行。所以,我们要在自己的周围营造出一个个的绿洲来。

☆**在厨房中、冰箱里、写字台上都摆上一大罐水** 人总是喜欢省事。冰箱里要是有现成的冰镇可乐,我们自然会拿来喝。但要是有一杯水正好放在我们面前,不管里面加没加柠檬汁,我们都会喝下去的。

☆**准备一瓶水路上喝** 要效仿别人的榜样,随身携带一瓶水。每天买一瓶水当然可以,但要是用旧瓶子从家里带水的话,既省钱又环保,何乐而不为呢?上班,外出办事、散步、去健身房,都可以从家里带瓶水去。有研究发现,50%的健身者在开始锻炼以前,体内已经处于缺水状态了。

☆**餐桌上放一瓶水** 外出吃饭时,要一瓶蒸馏水或者苏打水放在桌上,这样同桌吃饭的人也能喝到健康的水了。我点的水大家都会分着喝,从来没遇到大家不领情的尴尬局面。

☆**咖啡+水** 如果你平时爱喝咖啡、红茶甚至是可乐,下次买咖啡时别忘了再多买一瓶水。反正要养成一种习惯,只要喝的东西里含有咖啡因,同时一定要喝些水。

☆**点名要水喝** 别人问你想喝什么的时候,一定点名要喝水。即使人家不问你,也别不好意思,还是点名要杯水喝。参加聚会的时候,要选择矿泉水,或加柠檬汁的苏打水。最多第一杯的时候喝酒,接着就喝水。每喝下一杯含咖啡因的饮料,就要赶紧喝一杯水。

以上内容只是抛砖引玉,相信你能想出更好的点子。要想越来越年轻,只靠读书可不行,还要把书里的道理付诸实践。请你在今后的生活中慢慢实践上述建议吧。

> **多爱自己一点**
>
> 从现在做起，让绿洲环绕在我们周围。列举出能让自己多喝水的方法，然后一一写下来。比如，去健身房时带上一瓶水，办公桌上放一把电热壶，外出吃饭时点名要苏打水。

Date / 6月7日

按摩——小动作，大作用

由专业的按摩师为你做一次全身按摩，就能够减轻压力，提高免疫力，缓解疼痛，并协助身体排出毒素。按摩的效果之所以如此神奇，是因为它可以加速血液循环，为全身的组织提供充足的氧气，全面放松身心。如此一来，无论身体处于何种状态，它都能够发挥出最佳的自我愈合能力。

按摩的手法也具有治愈伤痛的功效。有些人觉得自己的身体不像以前那样结实，害羞到不让别人触碰的程度。其实你决定去做按摩，就是向你的身体宣布它很重要，值得受到重视，宣布它应该得到放松、呵护与治疗。而按摩又借助身体最明了的语言——感觉强化了这个宣言。你每次去按摩，置身于宁静、舒适之中，身体就会牢牢地记住这份宁静、放松。于是，当你许久没有享受按摩的舒适时，你的身体就会提醒你，让你更好地对待自己的身体。我认识的一位按摩师说过："按摩是一种工具，供你检测自己的身体、情感和心理状况。你可能还拘泥于'触摸是生理范畴，谈话是心理范畴'的想法。但是你只要能够从中突围出来，按摩就变成了一种自我发现的媒介。"

自我按摩的效果也很不错（详见1月14日），但是专业的按摩治疗能让你的感觉更上一层楼。要是能每两周做一次全身按摩，或者一次全身按摩、一次足底按摩（详见11月29日），你的身心健康就会大为改观。每三周做一次全身按摩，同样能增强免疫力。即使每月只做一次，也说明你的身体已经成为你关注的重点。

> **多爱自己一点**
>
> 有能力的话，要预约一位专业按摩师。你家附近要有按摩学校的话，找学生帮你按摩价格会非常便宜，这些未来的专业按摩师有时也无可挑剔。

Date / 6月8日

遗传基因

毫无疑问，人类衰老的速度和程度都受到基因的影响。有些人衰老的速度超出常人，有些人则要慢一些，但我们大多数人都是介于两者之间，所以整体看来就像一根抛物线。潘妮·朱·贝尔德是我的一位朋友，她专门帮人装修房子，生有4个孩子。她虽然跟我同龄，但是看上去绝对不超过35岁。潘妮在遗传基因方面可谓得天独厚。她的皮肤洁白无瑕，而且没有肌肉下垂的现象，似乎全然不受地球引力的影响。她46岁那年又毫不费力地怀孕生了个孩子，更年期的征兆丝毫也没有出现。假如不是她肥胖、吸烟、每个夏天都像烤松饼一样任自己在太阳底下暴晒的话，我们也许无法认识到她的基因优势，或许连她自己都意识不到。潘妮的例子告诉我们：我们无法超越遗传基因规定的上限，但我们可以轻易地突破下限，甚至变得更糟。

看看自己的妈妈、祖母、姨妈，自己的基因是什么样子就知道个大概了。如果你的亲戚们不显老的话，你将来也一样。如果他们老得很快的话，你也不用绝望：那不一定是基因的缘故，问题可能出在她们的生活方式上。我的舅舅们衰老得很快，而且都早早去世，而我的母亲和姨妈都衰老得很慢。她们曾是整个家族的叛逆分子，从来不吃油炸食品，一听说吸烟有害就马上戒烟。她们的遗传基因跟兄长们的没有什么不同，但是无论自己基因的优劣，她们都给了它一个更好的表现机会。

你要是觉得自己的基因非常优异，你可以有两个选择，第一，放松警惕，在短时间内不显老；第二，悉心照顾自己，在整个余生当中都像潘妮那样成为人人瞩目的对象。然而，要是你的基因并不特别优异的话，你就要加倍善待自己，让自己的生活方式有利于延缓衰老的速度。虽然我们生活在一个充满竞争的世界里，重获青春却不需要竞争。我们每个人只要认清自己的实际情况就行，比如这位女士拥有不老的基因，但是另一位拥有的却是蔑视基因的决心。她们俩委实难分高下。

> **多爱自己一点**
>
> 我的基因极为优异，我的生活方式能让它发挥出最大的潜能。

Date / 6月9日

日省吾身

临睡前进行自我反省的做法，是读查尔斯·菲尔默的文章了解到的。他建议我们每晚临睡之前，能回顾一下白天的事情，看看有哪些地方做错了，请求上帝的宽恕并且自己原谅自己；要是我们该向某个人道歉，那就把它作为翌日早晨的第一件要务，一定要完成。当然，

我们也可以回顾自己牢牢地坚守原则的事例，即使别人没有留意到，我们也应该为自己喝彩加油。

反省非常简单，只需要一两分钟，却为你的这一天画上了句号，让你安然入睡。它还可以帮助我们了解自己，培养个性，克服恶习，褒奖优点。它可以为我们清洁生活中的垃圾，让我们不至于被自己越来越多的失误、过错所淹没。我们要是能养成每晚反省的习惯，所有的事情，无论大小都可以在24小时内得到解决。

负罪感、愧疚、拒绝和回避，只会加速人的衰老，修正、清白和同情心却可以让我们青春焕发。今晚就开始反省吧，只需占用你一分钟而已！

> **多爱自己一点**
>
> 从今晚开始,要养成习惯,上床关灯之前,在脑海里把白天的事情回想一遍。在这一时刻,对自己要多加肯定,多加原谅,明天需要改正什么都要坦然面对。白天的一切也许并不完美,但是你入睡时心里没必要压着一块石头。

Date / 6月10日

散 步

散步的好处令人惊诧。它不仅能增进健康,增强活力,还可以决定一个人在中年时期的肥胖程度。调查人员在一次调查中吃惊地发现,

美国各地的人都在发胖,唯有纽约人是个例外。你别忘了纽约的餐馆数量与居民人口之比在世界上可是排名首位的,可见纽约人是多么爱享口腹之欲。但是我们这些住在纽约的人对这个结果却一点也不感到奇怪,因为我们每天都要步行几公里之遥呢。在纽约,走路比乘出租车便宜,比坐公交车快捷。即使是乘坐地铁,我们在家和车站之间也得靠步行往返。

要是你住的地方大家都不习惯走路,那就要怪你了。只要你有能力走路,你就要开这个头,带动大家一起来走。要是别人置若罔然,你也别在意,继续走你的路。想一想,要是以你的家为起点,你能走多远?去药房、洗衣房、邮局、五金店,可以全程步行,或者部分步行吗?可以养条狗、借条狗然后出去遛狗吗?可以和一两个老友去散步,在讨价还价中和人交往吗?可以加入一个徒步旅行团,或者在大型商场里步行吗?如果非开车不可的话,不妨假设你的车是一辆崭新的美洲豹,决不能让别的车靠近它半步,那你或许会把车停放在尽量远一些的地方吧。

散步的时候,一定要提醒自己可以行走是多么的幸运,同时体会肌肉在腿上绷紧收缩的感觉。然后加快步伐,深深地呼吸,留心你身边和身体内发生的变化。还有别忘了步行前要脱掉高跟鞋,换上旅游鞋。

> **多爱自己一点**
>
> 步行前要做些准备：买双真正舒服合脚、适于步行的鞋子；想想你家和办公室附近有哪几个地方你经常去，从今往后去那儿都要步行；选几张好听的CD带在身边，或者把自己喜欢的节奏适合走路的歌曲刻在一张CD上；找一位固定的"步友"，或者组织一个散步小组；到体育用品店去买一只可以别在身上的计步器（不超过20美元），测一测自己的实力。最好能每天走5英里或1万步。如果你同时还骑车、跳舞或游泳的话，可以少走一些。

Date / 6月11日

让自己置身于感觉美妙的地方

今年你打算到哪儿去度假？去什么地方待上一个小时或一天，可以让你没去度假却胜似度假？我们各自都有一个待着会觉得心旷神怡的地方，有的很远，一年甚至一生才能去一次，有的却近在眼前。可是无论远近，那里都能让自己重获青春。

今年的旅行季节又到了，开动脑筋想一想，哪些地方能让你感觉精神振作、青春焕发？去海边，去登山，洗豪华温泉浴，长途旅行，骑自行车，漂流？去古老的文明古国，去某个堪称购物天堂的城市？你拥有那么多不同的兴趣，也许要去一两个地方才行呢。

像大多数妇女一样，你以前选择休假地点的时候，没准儿只考虑到了别人的兴趣和需求。为了照顾孩子的兴趣而去主题公园，为了满足公婆的心愿而登门拜望，而你丈夫早就习惯了无论去哪儿都要拖上你。这些当然没有什么不好。但你19岁时如果在罗马的许愿池前投币许下过心愿，从那以后就一直盼着再回罗马还愿。在

这种情况下,你能不能考虑一下自己呢?在日记上把你真正想去的地方一一列出来,其中包括你从没去过的地方和希望重游的故地。然后就开始为旅行做准备吧。

与此同时,那些近处的地方简直就是老天对你的恩赐。超市、书店、咖啡馆、美发厅、银行、干洗店,去这家还是去那家似乎没什么关系,实则不然。这些地方都是你度过生命历程的地方,当然要挑你觉得称心舒适的一处了。

多爱自己一点

我只待在精心挑选的、感觉美妙的地方。

Date / 6月12日

性　欲

谁会想到性欲,这个先于你享有投票权以前就已经拥有的自然欲望,会像洗衣机里的手帕一样不翼而飞呢?或许你的还在,而且永远不会失去,但是对大多数女人来说,尤其是更年期前后的女人(不管是出于自然原因还是由于手术的原因),性欲就是不可思议地消失了。造成这一现象的原因大致包括:

☆**荷尔蒙的消失**　性欲最为重要的动力——荷尔蒙正在锐减。荷尔蒙包括雌激素、黄体酮、睾丸激素(不错,女性体内也有,或者说曾经也有过)。

☆**身体的背叛**　当身体出现乳房下垂、应力性尿失禁、阴道干涩、膝部关节炎等症状时,人需要经过艰苦的心理斗争才会想到性。

☆**生活方式的改变**　突然成为空巢母亲、当了祖母、离婚、寡居,甚至一些微不足道的小事,比如不能再穿高跟鞋,都会改变你对自己性感程度的看法。

☆**不再具备生殖潜力**　知道自己不会再怀孕了,有些到了更年期的女人不是因此而感觉解脱,反而会在潜意识中得出结论:既然性与生孩子紧密相连,那她们与性也没什么关系了。

☆**伴侣的原因**　或许你没有伴侣，或许你的伴侣对性失去了兴趣而你却不肯乞求对方。

那么又该如何应对呢？尽管我们没有简单唯一的答案，但是下面的这些方法可以给你提供一些帮助。

☆**保持健康就是保持性感，所以去看医生是个不错的主意**　除了传统的荷尔蒙补充疗法之外，医生还有别的办法来帮你保持性感。或许你需要的仅仅是阴道润滑剂而已。你还可以按照凯吉尔医生提倡的阴道紧缩练习法进行锻炼，既能提升自己对隐私部位的关注程度，又可以为你和你的伴侣带来愉悦。在更年期以后的女性中，让人倍感难堪的应力性尿失禁现象极为普遍。通过这个练习也能加以改善。所以还是让你的医生来帮助你吧，她是完全可以胜任的。

☆**让生活激起自己的性欲**　为了一项事业、一件事情、自己的一个创举而兴奋吧，这种兴奋与性欲相近，随着兴奋而来的就是快感。

☆**跟自己定个约会**　拔掉电话，放一曲爵士乐，充分享受自慰带来的快感。同时重新认识你的身体，触摸乳头、膝盖后部、后腰以及耳朵的轮廓。

☆**幻想**　幻想最能激起欲望。不要因为你是个规矩本分的人就望而却步。你纯洁善良是不错，但你已不再是个小姑娘了。毕竟在这个年龄，心跳停止什么的随时都可能发生，希望我这样说不会让你伤心。

☆**颂扬独身**　长期或短期的禁欲其实是一种冒险。瑜伽修习者认为，性冲动可以升华，转化成为精神发展的动力。或者你可以把这些动力挥洒在任何你寄以希望的领域：工作，开挖艺术潜力，探究生命的奥妙和意义。

多爱自己一点

蜷缩在一个舒服的地方读一本关于性的好书。

Date / 6月13日

激情燃烧的岁月

英语中热情一词"enthusiasm"来源于希腊单词"entheos",意思是"心中的神"。无怪乎人在热情昂扬时神圣感也油然而生。同时,热情还是年轻的特征。想一想小孩子吧,他们会为了一点点的快乐而欢呼雀跃:"卖冰淇淋的来了,快走啊!""奶奶寄来的卡片,我来开!""今天我在学校里表现得很棒!"没错吧?或许你还记得自己小时候兴高采烈的样子。但最重要的,是重新点燃那份激情,让它在心中升腾,最后像山洪一样澎湃而出。你想让蓬荜生辉吗?你心中的热情就是光亮之源!

我知道你已经老大不小了,而且从小到大一直有人谆谆教导要克制自己的热情。千万不要啊!克制心中的热情无异于亵渎神灵。生活难得大方一次,把值得你激动心跳的事物赐予了你,你当然要拿出全部的热情来,当然要享受它给你的身心带来的抚慰。我所谓的生活之慷慨不一定非得是中大奖。朋友打来一个电话,看到今年的玫瑰盛开,了解到有意义的事情,都可以让你的生活更加甘美。

热烈奔放没有什么错,热情是生活中必不可少的一部分。

多爱自己一点

缺乏热情?我最有办法对付了。

Date / 6月14日

嗅 觉

闻到某种味道，我们的思绪一下就被带回到小学二年级的教室，带到祖母的卧房，多少年前某个浪漫的夜晚……这种体验你也有过吧？其实人的嗅觉是与情感紧密相连的，嗅觉体验丰富的人，整个生活也会因之更加丰富多彩。

所以今天我们要款待自己的鼻子，让它尽享各种美好的气味。同时要留心，看什么东西气味相仿，什么香味你最喜欢。哪种香味能让你回忆起陈年往事，不妨再回味一下过去的好时光。锅里炖的菜，瓶中的香料，清晨的小草，散发幽香的蜡烛，都要闻上一闻。从洗衣机里把洗好的毛巾拿出来，把脸埋进去，闻一闻干净的味道。天然的香味和人造香料的气味都要闻一闻，训练一下你的鼻子，以后便能区分开来。如果人一闻到化学香料就会头痛的话，闻到无毒无害的天然香料自然会心旷神怡。我们生有五种感官，目的就是感受愉悦。所以千万别暴殄天物。

多爱自己一点

从今天起留心各种各样的气味。遇到特别沁人心脾的香味时，一定要留出时间慢慢享用。

Date / 6月15日

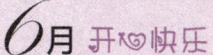

Date / 6月16日

人物传记

要想预知自己剩下的人生旅程将会如何，最好的办法就是阅读、倾听别人的人生故事。而人物传记中有着各种各样给人以指导、训诫、启迪并发人深思的素材。所以，为了青春永驻，要时常借阅人物传记，收看电视上的人物专访。不论他们与你有无相同之处，不论他们是今人还是古人，是同胞还是异族，是男还是女，是有名还是默默无闻，你都要深入到人物的生命历程当中去。

他们每个人的成功和失败都是你的前车之鉴，能指引你如何把握自己的生活航程。你可以看他们如何面对人生极限，如何超越自己，如何为了爱情或某一高尚的事业而冒性命之险。通过这些传记，你可以看到有些人功成名就，安享晚年，而有些人却虚度光阴，到老仍然一事无成。

就连虚拟的人物都能给人以启迪。在我的一生中，对我影响最深远的人竟然根本就不曾存在过，而我直到51岁时才恍然大悟。这个人就是玛咪·丹妮丝。她最先是帕特里克·丹尼斯1955年出版的《玛咪姑妈》一书中的人物，后来根据小说又撰写了一个系列剧和电影。我就是通过罗莎琳德·拉塞尔主演的同名影片进入了她的世界。我小的时候录像机和DVD都还没有发明出来，居然能设法把这部电影看了17次，还真是不容易。自从我在屏幕上认识她的那一刻起，我就希望她成为我生活中的一部分。她的无所畏惧，她的行事风格，她的勇气和忠诚，她波西米亚式的无拘无束，她的心无城府，无一不让我喜欢。电影中的她渐渐变老了，但是这个人物从来没有老去。玛咪是超越了年龄的。

几年前，我看《纽约城市指南》时发现，玛咪住的房子就在我散步常常经过的位置，我心中涌上了拜谒圣地一般的荣幸。后来，为了住得离孩子学校近一些，我们搬到了玛咪家的附近。于是每次出门遛狗都要路过她的家门。竟然跟自己崇拜了40年的偶像成了邻居，太凑巧了。

可惜搬来后不久我就听说，帕特里克·丹尼斯根本没有姑妈，玛咪这个人物完全是杜撰出来的，是虚构的。我顿感沮丧万分。也不知道我一直脉脉含情张望的那幢房子是谁家的。到了后来我还是想明白了，玛咪是真是假并不重要。她就像我的妈妈、我的保姆，还有我最喜爱的老师那样，影响并塑造了我的生活。妈妈的帮助发生在真实的生活中，而存在于作家想象中的玛咪却是在虚拟世界里帮助我。我愿意她的一部分变成了我的。

你也找一个偶像吧，多找几个也可以。通过关注他们的生活，你能从自己生活的小圈子里迈出来。从偶像身上学到的东西，可以融合在你日益成熟并日益年轻的过程中。

多爱自己一点

有关自己偶像的传记和电影，要阅读或观看。不要觉得是个负担，也不要担心你所受的影响。只管欣赏传记和它的主人公就行了。

Date / 6月17日

保持青春的七种饮食习惯

什么才算是健康饮食？人们众说纷纭。但是在现实生活中，有些人的外貌和感觉要比实际年龄年轻许多，另一些人健康长寿的几率远远高于他人。这些年轻的老寿星有一个共同之处：在饮食上都有下面七种饮食习惯。当下风行的营养、保健意见往往相左，弄得人不知所措。这种时候反倒不如效法那些寿星佬的做法，相信它们不会误导你的。

☆**食物的颜色要尽量丰富多样**　能够预防衰老和变性疾病的植物化学成分，在食物中往往呈现出鲜艳的色彩。蔬菜的颜色不同,说明所含的植物化学成分也不同。因此红色的草莓，绿色的豆子，黄色的南瓜，紫色的甘蓝，全都要吃。脸部化妆的时候要先无色再彩色。但是吃菜的时候，应该先吃颜色鲜艳的蔬果，然后再吃些无色的。

☆**每天要吃满满一大盘沙拉，偶尔要吃两大盘**　吃卷心菜不如吃其他颜色更绿的蔬菜，比如：蔬菜什锦（有卷心菜、西红柿丁儿和紫苏叶）、长叶莴苣、菠菜。

然后用西红柿、胡萝卜丝、菊苣调色。只要搅拌得充分，放一点点调味品就足够了。

☆ **有时把沙拉当饭吃** 蔬菜沙拉容易消化，所以要加点别的才能抗饿。比如鹰嘴豆、芸豆、青豆、南瓜子、核桃、鳄梨、大块的金枪鱼肉和炖熟的豆腐、烤土豆、烤青椒、烤茄子。葡萄干、枣泥、碎无花果和香醋一起能调出酸酸甜甜的味道。

☆ **把水果放在醒目的地方** 餐桌上、办公桌上、厨房里，全都用大盘、小碗、挂篮盛满水果。你首先要看到才会想到要去吃，所以最好把水果摆在最显眼的地方。水果要吃熟透的时令水果，它们的鲜美远远胜过冰淇淋。偶尔你可以配着水果吃一点冰激凌，但要以水果为主。

☆ **要让每一次用餐成为一种享受** 健康的饮食应该是一种享受，否则谁也没法乐此不疲。要学会做几道拿手好菜，而且要善于利用各种调料。紫苏、辣椒、生姜、桂皮、迷迭香、鼠尾草，不但能调味，还含有多种能抗癌的多酚物质。

☆ **拒绝快餐食品** 有些快餐店特别推出了几款健康食品，但其中能帮你变年轻的并不多，能害你衰老的倒是不少。当然，如果不吃快餐就得饿肚子时，也只好去快餐店将就一顿了。即便如此，也要挑一家最好的餐厅，它快捷、随意，不靠汉堡包、炸薯条、炸鸡招揽顾客。

☆ **讲究进餐氛围** 每一顿饭至少要有一点特别之处。一定要坐下来，把桌子摆好。就算是在办公桌上吃午餐，也要有一块餐巾，一只美丽的陶杯。它们可以提醒你：你配得上享用最好的。

多爱自己一点

上文中的标题部分请照抄一遍，贴在你家的冰箱门上。

Date / 6 月 18 日

季节交替的时候要安排一次美容

如果可能，四季交替的时候抽时间做一次皮肤护理吧。专业的皮肤护理首先需要做皮肤诊断。美容师先要检测你的皮肤，判断它是干性、油性还是敏感性皮肤。然后才能告诉你应当如何保养皮肤，如何在现有的基础上有所改善。

美容院里专门的面部护理项目种类繁多，但是我所说的只是最最普通的、用手进行操作的项目。美容师先选择一种最适合你皮肤的洁面乳帮你洗脸，然后用一种能发散出蒸汽的设备让你的毛孔张开，为接下来的护理做好准备。在家中用热水熏脸可能会导致毛细血管破裂，给敏感的皮肤带来伤害。但是优秀美容师选用的蒸汽设备很柔和，应该是人人都适用的。之后，美容师会根据你的皮肤类型，选用适合的磨砂膏去除死皮，露出下面娇嫩的皮肤。

接下来就是做面部按摩了。说起来欧洲人比美国人更加看重按摩的作用。长期以来欧洲人认为按摩能维持脸部肌肉的弹性。按摩之后，皮肤已经完全湿润，这时就该做面膜了。面膜通常用泥巴或黏土制成，可以去除脸上残留的杂质。揭下面膜后你的皮肤摸起来非常光滑。最后美容师给你涂上一层润肤霜，并建议你在一天当中多喝水，避免化妆。

我觉得美容的整个过程都令人放松、振奋，而且确实能够滋养皮肤，让我显得更年轻。如果你想做的高科技美容项目需要动用复杂的设备，我建议你还是去找一家高档美容院，或者去医疗疗养院。后者能同时提供皮肤科医生和美容师的双重服务。要是只想做一次基本的护理，只要美容师眼光敏锐、手法熟练即可，无须你大大破费的。

> **多爱自己一点**
>
> 在初夏时节安排时间做一次美容吧。9月末、12月中旬或新年过后，也要各做一次。先在你家的日历上标出来吧。

Date / 6月19日

巧 合

巧合是生活赐予我们的礼物。老天之所以刻意地巧作安排，就是为了两个目的：一，为你带来意外的喜悦；二，让你格外注意某件事情。文件夹中要是有份重要文件，你会做个标记以提醒自己。老天安排巧合就是这个道理。你要是能时时处处留意巧合的出现，就能够体会到巧合在你心中引起的青春的激荡，自然可以让时光倒流，让青春重现。不仅如此，巧合还能减轻你心中的压力，因为你会发现，生活尽管杂乱无章，但也不乏一定之规。

就像鸟类爱好者观察鸟群、天文学家观察繁星那样，你也可以训练自己留心观察生活中的巧合。首先，心里要期待巧合，向往巧合；然后，眼睛要观察巧合，心里要评价巧合；最后，还要感激巧合的出现。若能经常这样，你生活中的巧合必然会越来越多。

请你留意，你行走的路线有时会奇妙地跟他人的路线相互交叉。请你心里怀着一份期待：有一天你会遇到一个人，他能够解答你多年来为之烦恼的问题，能让你的生活焕然一新。不妨假设自己将在某个特定时间遇到他吧。给朋友打电话时她开口就说："我正好在想你呢。"赶得早不如赶得巧，你正好赶到点儿上了。要是这个巧合还带一点玩笑的意味，想笑就尽管笑出来吧。

让巧合给你带来会心的微笑，让巧合为你指引方向吧。有时巧合仅仅是凑巧，有时它却是上天精心的安排。

> **多爱自己一点**
>
> 我是欣赏巧合的行家。对于巧合，我心向往之，并随时留意观察。它一旦出现，我会加以评论，并心怀感激。

Date / 6月20日

钾

钠和钾的摄入量需要保持平衡。根据我们身体的需求，钠和钾的摄入比例应该是1：2。可惜在大多数人的饮食中，盐多蔬菜少，钠和钾的比例无法达到要求。钾是一种温和的天然利尿剂，应该始终保持均衡。如果摄入了足够的钾，体内不会有多余的水分，身体不会水肿，脚和脚腕也不会肿胀。钾可以让血管保持健康，让细胞获得足量的氧气和养分。此外钾还可以预防高血压、心脏病和中风。

富含钾的食品有：沙拉，煮熟的绿色蔬菜，卷心菜类蔬菜，豆芽，胡萝卜，鱼，豆制品，鳄梨，坚果，新鲜水果（体内要是缺钾，医生通常会建议每天吃一只香蕉）和干果（尤其是杏干）。咸味小吃、加工食品、罐装蔬菜尽量不要吃，否则无法保持钠和钾的平衡。

> **多爱自己一点**
>
> 留心自己的食物。如果你平时的食物都很新鲜，而且天然、清淡，说明你摄入了足够的钾。

6月 开心快乐

Date / 6月21日

夏 至

我们中间的大多数人再也不能像从前那样享受3个月的漫长暑假了。但是，就算要上班，我们也可以带着过暑假的心境去呀。脱掉长袜，穿上凉鞋，阅读轻松的书籍，享受夏时制额外增加的一个小时，放暑假的心境就调配出来了。

为了享受空调的凉爽我们其实早已放弃了夏天的感觉。盛夏时节，在餐馆或办公室里居然还要违反时令，穿上毛衣围上披肩。过去没有空调的时候，一到夏天人们就放慢行动速度，尽量少干活。女人们穿上棉布无袖短衫，手里款款地摇着纸扇。有钱的，举家前往深山海边避暑。没钱的，夜晚在装有纱门的门廊里甚至露天里睡觉。桃子、李子、西瓜、冰激凌、柠檬汁一起出动来防暑降温。

不过请你别误会：我虽然讲究环保，但也不得不承认，一到空气潮湿、温度超过80华氏度的日子，我这人就发蔫，全靠开空调过日子。尽管如此，我心里知道，只有按照夏天那徐缓、松散的节奏调节自己的人，才能够享受夏天的美好。以下几种办法值得一试：

☆趁清晨凉爽的时候外出走一走。

☆每个周末在本地或附近旅行一次。

☆每周六上午去一趟农贸市场。

☆剪一个短发。

☆补充放在家里或办公室里的防晒用品。

☆尽量只化淡妆，唇膏、粉底就够了。

☆去游泳。要像孩子般无忧无虑，一心只想着跳水的兴奋感，不要管自己穿上泳衣是什么样子。

> **多爱自己一点**
>
> 夏天来啦，喔——！

Date / 6月22日

保护自己的听觉

丧失听力可能是遗传所致，但更可能是周围环境使然。人的内耳结构非常精细，要是连续受到高分贝噪音的刺激，耳朵就只好认输，停止工作了。听觉疾病矫治专家赛宝博士跟我打了个比方：夏天里你每天在草坪上来回走两趟，被踩倒的叶子还会直立起来，恢复原状，但要是在草坪上开聚会，让50个人在草坪上踩踏的话，草叶就再也直不起来了。其实，内耳中的毛细胞跟这些草叶是一样的。

过去耳朵所受的损伤我们已经无法弥补，但现在采取措施保护耳朵还来得及。听到警笛声等刺耳的声音，请马上用手捂住耳朵。要是去一个喧哗吵闹的地方，请设法尽快离开，哪怕是中途暂避一时都有利于你的耳朵。平时要把耳塞放在手提包里随身携带，去酒吧、工厂、舞蹈班、电影院（广告和片花往往比正片要吵）时，只要觉得声音刺耳就带上它。坐飞机时当然也要带上耳塞。买机票时最好选择机舱前部的座位，可以远离轰鸣的发动机。家里一定要保持安静，铁皮垃圾桶要换成塑料的，房子要是临街，可以安装有三层玻璃的隔音窗。还可以拿出一间屋子当静室，里面不要有电视、电话、收音机等能发出噪音的物品。

另外，很多药物都有不利于听觉的副作用，不妨咨询一下医生或药剂师，看你服用的药物当中有没有这样的副作用。对于某些人，就连阿司匹林也可能引起耳鸣，或者使病情恶化。可不能小看耳鸣，它往往是丧失听力的前兆。此外饮料当中的咖啡因也会引起耳鸣。

人要是明智的话，年满40岁之后应该去做一次基本的听力检查，之后每10年要检查一次。每份检查结果都要自己保留，因为医院保存7年后就可以合法地销毁检查记录了。倘若不能跟以前的记录相比较，做听力检查可以说是毫无意义。不论是现在还是将来，如果需要使用助听器，千万不要惊慌。现在的助听器体积非常小巧，可以完全隐藏在耳朵后面，就连通往耳朵的管子也几乎是透明的，旁人很难察觉。

说到戴助听器，我可是有切身经验。刚一过40岁我就开始佩戴它，不过戴的并不是真的助听器，而是一种治疗耳鸣的遮蔽器。有一次我在耳朵感染期间乘坐飞机，结果患上了耳鸣。我知道内耳感染后不该坐飞机的，但是我10岁大的孩子在美国无人照顾，我必须从法国赶回来。需要戴遮蔽器的时候我就把它隐藏在头发下面，谁都没有看出来（当然除了你，因为我实言相告了）。多数中年人都患有耳鸣，你或者你认识的人要是正为耳鸣而备受煎熬，遮蔽器就可以帮忙。遮蔽器能发出持续的白色噪音，使你的大脑误以为耳鸣不存在（译者注：声学上习惯用颜色代表不同的噪音。白色噪音在每一个频率上的能量相同，是使用最为广泛的遮蔽音）。现在我已经可以连续6个月甚至更长的时间不用带遮蔽器了。这时我才明白安静是多么的美好。

多爱自己一点

今天你有双重任务：
（1）买一个可以随身携带的耳塞。
（2）要是还没做过基本的听力测试，今天就跟医生约个时间吧。

Date / 6月23日

辅酶 Q-10

辅酶 Q-10 听起来怪怪的，其实它是一种蛋白质。我们身体的每一个细胞里都有辅酶 Q-10 的存在，只不过数量可能不够多而已。有时候人从 20 岁开始，身体产生辅酶 Q-10 的速度就开始放慢。等我们上了年纪，需要靠它来保持心脏和动脉的健康，降低血压，保持精力，保障大脑灵活运转时，却发现它不够用了。虽然海鲜和坚果中含有辅酶 Q-10，但是实验证明，即使每天只服用 30 毫克小剂量的辅酶 Q-10，就可以在很多方面延缓衰老。在所有形式中，油基胶状的辅酶 Q-10 最有利于人体的吸收。有一项实验证明，辅酶 Q-10 可以抗癌，消除自由基，还可以强化血管壁。要是内服或添加在面霜里的话，甚至可以延缓皮肤衰老的速度。

> **多爱自己一点**
>
> 迄今为止，我们已经介绍了很多种营养物质，以后我还将继续介绍。但重要的是你不要因此而受到困扰。平时只要讲究健康饮食、服用复合维生素片就可以了。如果听了我的介绍之后反而感觉不知所措，不如去你家附近最大的天然食品店，看看那儿是否有营养师可以咨询。一般的食品店里都有免费咨询服务，能帮你设计一种简单可行的营养补充方案。

Date / 6月24日

不要做一个唯唯诺诺的女人

"yes"这个字不但好听，说起来还很顺口。面对机会和冒险的时候当然要说"yes"，但在其他情况下，一声"yes"也可以让你陷入麻烦。你随口说出来的"yes"，可能招来不必要的纠葛，逼你兑现无法实现的承诺。谁要是满口应承、"yes"不断，救治的解药也是一句话："不了，谢谢。"很简单吧。

现在说"不"可比10年、15年前容易多了。派提·布瑞特曼跟人合作写过一本书，名叫《如何堂堂正正地说"不"》。他认为很多女人活到40岁时才开始有勇气说"不"，活到50岁时说"不"的勇气大大见长。这是因为50岁的女人已经认识到生命的短暂，原来长久搁置拖延的事情现在可要优先进行了。中年女性或是逐渐地或是突如其来地开了窍，原来按照别人的安排过日子，不如按自己的安排过得舒心惬意。

所以，对那些不符合你内心愿望的事情，一定要礼貌而又坚定地说"不"。这种能力一旦培养出来，你就必须按照自己的本心做事，你的生命力自然也会因此而延长。而生命力，也正是我们所渴望的青春的一个特征。布瑞特曼说2~8岁大的小孩是按照本心做事情的典范："他们心里想跳舞就跳舞，想扮成小仙女就扮仙女，想怎么穿衣就怎么穿。我们若想效仿他们的随心所欲，就要对凡是曾经影响过你但现在已时过境迁的声音，都必须果断地说一声'不'"。

刚一开始，不妨先拿一些小事儿练手。你要是不想跟丈夫一起去银行就实话实说，反正他也不需要你帮着取钱。你姐姐约你去老餐馆见面，那里的门槛都快被你们踩烂了，你就照直跟她说你不想去那儿。这样一来你和姐姐都有机会去一家新餐馆，体验新的氛围，品尝新的菜式。

不要担心因为自己说"不"人家就觉得你不温柔不可爱。你依然温柔可爱，只是你已经成熟，不需要再假扮"乖巧"了。"乖巧"这个词只适合用在小女孩身上，对已经知天命的成熟女性早就不适合了。其实，说"不"的时候只要再加上"谢谢"两个字，就足以让人觉得你温柔可爱了。"乖巧"不过是顺从别人的意志，其代价可是牺牲自己的命运。

最重要的"不"字应该是说给你头脑中那些条条框框、借口托词之类听的。多少年来你心中一直有个愿望，攻读一个学位，报名参加音乐剧的试唱，只身前往欧洲。可是因为这样那样的原因美梦总是不能成真。现在你要对着心里的那些托词大喝一声"不"，那种感觉之好，可能你好久都没有体会过了。

多爱自己一点

今天说"行"和"不"的时候要特别留心。你心中大喊着"不"的时候，出于习惯嘴上却说了句："行啊，没问题。"事后一定要找机会把那个"不"字说出来，然后在日记本上记上一笔。

Date / 6月25日

明天过得更快乐

有位姑妈，在受托照看侄子期间，每天晚上在他临睡前都会说一声："祝你明天过得更快乐。"用这样的人生态度长大成人该是多么美好啊！明天要想过得更加快乐，首先今天就要过得快乐。明天的事情我们无法左右，但是当下还是可以把握的。只要把握住了今天，晚上临睡前就可以认真地跟自己说："明天要过得更加快乐哟。"另外，人在入睡前对自己的任何暗示都会深入你的内心，如同在心田里埋下一粒种子一样。明白了这个道理，临睡前你就有责任提醒自己明天要过得更加快乐。同时还要暗示自己，天大的难事明天也可能找到解决的办法，明天无论发生什么，你都会早早起身，勇敢快乐地去面对。

人在临睡前的这一段时间里非常容易接受暗示，所以要充分加以利用，要对自己说：明天要过得更快乐、更健康。反正你所希望的都要说出来。说完以后，你会发现自己第二天一大早就迫不及待地要起床，迫不及待地要将这些暗示变成现实。

多爱自己一点

明天会更快乐！

Date / 6月26日

挤时间

养成了好习惯，就可以摒弃旧有的坏习惯，也就是说，你可以有更多的时间来延缓衰老的速度。真是何乐而不为呢？你要是觉得时间不够用，请相信自己，你一定能设法挤出时间的。比如，为了挤出每天锻炼、冥想所需要的一个半小时，我减少了回复邮件的数量。我在每封回信的署名后面注明：我没有每天打开邮箱收信的习惯，任何来源不明的信件，标有"转发"字样的信件，我一律删除；不需要回复的信我肯定不回。我在做出这个决定以前，天天都得打字回信。信中无外乎"谢谢、很不错"等空洞的客套话，至多逼对方回复"不客气，你喜欢我真高兴"之类的套话。这样的信于人于己都不利，还不如不写。

这样一来，我从写信时间中挤出了一个小时。另外30分钟就拿看电视的时间开刀。看电视之前我先浏览电视周报上的节目，选出一周想看的节目，选定什么就看什么，决不姑息放纵自己，不靠看电视来打发时间。时间是如此宝贵，怎么可以如此随随便便地打发掉呢？

除了从小事中挤时间之外，日程表也不必排得过于精确。你不需要在每一天甚至每个10年中什么都做得面面俱到，凡事都保持平衡。孩子小的时候，为了好好照顾他们，可能多给他们安排些时间；开始做生意的时候，又给工作多留些时间。现在你希望每天花一点时间找回自己的青春，却担心自己是不是太拿自己当回事，担心这样不好。实际上，正是因为你能够在一段时间里全心投入到一件事情上，从长远来看各方面才能达到一个平衡。

时间还有的是，你尽可以心安理得地妥善支配。这么做不是因为你害怕自己时间不够用，而是因为合理利用时间才是最大的快乐。

多爱自己一点

今天要特意留出一点时间，"越变越年轻"的计划中你最喜欢、最需要哪个部分，就把时间花在那上面。比如，锻炼的时间可以稍微延长一点，预约一次美容，尝试做一次冥想。

Date / 6月27日

温泉和矿泉浴

在欧洲和日本，任何值得尝试的"再青春"计划都不会不包括沐浴疗法、温泉浴和矿泉浴。当地的外科医生利用沐浴来帮助人们强身健体，增强免疫力，甚至治疗疾病，比如关节炎、糖尿病、肥胖症，以及牛皮癣、湿疹等慢性皮肤病。从19世纪一直到20世纪中期，在治疗关节炎的特效药发明之前，"洗澡"在北美洲一直是治病和驻颜的良方。在那个时代，"SPA"只有一个最基本的含义：在康复之泉中沐浴。

如今，仅在北美洲一地就有大约200多个商用温泉和矿泉，在世界其他地方就更是数不胜数了。有些已成为昂贵的度假地，附设豪华大酒店等设施。但是在大多数有温泉或矿泉的地方，设施很简单，费用也不高。在沐浴之外还提供按摩、泥浴和香熏等其他服务。在欧洲，一个沐浴疗程通常需要一到两周，但是在美国的 SPA 里，为期一到两天的美容项目比较受欢迎。

其实在自家的浴缸里就可以体验到类似矿泉浴的好处。你不妨逛逛大型的天然食品店，寻找世界著名温泉出品的沐浴添加品。那是一些经过干燥的矿物质，可以添加在洗澡水中，以利于皮肤的吸收。据说矿物质有助于皮肤的愈合，能减轻肌肉酸痛，增强免疫能力。你家附近要是有矿泉的话就更好了，可以每个月或每个季度去享受一次。

如果可能的话，不妨考虑找一个温泉度假村去度假。你要是加入了"青春强力组合"，可以约伙伴们结伴出游。可选择的地方真的很多。我敢说你会不虚此行的。

多爱自己一点

今天有两个作业：(1) 上网查查都有哪些天然温泉和矿泉，看看哪个比较近，可以做 1 日游，哪个比较远需要多花时间。(2) 去天然食品店购买沐浴用的矿物盐。

Date / 6 月 28 日

躲避电磁场

在过去的一百多年里，人类史无前例地遭受着各种电磁场夜以继日地侵袭。其实人体本身就类似于一个电力系统，但它根本无法与变压器、发电站或其他电器形成的电磁场相抗衡。电磁场能扰乱身体的内分泌系统，加速人的衰老。还有其他研究表明(虽然无法证明)，电磁场作为诱因之一，可以引发儿童白血病、淋巴瘤、乳腺癌、老年痴呆症和肌萎缩侧索硬化症 ALS (译者注：ALS 表现为全身身体肌肉无力和萎缩，常会出现疼痛性痉挛和肌肉颤搐现象，又称渐冻症)。

入夜以后，人体开始全力进行生理性的复原。这个时候最不适宜暴露在电磁场的辐射之下，因此一定要减少电磁辐射。有人在入睡前会拔掉卧室中所有的电源插头。此外还有一个方法，就是选择远离各种电器和电子设备的地方睡觉。无论是交流电场还是交流磁场，只需与之拉开距离就能有效地躲避电磁辐射的危害。

以下是在夜间避免电磁场伤害的一些方法：

☆任何带变压器的插头都要拔下。插进插座里的黑色或白色的小盒子，就是变压器。它们只要插进插座，就有电流经过。

☆带插头的钟表是产生交流磁场和交流电场的罪魁祸首，最好换成用电池的钟表。

☆如果卧室在二楼，一楼天花板上的顶灯最好关掉。

☆把床上的电热毯换成温暖保温的被褥，质地最好是未经深加工的羊毛等有机材料。卧室里可以用热水袋取代电热毯。

☆去无人睡眠的房间给手机充电。

在白天，电磁场所造成的伤害并不很严重，但是用不着的电器最好还是关掉。对正在通电的电器要敬而远之。看电视时最好离开电视 1.8 米远。使用吹风机时要尽量离头部远一些，而且对头发也有好处。任何时候只有身边有正在通电的电器，比如说打印机、微波炉、电脑，能躲多远就躲多远。

打电话最好使用座机，不要使用无线电话，这样可以避开电磁场，何况走到座机旁边去接电话还可以锻炼一下身体呢。

多爱自己一点

今天无论如何都要采取行动：买一只使用电池的钟表，在夜间拔下电脑插头，把加湿器从床头挪到远处。这些都可以减少电磁场对人的危害。

Date / 6月29日

过着梦寐以求的生活

有一次聚餐，我遇到一位丝毫也不显年龄的儿科医生朱迪·高德斯登。她听说我正在写这本书，便问我道："青春常驻的秘诀是什么呢？"我开始大谈饮食和营养，她却打断我说："我认为这些都不是秘诀。秘诀应该是：人不管付出什么样的代价，都要让自己过上真心向往的生活。"醍醐灌顶般，我猛然醒悟了。她说的正是青春常驻的根本。如果你现在的生活正是你以前梦寐以求的，日常琐事就不会让你感觉是一种煎熬，更不会让你衰老。同时，你还会竭尽所能来延长目前的这种幸福。

我所谓的"要让自己过上真心向往的生活"，意思是指"你内心深处"的愿望，而不是你觉得你应该具备的愿望。对我们具有深刻影响力的媒体教导我们，如果你不是大富大贵，不是大红大紫，你的心愿就远没有实现。这完全是一派胡言！人的愿望是心灵深处的期盼。有时候，早在孩提时代，人的这个心愿就开始萌发了。你的心愿，只要它发自心底，就是命运在跟你对话，跟你解释你何以赢得了一生仅有一次的大奖。这个大奖就是：拥有一次生命。

如果你现在的生活并不是你所盼望的，请放出眼光，透过表面看到本质。要想一想：对你来说什么才是最重要的？你为什么要生在这个世上？你距离自己的梦想还有多远？距离也许比你想象的要近，但跟我们大多数人一样，你仍需继续努力。趁着今天，要好好想想如何才能接近自己的愿望，如何过上自己期盼已久的生活。真能梦想成真的话，你一定会更加年轻的。这可是医生亲口对我说的哟。

多爱自己一点

我过的生活正是自己梦寐以求的那种。

Date / 6月30日

7月 无拘无束

July

Date / 7月1日

自由如风

人类生性崇尚自由。许许多多的人为了自由不惜献出宝贵的生命。一千年前，一百年前，甚至是今天早晨，都有人为了自由而捐躯。尽管我们强烈地渴望生活得自由、生活得真实，但又往往在自己身边竖起无形的牢笼和樊篱，自己束缚自己。这难道不是咄咄怪事？沉迷于某种事物无异于身陷牢笼。同样，羁绊于某种不再适合自己的信仰，束缚于一种适合别人却与自己的个性、身体、处事方式相违背的体制，也是枷锁缠身。你要是觉得："我不能放弃这份工作，以后谁会雇我干活呢？"说明你陷入了恐惧的牢笼。"我太胖了，没脸参加人家的婚礼。"妄自菲薄的枷锁就套在了你的头上。

如今，女性身上最大的束缚就是对完美的追求，而且是不费吹灰之力就能做到的那种完美。我们大多数人都接受了这样一种观点，认为自己理应把所有的事情都收拾得妥妥帖帖。人理应随时随处都打扮得漂亮动人，家要时刻保持干净整齐，汽车内外要一尘不染。这样才算是达到了生活的常态。此外，我们还应该聪明有头脑、勤学不倦，应该做模范雇员和模范同事，应该当超级模范的母亲。朋友有事儿我们应该两肋插刀，但是该跟她们抢夺第一的时候也决不留情。当然我们绝对不能变老，甚至不能生病。更有甚者：我们还必须做出一幅轻松的样子，好像这一桩桩一件件，不用费吹灰之力便能做得让人无可挑剔。事后听人家夸奖一句："她真是能干啊。"我们就心满意足了。这样的夸奖我们确实当之无愧，因为我们确实能干有本事。但是，我们不是机器，倘若凡事都力求尽善尽美的话，我们就休想获得自由了。

很少有人，包括我自己，能免受这种观点的禁锢。但是只要我们意识到它是一种束缚，我们就朝着自由迈出了第一步。再过几天，美国上下就要庆祝独立日，为了自由而举行盛大的庆典。但是无论你身在何处，我都希望你能在7月里多想一想自由，在今年的每一天里都颂扬自由。恢复青春应该是自由的，不能把它当成一种束缚。可惜这两种态度差别并不很明显。"衰老太可怕了，我得努力延缓衰老，免得生活变得一团糟。"这就是自我禁锢的态度。"我喜欢长生不老，喜欢身强体壮、容光焕发的感觉。"这，才是自由的态度，才是你应该具有的态度。

7月 无拘无束

> **多爱自己一点**
>
> 我喜欢长生不老,喜欢身强体壮、容光焕发的感觉。

Date / 7月2日

换种眼光看世界

今天要过得与众不同,要用一种全新的眼光来看待周围的一切。换言之,在今天一天当中,无论发生什么事情,你都不能动怒,都不能等闲视之。比如,早晨例行的淋浴可不仅仅是淋浴,而是洗涤你的灵魂、放飞你的心灵。于是一天之中你看待事物的眼光便完全不同了。在上班的路上,从你眼前闪过的房子、车辆、庭院,无一不焕发着美好或者诡异,让你的早晨平添了几分色彩。白天里遇到和善友好的人,就把他们视为圣人或天使,遇到讨厌的人,就把他们视为有杂事缠身、处处碰壁的可怜人。

继续玩这个游戏的时候,别忘了还要调动你的其他感官。吃香草酸奶和鳄梨酱的时候,要用心品尝每一口,仿佛你从未吃过似的。用手抚摸不同物品的质地,用心聆听各种声音。今天,只为了花香而驻足可就不够了。你要走进教堂,闻一闻乳香等香料的气味,去蜡烛专卖店,闻一闻肉桂、檀香和月桂的香味。今天要格外注意感官的感受,要充分运用各种感官去细细地体味。

《专注》一书的作者曾经这样写道:"我们所追求的心灵满足,你只要稍加留意,其实随时随地都可以得到。你要是能全心全意地沉浸于无限的欣赏当中,年龄就变得虚无缥缈了。"所以,要留出今天一天的时间,让自己全心全意地沉浸于欣赏之中。若是喜欢,今后还可随意安排时间。

> **多爱自己一点**
>
> 换种眼光看世界。

Date / 7月3日

开怀享用食物

节食跟当拉拉队员一样，趁着年轻一定要尝试一次，之后就大可以罢手了。可惜我们的妈妈们却时不时地来一次节食，我们看见后被引入歧途，觉得女人与食物的关系注定如此。其实那些成功保住身材的人可不是靠着节食来减肥的，相反，她们心里很有分寸，知道什么时候刚刚好。16世纪的一位先哲写到："刚刚好就是盛宴。"就是到了今天，这话依然不假。

人怎么知道什么时候才是刚刚好呢？你可能有时吃得太多，有时又吃得太少。你当然希望能把握住分寸，吃到刚刚好就马上住口，还不觉得委屈了自己。要想做到这一点，可是要花点时间，慢慢修炼的。达到这个境界之后，你不会说"这些我不能吃"，因为你并没有节食。也不会说"这些我不应该吃"，因为看见不应该吃的东西你根本不会张口。

我们要明白，谁都无法靠节食来维持生命。所以无论哪种节食方法，其本身都有着先天的缺陷。你要是希望自己在今天变得年轻一点，希望一生都保持青春活力，你的饮食起码要能够维系你的生命，这样你才有力气到新几内亚旅行，有精力连续一周到医院照看生病的家人。最起码你要保证有足够的体力外出工作、去餐厅就餐、保住自己的一条性命。节食并没有什么值得夸耀的，谁会因为两星期没有摄入一点碳水化合物或脂肪等等而在朋友面前自吹自擂呢？吃饭没有离奇的情节，也不是什么苦差事。吃饭时就应该开怀享受，一直吃得身强体壮、耳聪目明才好。想减肥也得等到有的可减才行啊。

在饮食当中,水果和蔬菜可以补充抗氧化剂,消除非良性分子造成的衰老。新鲜水果和沙拉还可以补充有益于消化的酶,免得你动用体内酶的储备。水果、沙拉、全谷、豆类和其他蔬菜中富含纤维,既可以让你感觉吃得很饱,又可以帮你顺畅排便。体内没有了垃圾,自然会容光焕发、精力充沛。这样的效果无论哪种节食方法都无法带给你。你只需要好好享受大地恩赐给我们的食物,身体自然而然就会苗条而又健康了。

多爱自己一点

我吃的一切都会让我苗条、健康。

Date / 7月4日

保护自己免受日晒的伤害

挑选一种温和有效的防晒霜并正确使用(详见5月2日),当然是保护自己免受日晒伤害的一个方法,但这还远远不够。我们都知道,能够抵抗紫外线A和紫外线B的防晒护肤品是我们的第一道防线,它们可以预防晒伤、真皮衰老和鳞状细胞癌(一种可医好的皮肤癌)。但是对于基底细胞癌或恶性黑素瘤(前者多半可以治愈,而后者是77%的皮肤癌患者死亡的元凶),防晒品到底能起多大程度的保护作用,目前的研究尚不清楚。

因此,除了涂抹防晒品之外,你还需要戴帽子、手套,穿长袖衬衣,需要懂得自我约束。一般说来,你的皮肤越是白皙就越应该提高警惕。但是黝黑的皮肤照样也会受到日晒的伤害,甚至患上皮肤癌。视黄醇和果酸等产品虽然可以抗皱,但也会让皮肤更容易遭受日晒的伤害。你要是正在使用这些产品,一定要加倍当心日光了。

除了日复一日坚持不懈地使用防晒霜以外,以下这些方法也值得考虑:
☆在上午10点至下午4点之间不要长时间待在户外,因为这段时间太阳照射最厉害。

☆在春、夏、秋三季要戴宽檐帽。家里的帽子越多越好。戴帽子不仅可以保护皮肤，还可以保护头发，特别是染过颜色的头发。

☆让手套重新流行起来。过去的淑女们一到夏天就戴上白色纯棉手套，这种习惯现在也值得大力提倡。开这个先河的人可以是你，也可以是我。此外，打高尔夫球、乒乓球、骑自行车时都要戴上手套，就连开车也不要忘记，否则无异于把自己的双手放在太阳灯底下烧烤。到头来手上会长出难看的褐斑和斑点，显得苍老异常。

☆如果置身于沙滩、沙漠或者热带岛屿上，有烈日当头，千万别忘了穿戴防晒衣物。网上商店和某些游泳商店里防晒衣物品种齐全，有防晒的游泳衣、帽子、手套、衬衫，甚至还有一种能抵抗紫外线A、B的开车专用衣袖。普通的衣服也可以防晒，质地越紧密保护性能就越好。在同等质地的布料中，黑色要比其他颜色吸收更多的光线，而蓝色的防晒效果据说是最好的。

黝黑的皮肤如果是天生的当然很漂亮。如果不是天生的，就得在别的方面动脑筋了。

多爱自己一点

宽檐遮阳帽、开车用的衣袖，要是你家里还没有就赶紧去买，买来要赶紧用哟。

Date / 7月5日

步行矫形器

为了越变越年轻，不妨考虑往鞋里安插矫形器，至少也要在你步行和运动穿的鞋里插上。所谓的矫形器，不过是一种拱形的支撑物。看着虽然不起眼，但是功效颇为神奇。它不仅能支撑脚弓，还能防止脚踝向内翻转（大多数女性都有这个问题）。矫形器能稍微地改变脚掌着地的角度，从而大大提高下半身的工作效能。于是你走路、锻炼时会感觉更加舒服，长时间锻炼也不会感到疲劳，膝盖、胯和后腰也会感觉更良好。

硬质矫形器是用硬塑料制成的，通过控制人的行为来减轻下肢不适的感觉。而软质矫形器是用泡沫或皮革制成，起着类似于减振器的作用，深受脚关节炎患者的欢迎。有些软质矫形器体积很小，能安插进正装皮鞋、后边绑带的高跟鞋甚至凉鞋中。

矫形器最好请足病医生或脊柱疾病医生专门为你量身定制。此外到药店、体育用品商店或者修鞋店里也可以买到，而且价格不贵。要是你经常站立、步行，觉得自己总是腰酸腿疼，我建议你尝试使用矫形器。跑步、跳舞、快步走等锻炼项目需要你的两脚沉重地落在地面上，在开始之前不妨垫上矫形器，运动起来会更加安全、舒适，不至于浅尝辄止，半途而废。

> **多爱自己一点**
>
> 从来没有使用过矫形器又对它很好奇吗？去药店买一副试试效果吧。你的脚踝、膝盖、胯部和后腰如果感觉不适的话，最好找专业人士咨询定制矫形器的事宜。

Date / 7月6日

戒　烟

凡事都有利弊。补充维生素、吃肉、喝酒、染发和衰老，全都如此。但吸烟是个例外，除了坏处没有任何的好处。所以，吸烟的人自己要尽快戒烟，而且要拒绝吸入二手烟。我这么说并不是不知道戒烟有多困难。我从来没吸过烟，因为我祖母把香烟叫做"棺材"，她的话无时无刻不萦绕在我的耳边。倒是有一位我由衷敬佩的人，他勇敢地战胜了酒精和毒瘾，但是面对香烟时却亲口对我说：戒烟可比戒酒、戒毒都难。虽然大家都知道戒烟困难，虽然调查结果显示5个烟民中有4个都希望戒烟，但是人们对烟民们似乎没有表现出丝毫的同情。我们体谅嗜酒和吸毒的人，觉得他们需要在康复中心接受 8 周的治疗,然后终生都要接受辅导。但是对于烟民,我们大多数人希望他们仅凭意志力就能一蹴而就,一次成功。

如果你想戒烟,一定要挺住,一定要坚持到成功的那一天啊。既然周围的人不会给你同情,那就自己对自己好一点吧。如果你从十几、二十几岁就开始吸烟,那你早已不是原来的你了,就连你体内的细胞也跟以前大不一样了。从某种意义上说,是另外一个人潜入你的体内让你陷入了可怕的毒瘾中。所以跟当年的那个你、那个天真烂漫的小女孩联系一下吧。想一想当初她是如何开始吸烟的?为了扮酷?为了反抗父母的管教?还是为了减肥,为了得到别人的认可,为了掩饰紧张、羞怯?不妨找人咨询一下,或者通过写日记,来帮助你心底那个隐形但并未消失的小姑娘,让她感觉到力量、安全和关爱,让她拿出吸第一支烟的勇气来戒烟。

你知道吸烟的代价是什么吗?是你的生命。众所周知,吸烟会引发肺癌、肺气肿、冠心病、心脏病、先天缺陷、呼吸窘迫症等等。同时抽烟还会摧残你的容貌。它能分解皮肤中的胶原蛋白(那可是人们宁可花大钱也要让皮肤吸收的东西),产生一大堆有损你肤色的自由基。如果你戒了烟,或者从未吸过烟,你的脸色会比烟民更健康,眼角和嘴角的皱纹更少,黑头粉刺和疙瘩也会难得一见。有一点非常值得庆幸:戒烟三年之后,老烟民的肺叶看上去跟从未吸烟的人一模一样。

戒烟最好能邀上一个朋友做伴,或者干脆加入一个戒烟小组。需要戒烟糖、戒烟贴什么的,尽管去要。一次失败了,要重新来过。两次失败了,就第三次开始。但再一再二不再三,第三次只许成功不许失败。一旦大功告成,别忘了时刻告诫自己的孙子重孙子,让他们千万不要吸烟。

别人在你附近吸烟,要请他们到不影响你呼吸的地方去吸。你这么做并不会招人讨厌。吸烟的人应该得到同情,不吸烟的人(你马上就是他们中的一员了)也应该有深深地呼吸、慢慢地变老的权利。

> **多爱自己一点**
>
> 今天就是挽救自己生命的好日子。

7月 无拘无束

Date / 7月7日

在变老之前卸下包袱

自己的那些陈年往事，以前要是一直没为它们费什么心思，那现在就坐下来好好想想吧。以前倘若思量过，但一直没能理出个头绪来，趁着今天也可以继续梳理。

众所周知，童年时代对将来的生活具有极其深远的影响。要是童年的某些阴影仍然笼罩着你现在的生活，你绝对需要通过心理治疗或其他方法加以解决。但是在解决问题的同时，我们要格外留神，不要让自己再次陷入过去的泥潭当中。完全忽略过去的人会面临这个危险，但是沉迷于过去无法自拔的话，这个危险同样无法躲避。

有些人的童年如同噩梦般可怕，有些人的则如同田园诗般美好。但对我们大多数人来说，童年是处于这两个极端之间的中间地带。父母亲或其他人虽然尽心竭力、竭尽所能地照顾我们，却常常令我们失望。凡人毕竟能力有限，距离完美还有千山万水的距离。如果你也有子女，而孩子差不多已经长大成年，那你将心比心地想一想，自然就会明白一个道理：你的父母当年确实已经竭尽全力，尽管常常犯错。你跟他们是一样的。我们大家全都一样。

如果童年的噩梦一直折磨着你，那就找人帮忙吧！原因很简单，背负着沉重的过去往前赶路的人，能不感觉异常艰难？求助时你要明白一点，弄清楚过去发生的一切并不是真正目的。真正的目的是：让自己的现在和将来变得更加光明美好。你找的心理医生要是打算让你在未来的10年中一直纠缠于童年往事，还不如趁早换人。毕竟挖掘过去就是为了让你彻底摆脱出来，让你重获自由。

多爱自己一点

今天在日记本上写写你对自己童年的看法。如果你需要心理医生帮你弄清楚往日的某些事情，你有没有尽力满足这个需要？此外你还可以做些什么？或者，你是不是为了摆脱过去做得太多太久，反而身受其果？你应该如何行动才能让现在过得更美好？

Date / 7月8日

改掉攀比的习惯

女人上了岁数，互相攀比的心思可是比上高中那会儿还要厉害了。上高中的时候，我们只不过是拿自己跟朋友或同一个圈子里的人相比较。现在倒好，我们选中的比较对象不是身材百万里挑一的名模，就是不吝百万重金穿衣打扮的影视明星。别忘了她们可是有一大批服装师、化妆师随时恭候、锦上添花的。我们看看她们的玉照，再看看镜中的自己，不禁自惭形秽。我们要是跟她们比收入的话，多半会觉得望尘莫及。但我们一般是不会跟人家比收入的。那我们为什么要跟人比容貌呢？因为我们的文化中早已形成了一种风气，认为女人的尊卑位次是按容貌长相来排定的。除了容貌，我们也爱跟人家在其他方面相比较，比如挣钱、取悦别人的本事、解决问题的手段，等等。但这些始终无法超越在容貌、发型、身材方面的比较。

我们不仅拿自己和大明星做比较，还惦记着拿自己跟周围的人比较。其实，我们只要停止跟人比容貌比打扮，就会感觉更加悠然自在。就算我们一天到晚都打扮得漂漂亮亮，出于人类的本性也会跟别人比来比去的，直到哪天找到比我们更漂亮的人才肯消停下来。天呐！这种心态跟高中小女生有什么差别？如果你觉得自己也喜欢跟人攀比，我建议你要向自己做出两个承诺：

☆**我不拿自己跟名人、跟同龄人或比自己年轻的人进行比较**　一旦做出承诺，就可以提升你的自尊心，彰显你的独立性，同时还能弄明白一个事实：其他女人的生活我们只能看到其表面，具体感受又有谁能知道呢？

☆**我不拿现在的我跟年轻时的我做比较**　然后你就可以坦然面对现在，学会欣赏现在的美了。毕竟过去的美早已成为记忆，现在的美才是真实的。

只要不再记挂着跟别人比较，你就彻底解放了。这个人皱纹比我少，那个人首饰比我多，又有什么关系呢？于是你的朋友也渐渐多起来了。另外你还会更喜欢去电影院看电影，因为你在意的只是故事情节，别人的腹肌漂亮与否已经与你无关了。从攀比的樊篱中解脱出来，你会豁然开朗，原来自己在今天所能达到的最佳状态，就是你今天的样子。这岂不是很好吗？

7月 无拘无束

> **多爱自己一点**
>
> 我就是我,无需和任何人比较。

Date / 7月9日
整理食品柜和冰箱

食物是让你青春焕发的燃料。只要把食品柜和冰箱里的食品打理好了,重返青春的过程自然会快马加鞭、一日千里。整理工作可以慢慢来,也可以三下五除二一天之内就收拾停当。反正总体目标就是:让健康饮食变得简单易行,让盲目吃喝的习惯失去物质保证。

如果你是一个人单过,或者在厨房里由你说了算,不会引起家人的抗议,下列食品尽可以扔进垃圾箱:

☆精制白糖、人工增甜剂、汽水、袋装甜食(饼干、蛋糕等)。

☆薯条和咸味零食。

☆大多数白面食品。粗粒面粉除外,但是又甜又黏的精粉面包最好不吃。

☆起酥油和瓶装油,当然橄榄油除外。如果读完4月22日的内容你就已经整理过食品柜,就算你超前完成了任务。

☆所有人工染色的、加工的和非天然的食品。这些食品就是外星人看了也知道不是地球的土产。

经过这一番大扫除,就能腾出空间来储藏下列食品了:

☆时令的有机农产品。你家的冰箱保鲜盒里应该随时装满蔬菜,桌子上也总是摆着一大盘新鲜水果。

☆全麦面包、燕麦、小米、糙米做的麦片粥。

☆你要是自己在家做饭,要准备好烤面包用的全麦面粉,烤蛋糕、松饼的专用全麦面粉。如果不吃面粉,可以用米粉或土豆粉来替代。

☆各种豆类:小扁豆、豌豆、豆瓣、黑豆、鹰嘴豆。

☆冷冻蔬菜和未经增甜的冷冻水果和浆果。

☆精选的水果干,还有你喜欢的天然甜味品,比如当地出产的纯天然蜂蜜、纯正的糖枫汁、大麦芽等。

☆用非转基因大豆制成的豆奶和豆腐。

☆用来炒菜和拌沙拉的初榨橄榄油,用来烘烤点心的有机芥花籽油,含有 $\Omega-3$ 脂肪酸的亚麻油(必须冷藏),不含反式脂肪酸的印度酥油(一种提纯黄油),用天然原料制成的人造奶油。

☆用有机方式种植的花草茶和香料,最好买那种小袋包装的,更容易保鲜。

☆如果愿意,可以买一些未经加工的肉类,鲜鱼和速冻保鲜的鱼,散养鸡下的鸡蛋。乳制品的来源母牛必须只吃有机饲料,从没吃过牛成长激素BGH之类的药物。

买来这些东西以后,就该轮到烹调书籍了。除了几本你情有独钟的烹调书籍外,要确保你家里的烹调书籍所介绍的烹调方法都注重养生之道。要是大小标题里有"清淡""健康""全"等字样,说明书的作者关心你的动脉健康,在意你裤子的尺寸,同时还想教你几招,让你做的菜能博得他人的喝彩。

多爱自己一点

自己定个时间,一有空就收拾自家的冰箱和食品柜。

Date / 7月10日

接着整理厨房

昨天我们讨论了整理食品柜和冰箱的原则,重点在于应该吃什么,应该怎么吃。今天我们要看一看厨房本身了。我并不是要你重新装修厨房,更新里面的器具,而是想让厨房这个使你重返青春的实验室变得更可爱、更有用。你家的厨房明亮宜人吗?你喜欢待在里面吗?回答如果是肯定的,说明你有一个良好的开端。如果是否定的,那就美化一下你的厨房吧。趁着周末你可以擦擦玻璃,换个窗帘,换上新的锅垫和茶巾,给木制家具涂上一层雪白光亮的油漆。

然后我们还要看一看你的炊具。最好你家里已经有了优质的汤锅,不锈钢锅,陶瓷锅和生铁锅。煎锅、炒锅和烤盘上要是涂有不粘锅材料,烹饪时就可以少放一些食油。此外还要一只蒸蔬菜用的三脚架,用它可以在烹调过程中减少维生素的流失。你家的刀具每隔一两年就要找专人磨一下,因为你要靠它们来削皮切片什么的。

家里的食品加工器和搅拌器应该放在适当的地方,切菜、做酱汁、调各种配料的时候用着才方便。要是再有一台榨汁机的话,你就可以多多享受各种果汁了。有些榨汁机,比如说"冠军"牌的,可以用水果做果汁冰糕,用香蕉做出软软的"冰激凌"。如果你家的陶瓷电饭煲还在,它可以算是你的第二件秘密武器。每天早上上班之前你把各种粮食和豆子放进去,用小火煮上一整天,等你晚上下班的时候,热腾腾的晚餐就可以出锅了。糙米听起来很吓人,但是用电饭煲煮出来的糙米饭(或者任何一种大米饭)却香甜可口,火候恰到好处。有的电饭煲还有蒸鱼、蒸蔬菜的功能,价格又便宜得惊人,所以家里还是要备一个电饭煲的。

对使用微波炉的利弊人们一直都有争议。用它们加热食物确实不会额外添加肥肉和油,但是谁都不会坚持说人就应该吃用微波炉加热或"辐射"过的食物。我觉得用微波炉加热食物就够了,要是想做菜的话,还是沿用传统方法好。

整理厨房应该是常抓不懈的工作。也许今天不能逐一落实,但是等到明年的今天,希望你的厨房已经大为改观。至于现在,只需要做一项调整,你的感觉就会跟以前不一样了。

多爱自己一点

你要是在家,那就进厨房看一看。要是在外面,不妨在心里想想厨房的样子。有什么简单、经济的方法可以让你家的厨房更加舒适宜人,更有助于你做出健康美味的食物来?

Date / 7月11日

满意自己

有时候，我觉得有两个不同的我。一个是本来面目的我"A"：她在洗浴干净后穿着朴素的衣服，此外再无更多的修饰；她刚刚做完普拉提健身操，正在名叫"有机丰收"的咖啡店里稍做休憩。而另一个我"B"则穿戴整齐、精心修饰，活动的范围大大超越了自家的附近。当然，这二者为同一个人拥有，它们是同一个人的不同侧面而已。我想你一定明白我的意思，因为你跟我一样也有着不同的侧面。

要想让如此截然不同的两个侧面完整地结合在一起，关键就在于拥有坦然接受二者的心胸。也就是说，当我们以本来面目"A"示人时，遇到了一个熟悉我们另一个侧面"B"的人，在这种时候，我们根本无需窘迫尴尬。很多人在这种时候都会觉得丢脸，说："我只是出去买只面包，要是早知道会遇上某某（比如说查尔斯王子，你的白马王子，跟你抢工作的那个女的），我就打扮得漂亮点了。"但是本来面目的你"A"，只要干净整洁，清香阵阵，并不比盛装的你逊色，甚至会更加大方得体。出门的时候素面朝天、素衣布衫，其实是某些名人保护自己隐私的方法之一。她们的追星族们看到她们穿得如此普通，会惊讶到不敢接近的地步。名人以本来面目示人，就是向旁观者亮出一个标语："今天我休息。"你和我当然也有权利休息一下。这个时候，一条马尾辫，一点唇膏就可以出门，何必在意路上会遇到谁呢。

我这么说并不是让你以此为借口放任自流、懈怠邋遢。我们只是偶尔放松一下，让自己欣赏自己的本色。

多爱自己一点

不管是衣饰华贵，还是衣着朴素，我就是我。

Date / 7月12日

谨防怀旧的陷阱

人什么时候最显得老态龙钟？就是开口闭口大谈过去时光如何美好的时候。不错，打着怀旧的幌子确实可以逃避今天分内的工作，但人要是想越变越年轻的话，这种不良心态是万万有不得的。

我小的时候这座城市热闹非凡，但是随着郊外高级住宅区的扩张，整个城市已经变得静悄悄，索然无味了。每一想到此，我便不由自主地开始怀旧。用计算机写作时如若遇到什么操作问题，在手忙脚乱之际，不禁又回忆起过去仅凭一支笔一台打字机就能笔耕不辍的日子。同样，使用语音信箱时要是遇到障碍，我又不由自主地怀念起过去的前台接待小姐和接线员，怀念她们甜美的声音。但是，这种不由自主可是个陷阱。谁不喜欢听前台小姐说话呢？真人的声音当然要比机器发出的指令更加悦耳。不过记忆也有粉饰并掩盖真相的时候。比如以前的前台小姐可能会对你说："对不起，那份工作已经招到人了。"其实你明白她说的意思是"我们不招女的"。所以，套用狄更斯的一句名言，过去其实是"一个最好的时代，又是一个最糟的时代"。

要想避开怀旧的陷阱，就得珍惜今天的自己。我发现借助照片可以行之有效地实现这个目的。翻开影集，你把自己从小到大的照片挑一些出来。婴儿，刚刚学步，学前，小学，十一二岁，青年，每个时期各选几张。二十岁之后以十年为单位各选一张，一直选到你最近拍的那张。照片选好后，把所有照片排列成一幅大的综合画。如果照片是数码的，可以把它打印出来，摆在桌子上或者铺在地板上。

面前有了照片，就可以一张一张仔细地端详，慢慢回忆拍照时的情形了。襁褓时代的事情自己不记得，但父母哥哥姐姐肯定说起过的。生活中总是喜忧参半。虽然你的诞生是父母梦寐以求的，但是由于种种原因，比如父亲失业、母亲身体不好、银行催缴房贷，家里添丁增口的欢乐便被冲淡了。你学生时代的照片看起来如何？你脸上在微笑，但是心里正在为代数长除法苦恼，为在远方参战的哥哥担心。所以，先请你回忆拍照时的感受和处境，然后扪心自问：在所有的人生阶段中，到底哪个阶段才是最美好的？

我请上百位女士做过这个练习，她们对这个问题的答案是一半对一半。一半的女人说，哪个阶段都称不上是最好的或是最坏的，好与坏始终掺杂在一起。剩下一半人中，大多数认为："现在才是最美好的时光。如果说生活是一场游戏，我到现在才找到玩游戏的窍门。"用这种方式回顾过去，反倒能让你在需要直面现实的时候，不再沉湎于过去。真是有意思啊。于是，回首往昔，过去岁月中的浪漫与美好不再遮蔽你的双眼，让现实清晰地暴露在你的眼前。原来每一天、每一年都是既有好又有坏啊。

多爱自己一点

现在的日子就非常美好。

Date / 7月13日

把握现在

我曾经在一家专门报道上流社会新闻轶事的杂志社工作，报道的内容无外乎婚礼、聚会之类，去得多了我也觉得大同小异，非常无聊。但是有一个婚礼却让我牢牢记住了。婚礼上我跟75岁的新娘攀谈，听她说自己和新郎都是去年才丧偶。"许多人觉得我们应该再等等，这么赶着结婚不体面。我们都到了这把年纪，再等下去的话，谁知道还有没有机会啊。"

我不是宿命论者，但是人活到40岁以后，曾经合情合理的事情就变得不再那么合理了。40岁以前你可以说等到毕业以后再结婚，等到立业之后再要孩子，等到攒够房子的首付之后再去旅游。但是40岁一过情况就不同了，人的思路也要相应地转变过来，凡事都要赶早不赶晚。这种战略性的转变一旦完成，你就能分辨主次轻重，优先做重要的事。等到垂暮之年，你才不至于遗憾地感叹："我一直想……可总也没得空。"

今天，我们可以先借一些小事来转变思路。你不是一直想去远处那家新开张的寿司店吗？那就去吧！每年夏天商场减价甩卖的时候你不是都想去挥霍一番吗？管它买来的东西实不实用，现在就去买吧！每年老年大学开学的时候你不是很想报名学一门

课程吗？以前因为时间、学费还有畏惧心理一直未能实现。现在你可别犹豫不决了。你一旦下定决心，畏惧感就会消失；畏惧感一消失，时间和学费的问题就都迎刃而解了。

坚决果断让人越变越年轻，而优柔寡断、停滞不前只会加剧衰老。现在就是采取行动的大好时机，可要好好把握哟。

多爱自己一点

想想有哪些事情你一直想做却迟迟未付诸行动？要是想吃寿司，今天就是个好日子，赶快去吧。要是事情很重大，那今天就采取行动让它有个开端。这其实并不难，开头也许只需打个咨询电话，上网查查信息，把心愿在日记中写下来。接下来在日历上做出记号，每周每月都要一步一步地付出努力，直到你梦想成真的那一天。

Date / 7月14日

低潮期

生活中，我们常常身心疲惫、灰心丧气，心里忍不住想：我纹丝不动当棵菜别人总管不着吧？结果呢，我们变得懒散懈怠，什么事儿都想走捷径，然后就开始抱怨为什么事事都不顺心。我们倘若能摆脱这种状态，自然会过得更开心。但就是找人当众鞭打自己一顿也挣脱不出来啊，何况我们凡事总是尽心尽力的。如果你放任自流、听天由命的话，要么把自己累个半死，要么遇上麻烦。就算这样，只要你还是自己"粉丝"俱乐部的成员，你依然会越变越年轻的。

我们爱自己的孩子，哪怕他们玩到深夜才回家，还把头发染成稀奇古怪的颜色。我们爱自家养的狗，哪怕她跟邻居家的卷毛狗咬成一团，还在地毯上呕吐。我们爱自己的朋友，哪怕他们第三十二次犯了同样的错误，也依然会告诉他们，我们能够理解，并相信他们不会再错第三十三次的。对我们自己，我们也必须拿出这般分量的爱心来。在恢复青春的过程中，你唯一可能犯的错误就是彻底放弃。所以，你一定要坚持到底啊。觉得快要挺不住的时候，挑些最简单不过的小事来做就可以了。

比如听听欢快的音乐，站立的时候挺直脊背，出门时带上一瓶水。要是连每天读一页这本书的时间都没有，也没什么大不了的。只要以后每天多读几页，或者推迟结束的时间就是了。反正只要对你有好处就行。

要是觉得事情太多，很难一一都处理好的话，人往往会责怪自己禀赋不足，能力不够。你千万不要这样想，而且事实也并非如此。世事总是周而复始、循环往复的。生活中有晴朗也有阴沉，有温暖也有寒冷，有顺境也有逆境。你如果能够接受它们的话，为什么就不想想这种循环也会影响到我们自身呢？倘若你正好处于低潮，千万不要认输，至少也要借着这个机会，学学如何像宠爱自家小狗那样宠爱自己。

有些时候你善待自己，吃的都是健康食品，有的时候却以垃圾食品为生。但你仍然还是你，只不过吃垃圾食品的时候感觉不太好而已。你上班之前去健身房也好，去吃高热量高胆固醇的食物也好，对这个世界、对爱你的朋友而言，你还是你。只不过健身之后你会觉得自己更宝贵，一整天都过得开开心心。对自己关心太少，你成不了笨蛋。对自己关心太多，你也当不上圣人。总之，你是一个值得自己随时随地认真呵护照顾的人。

多爱自己一点

回顾一下自己到目前为止所取得的成绩。你要是刚刚开始恢复青春的练习，就请想一想，在以前的生活中你对自己的照顾是否周到？哪些地方可以改善？哪些方面应当成为重点？如何保证你的精力能够投入到最需要的地方？

Date / 7月15日

今天休息

7月 无拘无束

Date / 7月16日

心平气和地面对改变

有时候，听闻一种道理能让人豁然开朗、茅塞顿开，就连第一次听说这道理的时间、地点和感受都能牢记于心。这种感受你也有过吗？有一次，我和女儿乘坐在一列奔驰于中国大西北的火车上，两人一起用影碟机观看向青少年介绍佛教文化的影片。一个女性画外音介绍说："佛教认为，变化是生活中最常见的力量。对佛教徒而言，悟道就是能够心平气和地面对变化。"我按下"倒退"键又听了一遍，觉得这话是如此简单平实，却含义深远。

我不知道自己什么时候才能悟道，但是我明白，若与变化相抗争，我注定惨遭失败，而变化照样会大行其道。中年是人的一生中变化最大最多的一个时期：自己的孩子长大成人，自己的父母年迈衰老，就连我们自己，也跟以往不同了。医生建议我们去做某些体检，可我们始终觉得不是比我们年老的人才需要做这些的吗？揽镜自照，恍惚之间镜中人好像不是自己，倒是母亲的形象。有些人已经不必再为退休攒钱了，因为退休的关头已经来临了。

最近，变化的节奏似乎加快了，但正如佛教影片上的那句台词所说，变化仍然是生活中最普遍的现象。你看，四季、潮汐、天上的日月星辰，一切的一切都在运转着，变化着。就连我们身体的内部，细胞也在经历着死亡和更新。每过7年的时间，你体内原来的那些细胞物质就被彻底地替换一次。周遭的环境更是沧海桑田、变化多端，无需我赘言。人如何才能泰然面对变化呢？不妨设想人生就是乘坐过山车，你别无他选，只能系好安全带，紧紧抓住扶手，心中暗暗告诫自己：赛车、开飞机都是很好玩的事情。

多爱自己一点

我时刻准备着面对变化。我能随机应变，顺应变化。

Date / 7月17日

铬

铬可以使胰岛素更加高效地分解糖分，所以很多女性选择在这个季节补充铬。在临床治疗中，铬被用来治疗糖尿病，还有证据证明铬可以预防2型糖尿病。铬有一个独特的功能：不论血糖是高是低，铬都可以使之保持平衡。

研究表明，铬能够增加身体的净体重（lean body mass，包括身体肌肉、骨骼、内脏、体液等成分，但不包括身体脂肪 body fat）。所以有人将它奉为瘦身营养品。铬这种微量元素可以让身体加快分泌DHEA。DHEA是身体里的一种荷尔蒙，在年轻人的体内很充足，在老年人的体内往往非常缺乏。DHEA能减缓记忆力丧失，增强免疫力，强化骨密度，甚至还有一定的抗癌作用。

营养酵母、花椰菜、蛋类和贝类等食物中虽然含有铬，但是人体很难从食物中吸收到足够的分量。我们体内铬的数量随着年龄的增长而下降，而吃甜食只能变本加厉地加大我们对铬的需求。尽管健康专家认为每天应该多补充一些铬，但是每天补充100到200毫克的铬就足够了。一般说来，铬最容易吸收的形式是螯合铬。

多爱自己一点

今年夏天你还爱吃甜食吗？非吃不可的话，尽量多吃些甜美多汁的时鲜水果吧，糖果则是能不吃就不吃。

Date / 7月18日
创造一个延缓衰老的宽松环境

创造一个环境？听起来好大的口气啊。其实我们早已经在身边创造过好几个环境了。我不过是建议你营造一个私密的个人空间，置身其中时，衰老的速度就由你做主了。就年龄而言，女人一般都生活在不同的环境里，而这些环境往往是外界强加给我们的，不是我们自己创造的。比如，女学者的环境就比女演员要宽松，她们即使头发花白、戴着厚厚的眼镜，在别人心目里也是经验丰富、学识渊博的学者。女演员就必须千方百计留住青春靓丽的容颜。一头白发？真是连想都不敢想。

在目前这个人生阶段，你如果非常在意自己的容貌，愿意花钱花精力让自己显得更年轻一些，当然可以高高兴兴地光顾美容院、SPA，甚至接受整容手术。你要是觉得这么做是种浪费，有悖于你的价值观，就不如为自己创造一个私人空间，让自己在其中可以扮演艺术家、知识分子甚至是怪人的角色。具体是什么角色，我也许根本想不到，毕竟那是你的生活，你的空间。你还可以把几个不同的空间融合在一起，做一个爱光顾美容院的行为古怪的艺术家。反正发挥你的想象力就是了。

等你有了这样一个私密空间，就能随时受到环境的熏陶和鼓舞了。当然，有时你也需要跟处于其他空间的人进行沟通。但是只要你牢牢地守护住自己所创造的空间，别人也会尊重甚至羡慕你的与众不同。就好比法国的葡萄酒和俄国的芭蕾舞，到了异国他乡反倒更加受人推崇。

> **多爱自己一点**
>
> 回想一下，为了融入别人的、并不适合你的环境，你费了多少精力？当然有时这也在所难免，比如你要成为公司文化的一部分就必须融合进去。但是在你可以掌控的那部分生活中，你下了多大功夫去讨好取悦他人？你有没有被迫调整自己成熟的节奏，以适应别人定下的标准？如何才能够创造一个自己能够左右的环境？

Date / 7月19日

学会放手

放手既是一门艺术,也是一种技巧。常常运用的话,还能熟能生巧。要是没有它,人的后半生还真的不容易经营。

在自己的后半生里,你得学会放弃很多事情。比如,青春渐渐远去,你要学会放弃。以前还兴奋地觉得有大把好时光在等待自己任意挥洒,现在连这种感觉也得放手了。随着年龄的增长,你不再有生育能力,苦心养大的孩子也要远走高飞了。月经不再如期来临,你才突然惊觉原来这讨人厌的事情也有可爱的一面,它毕竟是你与女性、潮汐、月亮之间的纽带啊。此外,你还得放弃充满美好回忆的家园,放弃能证明你实力的工作,等你丈夫也退休以后还得放弃某某头衔夫人的称谓。最后,最难割舍的,就是那些故去的友人。你活得越久,这方面的体会就越多。

谢天谢地,这么多的东西我们不需要一下子同时放弃。刚一开始,你可以先从小事着手,慢慢提高自己放手的能力。平时不要收藏东西,除了有特殊纪念意义的,一般性的纪念品和礼物不要紧抓不放。拥有它们时就充分享受,到了时间就大方地送出去。过去的事情就让它成为过去,不必总是念念不忘。对身边的人要宽容,允许他们成长、改变。他们想远走高飞就让他们去飞。不管有没有你的祝福,他们早晚都会离你而去的。所以还不如真心祝福他们,让事情变得简单明快。

青春,职位,甚至你的孩子,所有这一切都不能长久留在身边。你要是明白这一点,就会把自己摆在一个崭新的位置上,全身心地享受上天赋予你的一切。无需死命抓着早晚要逝去的东西,自然能省下精力,自然能感觉振奋、舒畅。于是,放弃的同时反而又有所获得。等到哪一天你也学会了放手,就能腾出手来,优先接受生活其他形式的馈赠了。

> **多爱自己一点**
>
> 我双手空空,该放手的到了时间自然放手,才能腾出手来接受生活的另一个馈赠。

Date / 7月20日

当个行家里手

要是你特别擅长某件事情,你就是这方面的行家里手,甚至是高手了。其实,可供你发挥才干的平台多种多样。在法庭里打官司,在教室里教学生,弹钢琴,打扑克,投资理财,养花种草,都可以算数。有一样特长要比做专业人士更好,因为你可以在本职工作以外的领域里发挥才能。无论如何,生活里反正会有一个领域可以任你发挥。

不久以前,我去密苏里州春镇的一家购物广场购物,在销售按摩椅的地方试了试他们的产品。我对售货员说:"我知道你们公司,我妈妈以前在你们堪萨斯的专卖店里工作过。"

他眯起眼睛仔细看了看我,说:"你说的不是格莱迪丝·马歇尔吧?"

"不错,她就是我妈妈。"我回答。

"员工们现在还经常谈到她哪!"他兴奋地大叫道:"她是我们公司里的传奇人物,是公司有史以来最棒的推销员。"你要知道,在我母亲做销售的那个时代,她的同事和竞争对手可都是男性啊。妈妈的水平,就是我所说的高手应有的水准。

今天,请想想自己最拿手的是什么?在这个方面你能否精益求精,达到高手的水准?有什么事情让你一直跃跃欲试,而且自认为有能力达到行家的标准?有的话就尽心尽力地去做吧。无论是做好本职工作,培养业余爱好,还是从事艺术活动,都要耗费大量的时间和精力,都要潜心其中才行。在自己喜欢的方面变成一个高手,你一定会更加开心的。

> **多爱自己一点**
>
> 你在什么方面是高手？你希望成为什么方面的高手？从今天开始就行动起来，朝着高手的目标迈进吧。记得把你的心得体会写进日记里哟。

Date / 7月21日

不要为你现在的年龄感到自卑

不管你今年多大，一定要以自己的年龄为荣，不要以它为耻。对于我们中年人来说，要在美国这样的社会环境里做到这一点绝非易事。27岁的人可以向别人坦言自己的年龄，因为27岁代表着青春魅力，风华正茂。但是用不了几年，人就会觉得自己"太老了"。我第一次觉得自己"老"是在32岁那年。那时候我正怀着女儿，在医院办公室里看到我的表格上盖了一行红字：高龄产妇。我知道这是一个医学术语，专指超过30岁才生第一胎的孕妇。但是"高龄"？不会吧。

从今天开始，不管你的岁数是多少，都要以自己的年龄为荣。你要是不愿意，别人怎么打听都可以不说。但绝对不要为自己的年龄感到自卑，不管是在人前还是在内心深处，都没这个必要。跟27岁的人相比你并不差什么呀。实际上你比27岁的人更有价值，更有内涵。你这个人的存在已经是个奇迹了，更何况你还积累了这么多的生活经验和阅历呢。要是你真的想表达什么，就为自己只活了56岁道歉吧。跟你长达88岁的寿命相比，56岁才刚刚过半而已。

> **多爱自己一点**
>
> 我风华正茂正当年。

Date / 7月22日

坚决拒绝软饮料

美国大众营养健康科学中心将软饮料称为"液体糖果"。对这种说法我举双手表示赞同。不过,汽水比糖果更为有害,因为喝汽水要比吃糖容易得多。一年之中谁都不可能吃掉重达612盎司(等于17350克)的糖果,但是每个美国人平均每年都要喝掉612盎司的汽水。

如果你也喜欢喝汽水的话,我希望你能成为一个例外。

一听汽水中约含10勺白糖,这就是汽水最大的问题。根据美国癌症研究所得出的数据,这可是一个成年女性一天之内所需糖分的总和。这么多的糖分不仅让人发胖,还会导致2型糖尿病和各种牙科疾病。有的汽水虽然不含白糖,却含有大量的天门冬氨酰苯丙氨酸甲酯(译者注:一种比蔗糖甜200倍的甜味剂),人体一旦吸收后就会造成90多种病痛,比如头痛、肌肉痉挛、关节疼痛、耳鸣、视物模糊等等。可乐等软饮料还富含咖啡因,过量饮用会刺激肠胃,让神经系统和肾上腺出现紊乱。此外多数汽水含有磷酸,不但刺激肠胃,还让骨质变得疏松。

所以选购瓶装或听装的饮料时,别忘了看一看标签。有些名为"汁"或"水"的产品,无论有没有补充碳酸气,实际上都是软饮料,因为其中含有高果糖玉米糖浆(详见9月29日),或者人造糖精,甚至其他化学添加剂。

为了远离这些有害的饮料,你应该注意:

☆用苏打矿泉水和果汁自制"汽水",或者用矿泉水泡柠檬、酸橙喝。碳酸气并没有什么害处,只是喝了以后人容易打嗝、胀气。中国的传统医学认为停止饮用碳酸饮料后,关节痛便可以得到缓解。当然歌手和演说家在上台前最好不要喝碳酸饮料。

☆夏天冰箱里可以放一大罐茶水或者花草茶。红茶中也含有咖啡因,但是远远低于可口可乐的含量。泡茶时少放一点茶叶就可以降低咖啡因的含量了。

☆多喝水,多吃新鲜水果,生吃蔬菜,可以令你体内保持充足的水分。

☆不要吃太咸的零食。吃完咸味食品当然想喝汽水,喝完汽水麻烦就接踵而至了。

多爱自己一点

我对饮料和食品的选择都很讲究。

Date / 7月23日

不要被悲观言论传染

世上有很多悲观低调的人,一天到晚都在危言耸听,预言世界即将灭亡。他们对老龄问题的看法尤为如此。所以,你平时阅读这方面的文章时,一定要特别当心,不要轻信,免得被他们的悲观传染。有些人提供的信息,甚至比晚间新闻的内容更恐怖,比股票熊市的报导更令人沮丧。比如说前不久,我登陆一家著名的网站,想查一些更年期方面的信息。没想到网站的内容是如此令人气馁:更年期一到,你的骨头将发酥发脆,你的肌肉将萎缩,你的膀胱将失去控制,对早老性痴呆症将毫无抵抗能力。这样的措辞让人觉得,那些本来是有可能发生的事情全都成了必然。至于更年期以后的好处,诸如人会变得更加睿智、更加能够欣赏自己,网站上却只字未提。它当然更不会介绍更年期是做回自己的关键时期了。我立即关掉电脑,打开电视看新闻。看过了那些沮丧至极的东西,即使是电视新闻也让人觉得充满了阳光。

我并不是说我们要掩耳盗铃,对自己不利的东西就不闻不问。医学、经济学、社会等等方面的信息,我们都要学习吸收,但是学完之后自己总不至于落到了无生趣、但求速死的地步。所以千万要当心那些消极的信息，不管它是出自现代传媒还是市井流言。这其实也是一种对社会负责的态度。如果你能抗拒悲观言论的侵扰，衰老的速度自然就会放缓。我们婴儿潮这一代人，年轻的时候是多么激进，每一个倡议每一个号召都能改造这个世界。那好，眼下改造世界的大好机会又出现了。到目前为止，我们已经改变了衰老的形象。现在50岁的女士肯定要比以前显得年轻许多。而我们面前的机会就是：对于40岁以后的岁月，要让大家打消恐惧，多多强调它的优势和潜力，从而在根本上改变衰老的性质。

为此，在接收信息时，我们首先要注意它的口吻和内容，然后要注意自己处理信息的方式。你向他人传播信息时，一定要留心信息的内容，尽可能带给别人积极向上的好消息。于是，你就在自己身边创造出一个"欣欣向荣"的世界。而欣欣向荣就意味着健康、幸福和长寿。

多爱自己一点

要当心消极悲观的信息，一旦听到就原封不动地退回去。

Date / 7月24日

返老还童的费用

本书提出了许多需要花钱的建议，比如"美容""选购适合自己的衣服""剪个漂亮的发型""多吃有机方法种植的蔬菜"。但是，越变越年轻并不需要你额外破费。那些最基本的建议要么无需花钱（比如：重视自己，把自己看成年轻有活力的人，拥有丰富的精神生活），要么就是相当便宜（多吃简单、自然的食品，锻炼身体，保持整洁）。

但是需要花钱的地方确实也不少。怎么办呢？方法之一就是改正不良习惯，把节省下来的钱专款专用，用来照顾和保养自己。算起来成功戒烟的人士最划算了，不但可以省下大笔的钱，还延长了好多年的寿命。此外，不吃垃圾食品，不喝汽水，多走路，少开车少打的，购物时不要挥霍，只买自己喜欢的衣服，这些建议都可以省下大笔的钱。

另外，大多数人如果反思自己花钱的习惯，填补漏洞的话，所需要的资金也可以凑齐。首先要尽量多用现金，少用银行卡，在一段时间内把花出去的每一分钱都记录下来。等到月末，把花费分成下列几类：汽车、房租、家用杂货、外出吃饭、化妆品、服装、买礼物，等等。一旦看清楚自己把钱都用到哪些方面了，你就会发现，有些钱花得很无谓，比如说，工作日到餐馆吃午餐。要是每周两次在办公室吃自带的午餐，省下来的钱就足够你去修指甲、做按摩了。

归根结底，钱的用处都是我们在有意或无意中决定的。所以今天就要下定决心，花点钱来保持自己的青春和活力。

多爱自己一点

如果你从未记录过自己的花销开支，就从明天开始做为期1个月的记录吧。不妨随身携带一个小笔记本，把花出去的每一笔现金都记录下来。用支票和借记卡付账会有自动的记录。30天之后，请计算一下总额，找出开支的大头，看看怎样能省出钱来用于自我保养。

Date / 7月25日

药　物

多亏了现代的医学进步，我们才能生活得更健康、更长寿。但是，医药也常常被人滥用。为了治疗或者预防糖尿病、精神抑郁、高血压、鼻炎、灰指甲、失眠、荷尔蒙失调等病症，中年女性每天都要面不改色地服用大量药物。那可都是化学物质啊。

医生给你开的药方能帮你解除病痛，甚至可以挽救你的生命，但是你必须专门记录自己服用的各种药物。最好能定期去看你的医生或药剂师（两个都问到当然更好），没准给你开的某两种药物不能同时服用呢。要是给你开药方的医生不是同一个人，上述这种情况可是经常发生的。即使是同一个医生也再所难免。另外，你读了这本书后，生活方式会变得更加健康，你服用药物的剂量大小就可能随之发生改变，有些药物甚至无需继续服用。所以下一次去看医生时，一定要问个清楚哟。

以前，我除了服用天然荷尔蒙以外，医生开的药物我一概不吃。我必须承认当时我为此颇感得意。但是没过多久我的骄傲就一扫而光，因为我得了一种极为痛苦的疾病，名叫粘连性肩膀关节囊炎，又叫"五十肩"。光看名字可能看不出这病有多疼痛，看不出它能影响人的生活起居，其实患者肩关节的活动能力已经开始下降或者丧失了。一般说来，40~60岁之间的女士容易患上此病。它尽管不会危及生命，也不是永久性的（一般持续18~24个月），但是在患病期间让人觉得自己仿佛永远没有出头之日似的。在患病后的头两个月里，我到药店购买非处方的止痛药。它虽然安全，但没有效果。后来我才接二连三地服用医生给开的止痛药。

万万没想到，我这样一个一贯崇尚自然的人，居然在自家橱柜上，在装维生素和营养酵母的小瓶之间，摆上了一瓶标有"控制使用"的药物。但这也是我学习的机会。现在的我吃一堑长一智，再也不敢自大自负了。我觉得服药要注意以下几点：

☆**千万不要即兴发挥** 你一旦同意服用某种处方药，就要按照医嘱的要求服用，没有医生的许可不要加量也不要减量。

☆**无论什么药物，都不会直奔病灶而去，单单治疗你头痛、烧心等病症** 相反，药物会对整个身体产生影响。因此，你和医生要是觉得最好不吃某种药物，还是不吃为妙。从某种程度上来说，所有的药物都能让人上瘾。也就是说，你服用药物A后，可能需要药物B来治疗A的副作用。如此一来，用不了多久你家的药箱就装满瓶瓶罐罐了。所以要找一位懂得变通的医生，在你确实需要服用某种药物时，他会直言相告。

☆**有些药剂师不但知识渊博，还愿意花时间跟你交谈** 有些药店提供电脑双向查询服务，能查出哪几种药物不能同时服用。买药时一定要找能提供这种服务的地方。

☆**有的药物服用后能让你的生活变得分外美好，这时你反倒要小心提防** 一不小心可会上瘾的哟。要是某种药物能让你的生活变得十全十美，它要么是吹牛，要么有不安全因素。

服药的底线：听医生的。最后的底线：听自己的。

> 多爱自己一点
>
> 我用最明智、最安全的方法帮助身体康复如初。

Date / 7月26日

生鲜食品

有一天我跟朋友丽莎一起吃午饭，话题转到了各种食疗保健方法，我便提到我认识的一个人，他40岁左右，在过去的3年中坚持每天只吃新鲜的、未经烹饪的植物。"这种吃法很奇怪，但是我每次看到他，都觉得他越来越……"我一时没词儿，丽莎接茬说："好看？""不错，真的是越来越好看，而且越来越年轻，越来越有活力呢。"

对于适合的人来说，这种伊甸园式的饮食方式简直有脱胎换骨的效果。当然，并不是所有的人都适合这种与众不同的方法，但是新鲜天然、未经人工摆布的食物我们大家都应该吃一些。地球上只有人类和我们饲养的家畜才吃烹调过的食物，这难道不是很奇怪吗？没准儿我们可以跟地球上其他的物种学一学呢。

新鲜的蔬菜和水果能让消化系统始终处于运动状态。如果消化系统的运动速度太慢，本应排出体外的东西就会滞留在体内发酵，迫使我们的身体额外耗费能量进行垃圾处理。这些能量我们要是用于锻炼、创造、延缓衰老该有多好呢？此外还有酶的问题。食物分解需要消化酶，每个细胞发挥功能也需要新陈代谢酶作为催化剂。我们刚出生时体内本来储藏了大量的酶，但是根据《生食》杂志编辑的观点，为了消化熟食我们需要动用体内固有的储备酶，致使体内的酶越用越少。而生鲜的食物本身就含有酶，消化时不会导致体内酶的缺乏。

现在是盛夏时节，正是吃生鲜食物的大好时机：沙拉、菜芽、新鲜水果、未经烤制的坚果和种子（种子含有能够防止提前发芽的酶抑制剂。要是能在水中浸泡数小时，或者泡一整夜，便可降低其酶抑制剂的活性）。如果你身体健康，如果医生没有要求你吃特别的饭菜，你不妨坚持吃10天的生鲜食品，以帮助身体排毒。在夏天，生鲜食品你可以每周吃一天，或每天吃一顿。只要没有不好的感觉就可以继续下去。我吃生鲜食品通常要吃一到两个星期，之后感觉我的皮肤更加干净（没有红点或斑块），精力更加充沛，而且乐得不用刷锅洗碗。

生鲜食品制作简单，风味奇特，堪称一绝。我所吃过的风味各异，有的味道像肉丸，有的像三文鱼。在一些大城市中有专门供应生鲜食物的餐馆，还有专门介绍生鲜食物的图书。要是这些都不喜欢，夏天里咬一口熟透的蜜桃也不错啊。

多爱自己一点

趁着夏天，请多多享用大自然的赐予，多吃生鲜食品。

Date / 7月27日

减少羁绊困制

随着年龄的增长，生活中的羁绊、责任和障碍似乎也越来越多。也许它们还是原先那些，是你想得太复杂罢了。你想要让自己的外貌和感受变得更加年轻，但是面前似乎总是横亘着一道不可逾越的障碍，不管你实际年龄多大，它让你无法看清自身散发出来的青春特质。那道障碍可以是体重（这要放在过去，减10磅体重还不是易如反掌的事儿？），可以是晒太阳留下的疤痕（不错，激光可以解决问题，但我全身都是伤疤啊），还可以是某种疾病。不管它危及生命与否，听起来都是老气横秋、让人难过。

羁绊除了无影无形的，还有看得见摸得着的，比如一根拐杖，一个助听器，一副老花加远视眼镜，等等。这些别人也许根本注意不到，但你总觉得很碍眼。我患"五十肩"的时候，睡觉要枕特殊的枕头，买东西要用两个纸袋包装好了，再像抱小孩那样把东西抱回家。每次在商店里向售货员多要一个纸袋子，都让我感觉自己像一个闲得没事又爱挑剔的老太婆，为这样的小事斤斤计较、小题大做。

但是后来我突然醒悟，"挑剔老太婆"的形象其实是我自己选择的，根本怪不着其他人。它既然是我想出来的，就可以被我改变。于是要两个纸袋装东西的行为，再也不是老太婆所独有的行为，再也不会让我窘迫难堪了。何况我还可以选别的形象呢，比如：享受特别优先权的女士。这个很不错吧？我早就注意到有些女士很有办法，总是跟人要这要那，要求享受额外的优惠，而且还不让人生厌。在咖啡馆里要是座位不够坐了，这样的女士就会问邻桌的人："这椅子你不用了吧？"其实那椅子上堆着帽子衣服笔记本电脑和一大堆生日礼物呢。但她的语气是如此不容辩驳，别人便说："不用了，不用了，你请坐吧。"我决定要学她理直气壮的样子，需要两个纸袋就要两个纸袋。

你要是遇到什么障碍，也可以用同样方法处理，要么跨步越过去，要么转身绕过去，要么换个角度看待它们。于是，中年妇人的体形再不令你生厌，反倒成了你40年美好生活和养育3个子女的佐证。于是，身体上的病痛，不管它是可以战胜还是需要忍耐，再也无法限制你了。

有些女性感觉不到自己是在一天天变得年轻，除非是邂逅多年不见的老友，听朋友惊呼道："天啊！你肯定是嫁了位整形外科医生！"只有听了这句话她们才能找到年轻的感觉。只可惜老朋友不是天天都能遇到的。那些真正明白青春实质的人，每天早晨醒来都能感觉自己正在变年轻。她们能够平心静气地接受皮肤上的纹路，日渐圆润的下巴，而且迫不及待地要起来去享受新的一天。

> **多爱自己一点**
>
> 我有权力享受一切美好的事物。

Date / 7月28日

换个角度看待女权主义

不久前在书城的咖啡屋里,邻座有两位跟我差不多年龄的男士在聊天,聊离婚后跟人约会的问题,我无意中听到些片段。其中一个说:"我尽量不跟美国女人约会,她们享有这个权力那个权力的,太多了。"闻听此言,我顿时觉得,虽然已经到了信息时代,个人和政治层面上的女权主义还是非提不可的。

在我妈妈生活的那个年代,妇女没有投票权,也不能开立个人账户。一想到这一点我就感觉不可思议:妇女获得解放的时间居然只有这么短? 20世纪40年代,妈妈已经过了18岁,她开车去乡村加油站加油却遭到拒绝,因为她穿的是裤子而不是裙子。在我外祖母那个时代,女人穿裤子甚至是违法的。多亏了前辈们发起的一次次女权运动,我们的女儿才能够理所当然地与男人享有平等的权利。但是看看我们身边发生的国家大事和个人私事吧,男女平等的基础并不牢靠。我常常听到二十多岁的女孩们说:"我们去赴约会时男士应该掏钱。""有麻烦就让我男朋友过来搞定,我负责给他做饭。"这些正好跟女性主义提倡的自立、自强背道而驰。想到这里,我手里的钢笔掉在地上,滚到另一张桌子下面。刚才说不肯和美国女士约会的那位男士,马上俯身钻到桌子底下帮我捡了起来。望着他我很矛盾,一颗心分成了两半。半颗心想说:"让我自己来,钻桌子底是我的权利。"但另外半颗心却被他的殷勤礼貌所打动,所以开口说了声"谢谢",然后接过钢笔继续写了起来。

在今天这样一个漫长的夏日,你或许想在心里或日记里重温一下女权主义的主张。你对全体妇女的社会地位有何看法?对你现在的环境,你女儿、孙女们成长的环境感觉如何?为了年轻和年老的女性,还有哪些事情需要去做?你的观点部分是女权主义的,部分是非女权主义的,你觉得矛盾吗?你会因为自己集矛盾观点于一身而尊重自己吗?集矛盾观点于一身也是一种权利,有了它人才是自由的。

> **多爱自己一点**
>
> 今天在心里或日记里重温一下女权主义的主张。

Date / 7月29日

显微镜还是望远镜？

自从成年以来，你一直忙于家庭、事业，或者二者兼顾，肯定操了不少心，费了不少力。到现在，你可能一心一意地盼着放慢生活的节奏，享受一下安逸平静的日子；或许恰好相反，你雄心勃勃，想做出一鸣惊人的壮举。你或你认识的人要是怀有前一种愿望，就应该如愿以偿，在平和宁静的日子中，发现并体味不为外人所知的美好。

但我和许多女性交谈后却发现，越来越多的人加入了后一个阵营。她们摩拳擦掌、跃跃欲试，想要成就一番不同凡响的大事业。不论是开创新的事业，还是抱打不平，她们心中都充溢着新的激情，新的渴望。正如塞缪尔·贝克特所写："也许我生命中最美好的年华真的已经逝去，但是我心中重又燃起了火焰，就连时光倒流我都不稀罕了。"

以前，提早退休通知书一到手，女人的日子就闲散自在起来。现在退休以后大家反倒更加忙碌了，积极开办企业，或投身于慈善事业。这两项工作加在一起，简直可以改变历史。跟以前相比，倾听自己内心的呼声变得非常重要。你的另一半生命到底想要怎么度过呢？你有两个榜样可以效仿：一个是微生物学家，一个是天文学家。前者于细微琐碎中发现了动人之处，后者则是遥望浩瀚广袤的宇宙。其实两个领域同样精彩。选择要你自己来做，只要不违背你的真心就好。

7月 无拘无束

> **多爱自己一点**
>
> 写日记的时候请分析一下自己属于哪一种情况。你想不动声色地创造一点幸福？还是想要惊天动地大干一番？无论选择哪一种都是对的。同时要考虑一下自己丈夫的计划。你们两个要是一个选前者，一个选后者，要怎样才能实现双赢呢？

Date / 7月30日

今天休息

Date / 7月31日

清楚自己想要干什么

43岁那年，我买下了自己的第一栋房子。之前我想房子都快想疯了。因为有了房子才算有个家，我女儿和我心中的那个小女孩才能拥有一个快乐的童年。房子还意味着安定、合法和尊严。当时我仍然是单亲妈妈，但是我想要属于自己的房子，这对我非常重要。自从签署了购房合同，房子虽然是归我所有了，我却跟签了卖身契一般，成天忙于房子的维护、草坪的养护，简直是四脚朝天，晕头转向。没过多久，我就开始怀念过去住的不用操心的公寓房，连女儿也念叨老房子，念叨原来的公寓好。事实显而易见：我想要的原来不是房子本身，而是房子所象征的一切。

所以，人在生活中一定要知道自己在干些什么，不要犯我这样的错误，连自己想要些什么都弄不清楚。我并不是说失误像软件的程序错误那样，是"永久性的、致命的"。但是我们要明白，人到中年，生命已经过去了一半，谁还愿意浪费时间慢慢积累经验呢？我们要好好利用时间，写日记、做冥想、跟坦诚的朋友谈心，通过这些来更好地了解自己。

了解自己，还能够帮你越变越年轻。如果由于工作、周围环境等原因，或者根本没有原因，年轻漂亮的外表对你来说很重要，你了解以后就可以朝着这个方向努力了。如果外表对你来说无所谓，重要的是活力与健康，那就把重点放在增强自身的活力与健康方面。如果你喜欢老人自由自在的生活方式，成熟丰富的精神世界，那就是你的努力目标。不管什么，只要你心向往之，就要把它明确下来。它是你的，是正确的，是你应得的。

多爱自己一点

我知道自己想要从生活中得到什么。我张开双臂，准备迎接我的梦想，并超越我梦想的一切。

August

8月 悠然自得

Date / 8月1日

顺其自然的艺术

人要想有所作为，就得积极主动，尽心竭力。相信我们绝大多数人接受的都是这样的教诲。就算是在阅读这本书的时候，你也会采取些行动，期望能有所收获。这当然没问题。

但是，做事的时候要把握好积极主动的分寸，否则是要出问题的。要是积极主动得过了头，冥冥当中推动事情前进的那只手就会被你挡住。宇宙的运转自有一个大的方向。所谓顺其自然，就是让你的个人生活顺应宇宙发展的方向，并借助外力带动你的发展。当然你分内的事也需要你来完成才行。不过，你的分内之事往往就是避让在一旁，让过去付出的努力自己开花结果。有时你好像是无所事事，可是只需要待在那里，一切就顺顺当当地水到渠成了。

8月，日子悠长慵懒。凡事都不用着急，要放慢速度，悠闲一点。这样才能攒足力气，为即将到来的异常繁忙的秋天做好准备。8月，该做的事情当然还是要做，不过能否做得悠然自在点呢？少出力，多收获，说来虽然矛盾却不是不可能的。不信的话你就试试吧。人对自己的生活和终极目的要有信心。德国诗人兼小说家雷纳·马里亚·瑞克曾写到："你要相信，如同留给你的遗产那样，有一份爱正在为你而积蓄；你要相信，这份爱里包含了力量与祝福；为了实现更加远大的目标，你无需跨越这份爱的护栏。"

多爱自己一点

我顺其自然，任由生活用更加奇妙的方式塑造自己。

Date / 8月2日

你和你的牙医

如今要想拥有一副健康的牙齿并不需要吃什么苦头。牙科医生罗纳·弗雷默·卡德拉提出了如下建议：

☆**每6个月定期请牙医检查和清洗牙齿**　一来可以预防牙病，二来可以及时发现小毛病，防止它们恶化。

☆**补牙时一定要点名使用白色的合成材料，拒绝使用水银材料**　水银往往会导致一系列身体和情感上的紊乱。有些人原来用水银补过牙，现在都要求把水银取出来，换成复合材料的填充物。如果你用的是"银质"填充物，要知道其中含有50%的水银。

☆**保护好你的牙龈和牙骨**　女性的荷尔蒙分泌在更年期之前就忽高忽低，到了更年期更是急剧下降。原来轻微的牙周疾病会因此而加重，骨密度也加速降低。为了避免这种情况，就得自己在家里有意识地护理好牙齿，经常请专业的牙科大夫洗牙。现在有一种新的洗牙技术，效果能让你大吃一惊。

☆**你常看的牙医要是还懂营养学，你可就赚了！**　牙齿和齿龈需要足够的钙、镁、锌，维生素C、E，还有硒。吃肉过多会降低牙的密度。糖果（尤其是软而黏的糖、糖块、止咳糖浆），大米白面等食物中的精致淀粉，都会产生一种适于细菌生存的酸性介质，导致牙齿腐坏和牙龈疾病。柑橘类水果、苹果汁、可乐等酸性的东西，吃的时候一定要适量，才能保护牙釉质。

☆**"我爸爸带不带假牙谁又会在乎呢？"**　你的牙医在乎！要把你家人的牙科病史都告诉你的牙医。

☆**你的牙医还应该了解你正在服用哪些药物**　许多常规药物都会影响牙齿的健康。比如治疗抑郁症和高血压的药物能减少唾液的分泌，加重龋齿的症状。

☆**夜间磨牙**　夜间磨牙会磨损牙釉质，引起或加重颞骨关节疾病，甚至能使牙齿松动。戴上磨牙保护套可以起到保护作用，减少磨牙的次数。要想彻底治愈，可以借助针灸或机能反馈疗法（译者注：利用机械医疗作用，使病人自动控制和调整正常机能的医疗技术）。

☆**做一次口腔微生物测试**　将多份唾液样本送去测试，就能发现一个人是否存在营养问题，口腔中有没有罕见的细菌在作怪，是否需要进行额外的护理。

☆**看专家** 如果需要，你的牙科医生会安排你去看专科医生，比如专门治疗牙龈疾病的医生，专门负责给牙髓、牙根动手术的医生。有各专科医生的帮助，再加上自己坚定不移的决心，你的牙齿就会更加健康、年轻。

> **多爱自己一点**
>
> 假如你已经有6个月没去看牙医了，那么现在就预约一个时间，让他为你做一次清洁和检查吧。

Date / 8月3日

心胸开阔

平庸乏味，因循守旧，闭目塞听，都是致使身体衰老的心态。"我们一直都是这样做的。""这就是我的看法，而且事情就是如此嘛。"你要是经常听到自己说这样的话，说明你已经陷入这种危险的心态了。衰老还有另外一个表现需要我们警惕：感觉某人跟我们不一样，便要横加批评；感觉某人的表达方法有点过于自由，便要横加指责。"换成我的孩子，我才不会让她穿成那样呢。""你说她就这样轻易地换工作/头发颜色了？我老早就感觉她有些不对头。"或许别人真的有不对头的地方，但是我们看待事情只从自己的角度出发，目光如此保守狭隘，甚至忘记了别人也有自己的立场，我们是不是也有不对头的地方呢？

考虑到所有方面，我认为我们之所以封闭自己的心灵，是为了保护自己的安全。如果世上规定好只有一种思考方法和行为方法是正确的，我们就无需冒险、无需犯错，更不会身陷窘境了。这种想法，任何一个不想继续成长的人都觉得很合胃口，但是成长一旦停止便意味着两个字：衰老！

要想让自己变得豁达开明，随时准备好接受新鲜的事物（不是所有而只是部分），方法有很多：

☆**遇事要少下判断，最起码不要急于得出结论** 听到某些难以容忍的事情时，不要急于下结论，要给它慢慢沉淀的时间。

☆ **遇到新想法、新事物要给它们机会** 新出现的事物，正因为它们是新的，年轻人才拼命去抓；也正因为它们是新的，不再年轻的人才顽强地抗拒。我们不妨适度掌握分寸。

☆ **要明白每个人都有自己的信念** 为了实现自我，每个人都需要追随一个北斗星般的真理。你邻居所追寻的北斗星也许是来自别的星系，与你的迥然不同。但那又如何呢？只要你找到了自己的北斗星就可以了。

☆ **记住：你并未嫁给任何信仰和观点** 20多岁的人，我们期待他们发生变化，那也就是他们朝气蓬勃的部分原因。然而变化是没有年龄界限的，你也有权力进行改变。想要换个口味，换个颜色？一切都随你的便。推而广之，你身边的人，你姐姐，你的前夫，也都有改变自己的权力。

☆ **每天都期待着发现美好的事物** 总想着保持现在的年龄只会让你老得更快。我们要张开双臂，敞开心胸，去接受生活的赐予。

> 多爱自己一点
>
> 我足够安全，可以敞开自己的心胸。你的每一次呼吸

Date / 8月4日

科学护理头发

有些女人一生都拥有一头令人羡慕的头发。我朋友多萝茜的一头秀发浓密卷曲，尽管她已年近花甲，仍然一根白头发都没有。而她妈妈一直活到91岁才稍微生了几根白发。她们母女俩真可谓是得天独厚，拥有足以傲人的基因。你在头发或者其他方面也许同样得天独厚，但不管怎样，我们都应该善待自己。

年过50的你，如果你父母亲中有一方头发稀疏的话，你的头发也可能逐渐变得

稀少单薄。现在研制出来的处方药和非处方药确实可以帮助头发再生，但是都有副作用，比如说，在不该长的地方长出头发来。你要是为了头发而烦恼的话，不妨去皮肤科看看医生。另外还可以使用护发素、焗油膏等生发产品。它们虽然效果显著，但需要过一段时间才能显现出来。

染发时发丝外表裹上了一层染色剂，头发变得粗壮，自然也会显得浓密。为了养护染过的头发，洗头只能使用香波和护发素。有些产品既可以增强头发的质感又可以保护颜色。自来水中所含的氯有漂白作用，为了保护头发，应该选用能够过滤氯的淋浴喷头。这种喷头在大型天然食品店或网站上都可以买到。不管你的头发有没有染过颜色，都要使用合适的护发素护理。

如果你的头发每天都用吹风机吹，或者做高温定型，最好在洗头的时候使用免冲洗型的护发素。它可以保护你的头发不受高温的伤害。洗完头后，先用吸水性能超强的毛巾（在化妆品店和一些药店里有售）把头发擦至半干，然后再使用吹风机。吹风机不要开到最高档，在头发干透之前就要关闭电源，因为吹风的最后几分钟对头发的伤害是最大的。

对于头发来说，电烫和拉直是大忌。你要非做不可的话，一定要请最好的发型师，使用最好的烫发产品。梳理头发的时候要轻柔，不要用力猛拉猛拽。梳子齿一定要光滑。马尾辫不能整天都扎着，橡皮筋最好是有保护层的，可以不纠缠头发。

戴帽子可以保护你的秀发，防止头发因为日晒而褪色、干枯。此外还要从里而外地保护头发，食用的食品要富含维生素B族（全麦、豆类、坚果和种子）、蛋白质、高品质的油类（鳄梨、坚果、亚麻籽和橄榄）。头发跟你身体的其他部分一样，也喜欢充足的休息和睡眠，喜欢你多多喝水，不喜欢你有压力。实际上，压力跟荷尔蒙、遗传一起，构成了头发脱落的三大原因。

虽然头发号称万千烦恼丝，但头发带给你的应该是欢乐而不是困扰。它可能会因为周围的环境而朝天翘起、狂飞乱舞，可头发就是头发，有好的时候也有不好的时候，跟我们人一个样。所以不妨把打理头发当成一种游戏，好好地照顾它。

多爱自己一点

看看自己都有哪些护发产品。不适合的你干脆扔掉，改用一些能保护头发颜色、增强发质的产品。你不必为此额外花钱，只要选择气味清香、感觉良好的产品就可以了。

Date / 8月5日

勤奋工作，但不要成为工作狂

如果人奔走忙碌是为了保持充沛的精力，为了不与生活脱节，那忙碌就是年轻的特征。但谁要是忙到了工作成狂的地步，就跟年轻没有关系了。

人最理想的生活状态是：手头不缺事情做，但又不会忙得分身乏术、精疲力竭；能留下足够的时间来照顾自己、享受生活。通过对我自己和同事的观察，我发现很多人未老先衰的首要原因是疲劳过度，而不是日光曝晒、缺乏锻炼等众所周知的原因。以前，上高中、上大学时我们要跟别人竞争，找工作找对象时还要竞争。有了工作、有了家庭以后更是疲于应付，恨不得把一天24小时当成36小时来用。体力怎么能不透支呢？

你也明白，人越是不去满足身体的基本需求，就越是忙得团团转。身体无非是需要睡眠、进餐（坐下来）、锻炼、休息、陪伴、帮助你深爱的人，做些有意义的事情。仅此而已。而最后这一条可以让世界变得更加美好，也可以让你在这个美好的世界里生活得更加舒畅自在。

如果你连这些最基本的需求都无法保证，你就该停下来，歇一歇了。当然，有时情况特殊，你不得不多做一份工作，不得不同时照顾父母和孩子。这种情况要是一直持续下去的话，就连女超人也会被压垮的。说实话我并不知道你今天在忙些什么，但是如果你忙过了头，就要设法摆脱出来，恢复到正常的忙碌状态。这样你才能活得更长久，活得更精彩。

多爱自己一点

请想想自己现在忙到了什么程度。忙碌是否让你：①感到无聊和空虚？②感到愉快和充实？③事情接二连三，最基本的事情往往都无暇顾及？你应该做些什么呢？

Date / 8月6日

重视你的淋巴系统

我感冒的时候能隐隐约约地感觉到淋巴肿大,除此之外,淋巴系统的功能和构成,它对健康和保持青春的重要意义,我一无所知。后来,我遇到美国淋巴协会的发起人摩根博士,才大开眼界。摩根博士曾经在欧洲接受过专业培训。对于淋巴系统在健康和疾病方面的重大作用,欧洲人的了解比美国人更加深刻。摩根博士告诉我说,淋巴系统与静脉血管系统一起维持着身体器官体液和营养的平衡。另外,作为我们免疫系统的重要组成部分,淋巴腺可以产生抗体,杀灭病菌,抵御癌细胞。

我们整个身体的循环系统是靠心脏充当加压泵帮助循环的,而淋巴系统却是自成体系,自成格局,我们如能稍加帮助也可以。我们帮助淋巴系统有很多方法,比如增加身体的活动。活动不需要太过剧烈,太极拳、普拉提垫上操和简易的瑜伽就可以。此外,多喝水,多多摄入复合维生素C片中所含的芸香苷和生物黄酮,对淋巴都有好处。肌肤是抵抗感染的一道防线,细心呵护自己的肌肤也有利于淋巴系统的健康。

另外,还有一种名叫手工淋巴引流的按摩术,特别适合做过乳房切除术或接受放射治疗的人。此外它对于肌肉纤维炎、乳房纤维囊肿性疾病、淋巴停滞(一种腋下肿胀的感觉,医生无法归于任何科目)等病症也大有裨益。我喜欢在一年当中去做几次手工淋巴引流按摩,甚至在感觉很好的时候也要去。按摩不但舒服放松,也是对自己身体里常常被忽略的那一部分表示感谢的一种方式。

多爱自己一点

问一问自己:我经常活动吗?我喝的水够多吗?我服用的复合维生素片或维生素C片中含有芸香苷和生物黄酮吗?

Date / 8月7日
把日常工作变成精神享受

你每天所承担的杂务和工作,要么让你衰老,要么让你更加年轻。而你对待这些工作的态度,起着决定性的作用。不感兴趣、推诿、厌恶的态度,会加速人的衰老;而欣然接受、欣赏和全身心投入的态度,则会让你更加年轻。

无论什么事情,它在交际、感官或智力的层面上都有吸引人的地方。比如,和家人一起洗盘子的时候,洗盘子就不再是单调的家务活儿,而是一次聚会。这就是洗碗在交际方面的好处。如果你单独一个人洗碗,也可以感受水的温暖,肥皂沫的滑腻,盘子上柠檬洗涤剂的清香。这些都是感官上的回报。如果说洗盘子不用动脑筋,那么算日常流水账,教孩子做作业,按照说明书把37个零件拼装成一个家具,总可以挑战你的智力了吧。

所以,无论做什么事,都要看看它能给你在交际、感官或智力方面带来哪些乐趣。要是一份工作在这三个方面都不能回报你的话,那就留给老天爷去做吧。

为了使自己变得更年轻,每次清理文件、倒垃圾的时候,绝对不能产生迫不得已、厌烦甚至无法摆脱的感觉。当然,在办公室或家里我们也不能充当老好人,把别人不愿做的杂务全都包揽下来。如果你正处于这种位置,一定要设法跟大家平分这些工作。但是无论分工有多么公正,也有轮到我们去清理文件、倒垃圾的时候。你不妨把它们看成一种修行吧。如此一来你不再讨厌这些工作,甚至还能体会到一份乐趣呢。

多爱自己一点

我的生活是一次精神探险,每一个任务都是一次精神上的历练。

Date / 8月8日

必需脂肪酸

据统计，80%的美国人因为缺乏必需脂肪酸（EFA），或者因为摄入的种类不均衡，而影响到身体健康。缺乏必需脂肪酸不仅可以导致糖尿病、癌症、心脏病，还能使女性更年期的过渡愈发困难重重。在一般的人造黄油、油炸食品和加工食品中，都含有部分经过氢化的油脂，它能妨碍人体对必需脂肪酸的吸收。在加工白面的过程中，富含必需脂肪酸的小麦胚芽被去掉，所以人无法从白面中获得必需脂肪酸。必需脂肪酸有两种，一种是 Ω-3，一种是 Ω-6。但是在肉蛋等动物性食品以及食用油（橄榄油、芥花籽油除外）中，Ω-6 的含量高于 Ω-3，对人的心脏血管极为不利。

富含必需脂肪酸 Ω-3 的食物有：冷水鱼（三文鱼、鳕鱼、鳟鱼、鲭鱼），英国核桃，亚麻籽和亚麻油。此外还可以服用必需脂肪酸胶囊（鱼油，或者从海藻里提取的专供素食者服用的同类产品）。EFA 极易腐坏，对阳光、氧气和高温都很敏感，如果长时间暴露在这三者当中，鱼油的分子结构就会发生改变，原本天然健康的鱼油反而会变得有害健康，不再适合服用。所以选购亚麻油的时候，包装桶必须是不透明的，买回家后要马上冷藏，而且不能用于高温烹饪，过期后要马上扔掉。对补充 EFA 的胶囊也要用同样的方法保管。你要是喜欢吃味道类似于坚果的亚麻籽，一定要吃多少磨多少，免得变质。用电动咖啡机将亚麻籽研磨成粉后，撒在燕麦粥或者水果上即可。亚麻籽有利尿的功能，每次最多吃两勺。

我们都知道 EFA 可以预防冠心病，其实研究已证明，皮肤干涩，头发干枯，指甲发脆，疲劳，关节炎，记忆力丧失，消化缓慢……这些与衰老有关的症状，EFA 都有缓解的功效。同时要注意，必需脂肪酸毕竟是一种脂肪，跟其他脂肪一样，它的热量是蛋白质和碳水化合物的两倍。EFA 是必须要吃的，但是每天吃两勺亚麻籽油的话，别的食用油就必须相应地少吃，否则你每周额外摄入的热量就要超过 1400 大卡。

> **多爱自己一点**
>
> 从今天开始,每天补充 $\Omega-3$ 脂肪酸。

Date / 8月9日

自律和常规

今天我们要着重介绍重返青春的关键,介绍哪些习惯我们必须培养起来,才能让时间格外地善待我们。要养成习惯,就需要自律,自我约束,愿意恪守常规。有了自律人才能获得健康美貌,才能获得时间无法侵蚀的具有感染性的幸福。自律?常规?这好像跟8月份的主题"悠然自得"背道而驰啊?但在实质上,自律和常规却是悠然自得这个主题的一个有机组成部分。人只有接受了自律和常规,生活才会变得更加悠然适意。

为了充分享受老年带来的种种益处,减弱其消极不利的方面,以下都是最基本的要求。

身体方面

☆食用真正的食品。

☆多喝水。

☆多进行体力活动和锻炼。

☆细心呵护皮肤,避免受到太阳的暴晒。

☆保证充足的休息和睡眠。

☆凡是能帮助你的人,从内科医生到瑜伽老师,都要虚心求教。

心理方面

☆要念自己的好。

☆要念自己年龄的好。

☆充分地活在当下。
☆对未来充满希望。
☆要心怀感激，天天保持良好的心情。

精神方面
☆将自己视为某项宏伟事业的一部分。
☆每天花一点时间，静静地与自己心中最美好的方面进行沟通。
☆向自己保证：每天都要生机勃勃。
☆充分地理解其他生命体的感受，让慷慨、善良、自我牺牲（如果必要）成为你的第二天性。

把这些基本要求一一列举出来后，你会发现，让你的未来拥有健康、优雅和美丽并不需要占用你全部的时间。唯一的要求就是你要把自己当成稀世珍宝那样全心全意地照顾呵护，同时还要把自己周围的一切也当成稀世珍宝。其实你，还有你周围的一切，本来就是无价之宝嘛。

> **多爱自己一点**
>
> 制订一个切实可行、能够坚持下去的计划，让自己越变越年轻。你每天可以切实地做些什么？每周呢？每月呢？请把你的计划写在日记本上。

Date / 8月10日

蔬菜蘸酱

8月是享受蔬菜蘸酱的季节，适合很多不同的场合。新鲜蔬菜配上调味酱后，便少了几分瘦身食品的可怜巴巴。我常吃的调味酱做起来简单快捷，具体做法如下：在半磅沥干水的豆腐上淋半勺柠檬汁，半勺初榨的橄榄油，然后再撒上干茴香籽和海盐调味。充分搅拌之后，可以直接上桌当调味酱，也可以在冰箱里放上几个小时,待变稠之后抹在面饼上吃。你要是正准备举办聚会,下面是一个稍微复杂点儿的调味酱的做法,你不妨一试。

黄瓜滑爽调味酱

2根黄瓜,1/4碗洋葱丝,1磅豆腐,3勺半柠檬汁,2个剥皮蒜瓣,半勺盐,1/4勺香菜,1/4勺小茴香,一撮辣椒粉。

黄瓜要去皮、去籽,然后磨成糊,放10分钟后,将多余的水分挤去;黄瓜糊跟洋葱一起放进一只碗里备用;把豆腐、柠檬汁、蒜瓣、香菜、小茴香、辣椒粉倒入电动搅拌器里,搅拌至柔嫩滑爽,然后倒入黄瓜,再次搅拌均匀,盛到盘子里,放进冰箱冰镇2~3个小时后,可供6个人食用。每一份调味酱里含有64卡热量,6克蛋白质,6克碳水化合物,2克脂肪。

> **多爱自己一点**
>
> 蔬菜蘸酱美味可口,有利于健康尚在其次。

Date / 8月11日

当你处在陌生的环境中

待在自己舒适的家里,吃着自己做的饭菜,按自己的既定计划生活,你尽可以享受最好的一切。但是因公出差、外出度假、客居别家的时候,就无法跟在家里一样自由自在了。所以我们要设法将这种不自在降至最低限度。

你要是早就开始了重获青春的训练,你就该明白哪些练习是最基本的,哪些可以稍稍懈怠一点。比如说,旅行期间你可以减少运动量,但是不能全部废止。这样等度假回来以后才可以很快步入正轨。从北京到法兰克福,我在世界很多城市都办了临时健身卡。在巴黎健身俱乐部的费用超出了我的预算,于是我通过爬楼梯、走路来锻炼身体。其实变通的方法多得很。你可以租一辆自行车,自己去做一次发现之旅；可以和其他游客一起去徒步旅行；如果身体允许的话，爬山、登塔都可以。

锻炼之余你还要保证充足的休息。在家养成的睡眠习惯（详见4月8日）在外地最好也能坚持不懈。陌生的床铺、不同的时区往往会打乱睡眠习惯。所以不如在旅途中随身携带一些自己睡觉时常常用到的物品，比如你的日记本，薰衣草油，用惯了的护肤品，等等。这样在临睡之前，你看到、闻到的都是熟悉之物。当然，洗个热水澡，无论你身在何地，都有催人入眠的作用。

要是你习惯于在早晨做温油按摩（见1月4日），可不能忘了带着芝麻油。为了稳妥起见，塑料的芝麻油瓶上要用胶带封口，然后放入带拉链的塑料包里。不管你到哪里，早晨都要抽时间进行冥想。在家时我不需要闹钟就可以起床，但是出门在外，为了适应陌生的床、陌生的时区，我总是随身带一个闹钟。旅馆里要是有收音机式闹钟，我一般都在头天晚上把电源拔掉。它的"开关"键我可不敢相信。我曾经不止一次在早晨五点钟被收音机里播放的二手车广告吓醒。通常我还会带一张自己卧室的照片，无论住在哪里，看到它都有置身家中的感觉。你要是掌握了冥想的方法，只需闭上眼睛深深呼吸，不用照片也能够体会到同样的感觉。

需要外出时，别忘了带上维生素、鱼油等营养品。最好买个专用的小盒，一次能装8天的用量。我经常出差，总是预备好满满一盒，需要出门时，随时都可以带走。

出门在外要想保证饮食健康，最好的办法就是趁着在家的时候养成好的饮食习惯。习惯一旦养成，不管你身在何处都不会在饮食上亏待自己。吃饭最好是去专营天然食品的餐馆，还有泰国餐馆、日本餐馆、印度餐馆、色拉吧等。去别人家做客的时候，在饮食上当然是客随主便。由于我只吃素食，所以一般会提前告知主人。否则的话，主人端上什么我吃什么，绝对不会挑三拣四、斤斤计较。

讲究饮食健康才能焕发青春活力，但对饮食挑三拣四会被人视为老巫婆的，这二者之间可是只有一步之遥哟。有时你吃下去的也许不是最有营养的食物。但是只要我们平时谨慎选择，遇到这种情况时你的身体也可以将就一次的。

> **多爱自己一点**
>
> 在日记本上写一个旅行计划，看看哪些习惯能让自己越变越年轻，以至于在旅行期间都不能间断。

Date / 8月12日

欲速则不达

自我完善,对某些人来说是一种爱好,对其他人来说则是一种嗜好。至于我,我觉得它是生命的实质,是督促人每天早起的动力。但是在日复一日自我完善的过程中,请注意,千万不要贪多求快。

你一旦下定决心要改变某种行为,你的大脑将替你的身体做出决定:"我要锻炼身体,要保持饮食健康,心情平静。"但是你的情感倘若不赞成这一改变的话,你的大脑和身体只能束手无策。人的远大志向为什么常常落空?就因为我们往往忽略了自己的情感,才闹出了乱子。所以,为了实现自己的目标,我们需要慢慢来。比如,你痛下决心从此以后再也不吃糖了。戒糖,对于大多数人来说,尤其是因为吃糖而麻烦缠身、早就打算彻底戒掉的人来说,可是一个相当重大的改变。所以在打算戒糖的同时,就不要再打算戒咖啡或跟男朋友分手了。这么多的改变让你的情感如何接受得了呢?

同样,在经历任何转变的时候,都别忘了要抚慰自己的情感。这一点真的很重要。为此,你可以从别人那里获得支持,还可以使用冥想、写日记等方法。这样一来,你的身心能够同时感受到许多的快乐,足以取代原来吃糖获得的满足感,那戒糖自然也不是什么难事了。

有句老话说得好:"欲速则不达。"只要不贪多求快,自我完善的目标还是能实现的。

> **多爱自己一点**
>
> 请评估自己为了自我完善而付出的各种努力。你是不是在朝着所有的目标努力?你所付出的努力是否占用了你太多的精力?到目前为止效果如何?放慢速度的话效果能否变好一点?

Date / 8月13日

舒缓催人衰老的压力

在日渐增大的压力之下，人体内的肾上腺只能被迫分泌更多的肾上腺素，同时还会抱怨说："这个女人怎么回事？怎么一天到晚都在疲于奔命？"在过去的数十年中，人们渐渐了解到过分的压力会让人精疲力竭，甚至生病。但是最近人们才发现，压力还是催人衰老的几大原因之一。

曼哈顿有一位整形外科大夫，多年来一直研究双胞胎的容貌。他发现有一对双胞胎，一个比较显老，另一个却显得格外年轻。究其原因，主要的罪魁祸首不外乎抽烟、日晒和压力。根据医学理论，人在承受压力时，心里会产生要么拼命，要么逃命的反应，使得肾上腺素的分泌激增。结果，血液因此而集中供应内脏，皮肤等外部器官便一直处于缺血状态，自然会加速衰老。更有甚者，有一种名为肾上腺皮质激素的压力荷尔蒙，它如果一直在体内循环的话，会损害免疫系统，甚至有损于骨骼。

所谓的压力管理的观念已经提倡了许多年，减压的种种方法人们也耳熟能详，比如拍打枕头、打电话、洗澡、按摩、书写、锻炼、收拾东西、呼吸，等等。虽然如此，饱受压力之苦的人还是不在少数。为什么呢？因为这些方法仅对间歇性的压力管用。女人的减压良方是找人倾诉，尽管倾诉未必能解决问题。把心中的气话尽数写在纸上，不仅能舒缓蕴藏在心里和肌肉里的紧张，还能降低肾上腺素的分泌。体育锻炼可以舒缓身体里的紧张，促使大脑分泌一种能应付压力的镇静物质。收拾、整理东西能让你感觉自己有能力控制一切。快而浅的呼吸让人紧张，缓慢而深沉的呼吸则能起到相反的作用。以上提出的方法很多，其实只要使用一到两个，就可以将压力控制在适当的范围之内了。

要是你所面临的压力无时无刻不存在于生活当中，你所需要的可就不仅仅是聊天和深呼吸了。你需要的是改变你的生活方式，让自己有更多的时间休息、娱乐、健身。毕竟身体才是最重要的。

> **多爱自己一点**
>
> 我再也不把压力与成功相提并论了。

Date / 8月14日

听一听父母和孩子们喜欢的音乐

欣赏不同时代、不同地域的音乐,可谓是焕发青春的一项灵活性练习。你不必喜欢所有类型的音乐,只要愿意听一听就行了。听听父母和孩子所喜欢的音乐,你会从中领略到一种超越自身时代的共性,不至于将自己禁锢在某一特定时代、特定风格的音乐中。你对各种音乐风格、流派的欣赏能力得到提高后,对其他事物的多样性的认识自然也会相应提高。而这可是一种能让你返老还童的境界啊。哪一天等你也能头头是道地谈论流行音乐时,你的孩子以及孩子的孩子们就不会觉得你土得掉渣了。其实你怎么会土呢?流行歌曲的歌词对流行文化大唱赞歌,你借着音乐对它不是已经有了大致的把握?歌儿里唱的内容,你赞成也好,反对也罢,最起码要了解它们的主张是什么。

我父辈喜欢听的音乐早在很多年前就被我以"讨厌"为由拒之门外。不久前反而是我的女儿帮我推开了那道尘封的音乐大门。女儿把一张富兰克·辛娜塔的CD拿回家,乍一听我吓了一跳,决定不去碰它。但是禁不起女儿反复在我耳边播放,如今它已经变成我推崇的一种音乐了。这么多年以来,我因为自己在少不更事的年纪轻易得出的一个结论,就剥夺了我享受这种音乐的机会,真是可惜啊。

所以,请你扩展自己欣赏音乐的范围吧,不管是今天流行的音乐还是昨天、前天流行的音乐,统统都要听一遍。推而广之,世界上不同地域、不同节奏、不同乐器的音乐,哪怕闻所未闻的也要听一听。欣赏音乐时所表现出来的大度和灵活,能让你在其他方面也变得大度而又灵活。这岂不是很好吗?

> **多爱自己一点**
>
> 在本周里，请花些时间去听一听现在流行的音乐，如果可能最好找一位年轻人充当你的向导。然后再听一听你父母亲喜欢的音乐。听完之后你会变得胸襟博大、豁达开通。

Date / 8月15日

Date / 8月16日

保护关节

所谓骨关节炎，就是骨关节磨损所引起的关节炎。全美国患有此病的人高达4200万之众，而其中大部分都是年过40的成年人。患上骨关节炎的人，随着年龄的增长，症状会越来越明显，病痛也越来越折磨人。但是这种病我们并非不可以预防。首先就是要减轻体重。据估算，如果美国人平均减少11磅的体重，患上骨关节炎的几率就会下降50%。此外，锻炼时应该选择对关节冲击较为缓慢的方式，要避免反复使用同一个关节。另外，我们还可以进行重量练习，锻炼关节周围能够减震的肌肉。大家都知道，负重提腿动作可以增强股四头肌肌力、减轻膝关节的疼痛。

如果你的关节已经出现了僵直、不舒服的现象，千万不要吃任何茄属植物，比如番茄、柿子椒、白薯、土豆和茄子。有些人这样做后病痛大大减轻了。你要是也有这些症状，坚持一个月以后就会看到效果了。此外你还可以考虑补充以下的营养品：

☆**葡糖胺** 可以提供形成关节软骨的重要化学物质，从而减轻骨关节炎的病症。有研究表明，每天补充1500毫克的葡糖胺能修复膝关节和髋关节的软骨，恢复这些部位软骨的活力。葡糖胺胶囊和药粉里通常含有软骨素硫酸盐，两者混合服用，能为关节和骨骼提供更多的营养。

☆**甲磺酰氯** 提供关节软骨组织所需要的营养，确保关节的灵活性。研究发现，它甚至可以减轻风湿性关节炎的疼痛。风湿性关节炎是一种自身免疫性疾病，发病的年龄更轻，比骨关节炎更为严重。

☆**必需脂肪酸** （详见8月8日内容）能为关节提供额外的保护。关节需要鱼、核桃、亚麻里所含的Ω-3脂肪酸，也需要一种特殊的Ω-6脂肪酸GLA，它可以从月见草油胶囊里获得。

☆**各种维生素** 主要是维生素A、维生素C、维生素E这三大抗氧化物质。它们可以消除自由基，从而减轻关节的炎症。此外人们还发现维生素B3能部分减轻关节僵硬和疼痛的症状。

当然谁都不愿意整天一把一把地吃药。我建议你除了继续服用原来的维生素片之外，只需再添加上文提到的一两种营养品即可。耐心等待6个月之后，看看有没有效果。如果有，就坚持下去；如果没有，再试试别的。

多爱自己一点

洗澡或按摩的时候，要特别注意按摩自己的关节，要向它们表示感谢。这话听起来虽然有些荒谬，但我们毕竟是由活生生的细胞和活生生的原子组成的。我敢说它们会听见的。

Date / 8月17日

本地出产的蔬菜

　　自家要是有个菜园，保你能吃到最最新鲜的蔬菜。仅次于它的，就是你家附近出产的农副产品了。它们生长的气候和环境跟你生活的环境一样，所以是最适合你的。如果你住在闹市里，"本地农场"这一说法对你而言似乎是不可能的。其实不然。我住在纽约的曼哈顿，但是在1小时的路程以外就有农场。那里出产的果蔬在露天市场、当地的超市、天然食品店里就可以买到。看看标签一般都能找到产地。

　　刚刚采摘下来的本地蔬菜，新鲜水灵，营养成分一点也没有流失。水果和蔬菜在采摘后的48小时以内是鲜活的，充满了生命活力。48小时之后，仍算是好的，但不如刚刚采摘的有益于健康。有研究发现，水果和蔬菜在上市2天后，所含的维生素就会减少25%。再加上运输的时间以及买回家后在冰箱里存放的时间，可想而知，"新鲜"已经不新鲜了。果蔬要是本地出产的，自然要新鲜多了。

　　除此之外，当地的农产品多半是等到成熟之后才现摘现卖的，营养和味道都能够达到最佳状态。当然我并不反对吃热带水果。但是除了菠萝、芒果和番木瓜，别的东西我还是选择当地出产的。这样一来你不仅能帮助当地的农民，还能为当地的社区做一份贡献。

> **多爱自己一点**
>
> 你如果精力充沛，不妨亲自去一趟自助农场，看看食物是从何而来的。

Date / 8月18日

美 腿

我奶奶过去常常说:"腿的美丽能坚持到最后才凋谢。"现在,我越来越体会到此话果真不假。你每天只要稍作运动,就可以在95岁高龄时仍然拥有迷人、有形的小腿。锻炼可以使大腿变得结实绷紧;限制咖啡因和酒精的摄入量,多多喝水,可以减少臀腿部位的脂肪团;腿部使用的紧致霜虽然有效但作用微乎其微。不过话又说回来,除了游泳或周末晒会儿太阳以外,成熟女性显露大腿的机会能有多少呢?每一位年过35岁的魅力女人,对于自己身体何处可以展示何处应该掩饰,早就了然于心了。

在北美,人们最不喜欢露出的是腿毛。对一些女人来说,腿毛意味着自我赞同或女性主义或顺其自然。我尊重这种观点,但我持相反的意见。或许是由于传统意识的影响,我认为腿光滑才算是干净、整洁。不管你腿毛多,还是腿毛少,你都应该想办法除掉它们。如果你不愿顺其自然,那你就试试刮、打蜡或激光脱毛法。

刮是比较便宜有效的方法。充分做好刮前的准备,小心谨慎地刮就不会出现刮破腿的情况。激光脱毛是永久性的,但是费用很高。有谁看见25岁的女子,刚刚参加工作,各方面都需用钱的时候选择激光脱毛呢?时候不同,想法也不一样。

我用的是打蜡法。打蜡可以使腿丝般润滑。遵循以下步骤,坚持打蜡六周:第一次打蜡后,过两周再打一次,两周后再打第三次。因为这些细小的毛生长的速度不同,所以清除它们使皮肤光滑,需要一些密度小的蜡。六周后,每三周打一次就可以了。然后,每四周打一次蜡。值得庆幸的是,到最后,你只需每五周或六周打一次蜡就可以了。而且长出来的毛很纤细,几乎看不到了。

如果你下肢静脉曲张,出现了青紫色的斑纹,可以通过手术来处理。但是有传言说,新纹路出现的速度要比医生清除的速度还快。要想防止出现新的静脉曲张,淡化已有的纹路,方法只有一个,那就是锻炼、锻炼、再锻炼。通过散步等锻炼方式可以增强腿部的血液循环,帮助天生就容易患上静脉曲张的女性及早预防。此外专家还建议食用高纤维饮食,包括大量的水果、蔬菜、豆类、全谷和麦麸。穿及膝长袜、紧身的长袜和短袜,两腿交叉叠压,长时间以一种姿势坐着或站立,这些都不利于血液循环,应该避免。穿宽松样式的裤袜,把双脚抬高都会使你感觉舒服,不妨一试。

> **多爱自己一点**
>
> 我的双腿确实很漂亮。

Date / 8月19日

生活在真实的时间里

基于你自己的时间感，放慢生活的速度，你将会活得更长久。哪一天要是不知不觉就过去了，这一天可就算是白过了。但是在一段时间里你活得越是充实，时间就过得越快。还记得孩提时代那悠长的夏天吗？还记得两个生日之间那总也过不完的一年吗？现在要是有一丁点儿那样的感觉就好了。

时间过得快并非全无益处：每个人在尽情享乐的同时都觉得时间过得快。在你现在的年龄阶段，你会说上一大堆现在所做的事情，而对过去的事却没什么可说的。你会说一些有影响力、有价值的工作或说出工作的全部：如既当兼职妈妈，又当艺术家、企业家或志愿者。

但是我们大多数人，不管是喜欢自己的工作还是不喜欢自己的工作，生活的大部分时间都花在从一件事突进到另一件事上，花在挣钱上。现在拼命挣钱是为了将来孩子的教育，我们的退休金，父母的老年房，装饰房子，打扮自我。我们有足够的理由在办公室或在家里为要紧的事加班。但是如果我们不调整我们的速度，我们就会失去立足之地，耗尽精力，就会因为生活节奏太快而错过我们的现在。

没人知道自己生命里会有多少年，但我们知道一天有多少小时。睡觉占三分之一的时间，工作占三分之一的时间，剩下的三分之一就用在管理自我，实现自我，处理人际关系，娱乐，赶路，做些在办公室和床上不能做的小事上面了。我们大部分时间是这样度过的。

如果我们这样看待时间，就会感到非常泄气，因为最值得花时间追求的往往得到的时间最少。

然而，我们有很多度过时间的方式。我们在选择食品时往往并不首先考虑卡路里，而是考虑其颜色、味道和生命力。你可以用同样的标准对待时间。那样的话，我们就不是考虑有没有充足的时间，而是把每一刻都融入精彩、激情和生命的活力中了。把时间用在有价值的工作和快乐中，做件好事，和别人冲突时说些客气话，人生的短跑就会变得令人满意，而平凡的事也会变得美丽。当你视野里出现美的东西，停下来去欣赏它。像关注生活的主要方面一样，关注生活的细节。因为细节更丰富，更可爱。

多爱自己一点

今天就开始给自己多一点时间，关注自己的优先权，至少，不比别人的优先权少。

Date / 8月20日

向"代偿性衰老"说不

有些事情我们实在是无可奈何，比如遗传基因。此外，人锻炼身体，难免会患上滑膜炎、肌腱炎和关节炎。在海滨浴场做救护队员，难免皮肤会受到烈日的灼晒。每天享用土豆红烧肉外加甜点的美食，难免会提早衰老好几年。所以今天的任务很简单，就是向代偿性衰老说"不"。

代偿性衰老就是由外部因素引起的衰老。其罪魁祸首因人而异，主要包括：血腥暴力或令人压抑的电影，让人心生恐惧的"新闻"（详见3月6日），一次性接触到的超过你承受能力的生活的阴暗面。上述内容要是充塞于你的意识当中，你的情绪也会随之变得低沉、震惊、悲伤、无助，恨不能冲1个小时的淋浴以求摆脱。有时候甚至需要好几天的时间人才能恢复过来。

这些外部因素基本上都是虚构的，虽然如此，你的身体却不明真相啊。你的眼睛看到它们后，大脑便发出恐怖信号或沮丧信号，身体接到信号后，误以为自己正处于危险和绝望中，赶紧做出相应的生理反应。而这种生理反应跟你真的遭到凶手追杀时的反应是一模一样的。精神正常的人中，有谁会用这种方法来验证自己的肾上腺功能是否正常呢？

所以无论做什么事情，一定根据自己的实际情况做出决定。你要是觉得探案小说、恐怖电影能让你忙中偷闲过一把瘾，那就尽情享受每个镜头、每一页上的刺激和恐怖吧。如若不然，还是不看为妙。

> **多爱自己一点**
>
> 今天、今晚或这个周末，要好好使用自己的选择权。对暴力电影，压抑的电视节目，喜欢危言耸听的媒体，都要谨慎选择，不要任由它们来摧残你的青春。

Date / 8月21日

肩部按摩

大多数人的压力都积蓄在肩膀和脊背上半部的斜方肌里。通过按摩把肌肉里的紧张感揉捏出去，不但能缓解压力，还能在刹那间让人变得年轻。

读书、写字、打字、俯身、低头、垂头丧气的走路姿势，都会导致肩膀紧张僵硬。在肩膀感觉不舒服之前，瑜伽、全身按摩、冥想、减少思想压力，都是好的预防方法，能让你身姿挺拔。尽管如此，肩膀还是非常容易变得紧绷僵硬。这时要是有人愿意替你按摩颈背部位的话，真是再舒服不过了。

你要是不认识专门按摩的人，就不要指望别人能够赶来施以援手。所以不如自己率先给别人做按摩。自己的爱人、孩子、朋友都是你现成的顾客。那么，应该怎么按摩呢？首先，让你选中的幸运儿坐在一把直背椅上，告诉他身体要放松，做好享受的心理准备。要是感觉不舒服的话直说无妨。然后站在他身后，心里要想着如何才能帮助、抚慰他。把双手放在他的两肩上，用大拇指和手指按摩肩膀、后背和胳膊上的肌肉。开始时动作要轻柔，用力的大小要根据他的反应而定。只要你避开背部和颈部的椎骨，其余的地方你可以任意按揉，甚至可以用拳头或者用手肘来按摩。你的按摩手法和部位对不对，听听对方感激的"喔""啊"就知道了。如果别人允许，你还可以做头部按摩，用手指在头皮上一圈一圈地搓，然后轻轻地按摩他的脸部。如果他戴着隐形眼镜，按摩时必须避开他的眼睛。最后，两手搭在他的肩膀上，心里默默为他祝福。

在一个完美的世界里，你的这种行为总是会得到回报的。依照我的经验，获得回报的比例为67.2%。你要是事先就说定按摩是相互的，那么回报的几率就能达到100%。这可不是因为我们贪图别人的小便宜，而是因为世界上感觉疲劳紧张的人太多了，我们姑且把帮助别人缓解疲劳看成自己的责任。

多爱自己一点

今天就享受一次肩膀按摩吧。当然最好的办法是主动为人服务，然后换来自己的享受。

Date / 8月22日

不要墨守成规

正因为我们都已经上了年纪，所以在有些事情上，最好不要陷入墨守成规的一潭死水之中。我们要让别人感到意外，要让我们自己感到吃惊。

我并不是建议你变得不可捉摸、不可信赖，而是要你警惕自己那些已经变得刻板古板的习惯。比如你一向俭省节约，这当然是件好事，但是偶尔我们也可以为自己、为丈夫、为不太亲密的朋友大方一回。如果你一直擅长当听众，不妨哪天侃侃而谈，让别人当一回你的听众。你平素要是霸道、固执、以自我为中心，而且大家都这么认为，你就应该拿出藏在心底里的博爱，乐善好施一回：给一个小孩子当大姐姐，教他认字，等等。

与此同时，你也不必老老实实地当你的中年人。流行的衣裙尽管有些亮丽轻佻，只要适合你，尽可以穿出去见人。你喜欢的跳伞运动也没必要放弃。总之，要打破一些规则，或者自己来制定规则。我的床边经常放着一本书，是赖丝利尔·列文写的《冰淇淋早餐：墨守成规，你会失去一半的乐趣》。她认为，游手好闲，与小人为伍，顶嘴等行为都是违反行为准则的，也是让人们无法预料的。但是"改变行为规则能得出全新的见解，这些见解最终将重塑我们看待自我的看法"。我想她这句话的意思是，我们在自己的心目中将会变得目光清澈，对常规以外的一切都觉得顺畅自然。

多爱自己一点

我可以随着自己的心意，有时按常规办事，有时则不然。我喜欢把选择权握在自己手中。

Date / 8月23日

物美价廉

要想衣饰漂亮又不必多花钱，秘诀就是：培养自己的眼光。

有些女士很会穿着打扮，但她们家里的衣柜并不是塞得满满当当的。相反，她们的每一件衣服都是精挑细选后买回来的，每一件都非常合身，而且能跟其余的任何一件相搭配。这些女士懂得要先选购一样大件，然后再从减价小摊或者小服装店里搜罗出能搭配的七零八碎。比如，一件夹克要是买得好，不但能搭配已有的短裙、裤子、无袖长裙和牛仔裤，还能搭配高领毛衣、花边女衫、吊带衫。如果你很前卫，夹克里面只配一串珍珠项链也可以呀。做工一流的夹克，可以一连穿上好几年。只要是自己喜欢的衣服，必要时修修补补都是值得的。看到这样的衣服，即使花掉你一个季节或一年的服装预算，也不吃亏哟。

　　采购衣服时一定要注意兼收并蓄。上至设计师设计的高档服装，下至低档的处理服装，还有介于二者之间的许许多多的中档服装，我们全都要一一过目。季末商品打折的时候，要像考古发掘那样细细挑选，从中挖掘出宝物来。判断一个商店的好坏不能光看橱窗。我就经常和女儿去逛少女服饰店，那里80%的东西都不适合我这个年龄，但其他20%却不尽然，T恤衫、毛衣和运动装等都很不错。我最好的雨靴是从阿肯色的一家露营用品商店买来的。我的中式红夹克是在曼哈顿博物馆的一家小店里发现的。我去曼哈顿原本不是为了买夹克，而是为了去做一个关于印度舞蹈的讲座。我每次回堪萨州城时，都会直奔便宜的二手服装店而去。花10美元就能买到一条柔软的旧牛仔裤，我干吗要买新的呢？

　　你如果会缝纫，就可以穿出别人可望而不可即的衣服了。你要是经常出差，就可以到一些小商店、百货公司去逛一逛。平时看服装杂志时既要认真，又不能太认真。看杂志的目的并不是让你惋惜自己韶华已逝，而是学习哪两种色调、哪两种类型的衣服更适宜搭配。

　　掏腰包购买衣服之前，不妨先花一天的时间专门去看看衣服，而且一定要去你以前很少光顾的那些商店。我们逛大商场是为了了解高档服装的品质，逛小商店是为了把握未来的服装潮流。复古服装商店、二手服装店和进口服装店也可以逛逛。你即使不会缝纫，也要到布店里摸摸各种布料，看看搭配的扣子和滚边，以锻炼自己的眼力和手感。这样一来，等你真的要买衣服时，就能找到绝好的衣服了。

多爱自己一点

给自己定个日子专门去看衣服。日子要写在日历上哟。

Date / 8月24日

来自巴黎的明信片

我来巴黎是一回事儿，而我努力挖掘50岁人生的闪光点又是另一回事儿。这两件事之间，我认为没有什么关系。法国人善于把生活变成一种艺术，一种让别人一眼就能看出来的艺术。他们有种本事，能毫不费力地把简单变成风格，即使天天只吃黄油巧克力面包，面色仍然好得令人难以置信。在法国，流行着各种各样的理论教人们如何在享受黄油巧克力的同时，避免肥胖和心脏病的困扰。而我更为欣赏法国人的欣赏理论。艺术、建筑、年轻稚气的小姐、高雅成熟的夫人，当然还有美味的食品，他们全都倍加欣赏。

法国人进餐绝对不讲求速度。他们对着食物要慢慢地观其形色、闻其香、品其味。换言之，法国人每吃一口都要放下刀叉，用唇、齿、舌头细细感受食物的滋味和质感。当然他们绝对不会站着用餐，不会边跑边吃，因为他们觉得自己很重要，有权利吃顿正儿八经的饭。同样，他们也很看重做饭的人和做饭所花的时间。

劣质食物法国人是从不入口的，因为品质是他们生活中最重要的一环。提到品质，他们认为农产品应该是新鲜、水灵、清脆的，面包应该是当天早晨手工和面然后焙烤出来的，主菜应当是精心烹调、精心装点后再端上桌来的。享受法国大餐时，你所吃的数量其实并不多，因为质量带给人的满足感远非数量所能企及。他们认为，两餐之间最好不要吃零食，为什么要自己败坏自己的胃口呢？进餐时最好不要看电视，为什么要分散自己的注意力呢？

法国人对待饮食的这种态度，其实可以推而广之，应用于生活的方方面面。衣服不要贪多，但每一件都要质地上乘，做工考究，而且穿用时要特别小心在意；房间可以布置得温暖舒适，或者高雅大方，只要你觉得舒服就好。自己的时间要均匀地分配给工作、爱情和休闲，绝对不会为了追求成功而忽略爱情和休闲。

对我们大多数人来说，在感受方面做出如此巨大的改变并不容易。但这不是不可能的，而且你也不必非得移居巴黎不可。如果你的日程安排得满满的，不但饭是边跑边吃，就连化妆、打电话的时候也在奔忙，你就该对着日程表大动干戈、刀斧并用了。删减一些安排之后你会发现，天没有塌下来，太阳也照旧升起。

> **多爱自己一点**
>
> 不论在家还是在餐馆里进餐,哪怕只有你一个人,桌上也要饰有鲜花,要摆上精美的餐具。

Date / 8月25日

顺应潮流

有一出戏的名字我非常喜欢,叫《人的胳膊太短,无法跟上帝玩拳击》。人若想按照自己的心愿去操纵摆布生活,我们的胳膊可就显得太短了。

生活有生活的节奏,我们也有我们的章法,二者注定了是要和谐共存的。所以呢,该我们做的,我们要尽分内之职;不该我们费心的,自有生活关照,我们只需心安理得地坐享其成就可以了。当然,生活中我们必须有明确的目标,并朝着目标努力。但是,我们倘若认为自己有本事可以掌握事情发展过程中的一切机缘、细节,避免所有的挫折、弯路,到头来只会害得自己被送进老人病房的。其实,就连事情的最后结果我们都无法左右,遑论其过程了。不过这也并非坏事。我们想要的东西没准儿会给我们带来无尽的麻烦,得偿所愿反倒会让我们与更好的事物失之交臂,与我们终生渴望发现的真理缘悭一面。

或许你还记得嬉皮士的经典歌曲《随波逐流》,这名字还真有一番道理。人若一心想要将事态的发展控制在股掌之内,只会落得寝食难安。若要妄想扭转事态,就更是身心俱疲、难以承受。所以,有时候我们不如退而做一个生活的旁观者,不偏不倚地静观生活的跌宕起伏。同时,还要身体力行,做自己该做的分内之事。你只要不阻挡生活的去路,生活便会竭尽全力来帮助你的。

> 多爱自己一点
>
> 我顺应生活的潮流，感觉很安全，很满足。

Date / 8月26日

挺拔身姿

拜现代生活所赐，很多人长着三层下巴不说，还弓背驼腰、大腹便便。其实想想也不足为奇。我们几乎还没有学会走路便开始上学，整天趴在课桌上，放学要背沉重的书包。休息的时候就歪斜在安乐椅上看电视。即使到了现在，我们看书仍然趴在桌子上，重担背负在肩膀上，休息要躺在安乐椅上。打电脑，尤其是打手提电脑的时候，我们都长时间低眉垂眼地向下看。甚至很多人爱穿的休闲服也成了我们懒散蜷缩、不拘仪态的帮凶。紧身胸衣和腰带虽然穿着不太舒服，却能够随时提醒人们注意保持正确的站姿或坐姿。

缺乏体育锻炼，再加上懒散蜷缩的体态，都会损害我们的骨骼结构和肌肉机能，让身体早早显出老年人特有的颓唐和萎靡。幸运的是，除非患上严重的骨质疏松症或无法治疗的脊柱侧凸等结构性病变，普通人通过坚持不懈的锻炼，就能够改变这一切。以下是几个小技巧：

☆**把挺拔身姿的模板铭刻在心里**　我们的身体听命于我们的思想，简直都到了唯命是从的地步。所以我们在自己的心目中应该是挺拔优美的。在我们的心目中，我们身姿轻盈，步态优雅，宛如影星葛瑞丝·凯利、奥黛利·赫本和弗雷德·阿斯黛尔。

☆**参加健身课程**　在学校上的体育课并没有教我们现在该如何锻炼。所以一切还是从头开始吧。现在流行一种亚历山大健身法，它专门帮助人体以最高效、最平衡的方式轻松地运动，还不会造成扭伤。瑜伽、普拉提和芭蕾舞能帮你塑造出美好的体态。

☆**锻炼腹部和背部的肌肉** 弯腰、仰卧起坐等方法可以使腹直肌变得强健。腹肌强健起来，才可以支撑你的整个躯干，保护你的后腰，协助身体保持平衡。你的脊背上部和中部要是足够结实的话，就算笔直地静坐很长时间也不会感觉疲惫。要想锻炼背部肌肉，工作、聊天、乘坐公交车的时候都可以进行，你只要挺直脊背坐在椅子边上就可以了。这种坐姿听起来容易做起来难，坐不了几分钟就会感觉疲劳。累了你可以休息一会儿，但是不能中止，而且每天都要反复练上若干次。

☆**背手站立** 在邮局、超市等地排队时，烧水或打印文件时，不妨把手倒背在身后。换言之，只要一有机会，站立的时候就把手倒背在身后。因为你平时常常保持弯腰、趴伏的姿势，背手直立的姿势可以算是一种有益的补偿。

☆**水平向前看** 走路、思考的时候，要是可以的话请不要低头往下看。请你抬起眼睛，水平地往前看。只要下巴与地面保持平行，你的体态就会得到改善，视野也会更加宽广开阔。

多爱自己一点

你要是至今还没有参加普拉提、瑜伽等健身训练班，本周就打电话看看你家附近都有些什么健身课程。同时，可以按照上文所说的方法自己进行简单的锻炼。

Date / 8月27日

β-胡萝卜素

夏末的蔬菜开始上市，秋天快要来了，正好是讲讲β-胡萝卜素的时候。β-胡萝卜素是维生素A的前体，呈黄色；胡萝卜、哈密瓜、杏、南瓜、山药和红薯含有它，在深绿色的绿叶蔬菜中也有它。

人体利用β-胡萝卜素制造维生素A，借助维生素A来促进血液白细胞的生成，以增强人体对感染和致癌物质的抵御能力,保证呼吸道的健康通畅,令皮肤健康、娇嫩。β-胡萝卜素作为一种重要的抗氧化剂,能够大量地清除自由基,很好地预防癌症、心脏病和中风。此外,它还可以有效地保护眼睛,预防老年黄斑病变和白内障。我们可以每天补充10~20毫克的β-胡萝卜素。为了帮助吸收,可以同时吃些富含脂肪的食品。

> **多爱自己一点**
>
> 在接下来的一到两周内去一次农贸市场,买些含有β-胡萝卜素的蔬菜。

Date / 8月28日

我们是旅人

我认为我们来到这个世上是为了表达自我。为此,我们要体验生活,学习所有的东西。首先,最重要的是学习如何把爱付诸实践。按照量子物理学的教导,我们需要用充满活力的肉体来实现这一切。我相信,迟早人们会破解神秘,使长生不老变成现实。

现在,我们健康地生活着,利用一切可能的化妆品和药物增加魅力,并且把注意力转向我们的心灵。我们总是希望自己成为自己希望的样子,我们在乎自己是否依然年轻。我们把生命比作旅程,坐着忠诚的马车进行奇异的探险活动。可是不管我们如何进行旅行,都挡不住时间的变迁。行进中的探险者并没有注意到这一点,他对旅途中的每一个地方都感到新鲜,而且充满期待。

> 多爱自己一点
>
> 我是一名探险旅行者。

Date / 8月29日

当心饮食教条主义

不错，明智地选择食物确实是长寿、健康、保持青春活力的关键，但要是过于循规蹈矩，无论你食物挑得有多精细，也难免导致衰老。最近，有位女士对我说："水果含糖量太高，粮食含淀粉太多，肉类是酸性食品，坚果的脂肪含量太高，牛奶使人分泌黏液，豆类让人气不打一处来。"她这一番自言自语好像把一切都否定了。我问道："那你每天就靠色拉和海藻为生了？""哪里，既然所有的东西都有坏处，我反倒是来者不拒，想吃什么就吃什么。"她说得一本正经，丝毫没有开玩笑的意思。

我想你跟她可不一样吧。我年轻的时候因为体重的问题非常挑食，但我自认为还没有达到她那种程度。当然，有些东西我很少吃，有些东西根本不吃，我们每个人难道不是有权力自由选择的吗？然而，在我们这个食品极为丰盛的社会里，由于极端主义的幽灵在作祟，我们的潜意识中，食物蒙上了一层阴影。结果，吃饭时我们与其说是在单纯地享受，不如说是在遭罪吃苦头。

那又该如何是好呢？两个字："吃好"，要比以前吃得更好。你不妨把自己的身体看成一座庙宇，把食物看成祭祀神灵的供品，千万马虎不得。中国人管吃饭叫作"祭五脏庙"，正是这个意思。我们一定要把进餐看作一桩乐事，把食物看成一种礼物。人吃饭不是为了伤害自己，不是为了恪守某个标准，更不是为了引起别人的注意。吃饭就是为了强身健体，留住青春；为了活得更精彩，干出一番大事业。

> **多爱自己一点**
>
> 观察身边的朋友和媒体报道中都有哪些饮食教条,你要是能不受这些教条束缚的话就好了。

Date / 8月30日

今天休息

Date / 8月31日

大开眼界

有一次,博物馆举办了一个整容手术展览,其中有几十张照片,将实施眼部拉皮手术前后的脸庞进行了对比。每看一组,我就不由自主地想:"她真是眉弯如月啊。"其实,如此显著的效果找专业人士帮你修一修眉就可以实现。每次修眉之后,我都觉得自己的容颜更出众,眼睛似乎张得更大,人也显得更加精神抖擞、青春焕发。而修眉的过程是如此简单便捷、不太痛苦,更不用花太多时间和金钱。

修眉一般是先打蜡,然后用镊子拔掉没有沾上蜡油的眉毛。有些人选择用镊子拔眉毛。这样花的时间长,而且有点痛,但是眉毛能修得一根不多一根不少。无论使用哪种方法，其目的都是为了拔掉基本眉线以外蔓生的眉毛，让眉毛的形状能与脸型和眼睛相得益彰，相映生辉。

如今谁都不愿意把眉毛拔得太细，细眉早已落伍了。何况更年期一到，眉毛会日渐稀疏，长得正好的眉毛保留还来不及，为什么还要动手拔它呢？至于我，我一年三次找一流的美容师修眉，其他时间都用镊子加以保持。淋浴后拔眉毛比较没有痛感。

眉毛要是生得稀疏、浅淡，用眉笔和眉粉就可加以弥补。但要想画得熟练，最好向专业化妆师学些小窍门，免得因为手生画出一幅怪模样来。

多爱自己一点

跟手艺高超的化妆师预约一个时间，请她帮自己修眉。然后买几把质量好的镊子，拔掉杂乱的眉毛，以保持整体效果。

September

9月 智慧

Date / 9月1日

我的智慧怎么没有随着年龄一起增长？

知识，得之于正规的学校教育，或者不拘一格的自我学习。智慧，就需要在人生的过程中慢慢积累。我们这些人摸爬滚打，活到40岁的时候，积累的智慧足以获得哈佛等一流名牌大学的学位了。在新学期伊始的9月里，我们要为自己的这份智慧而褒奖自己。但是，我们头脑中的智慧可是集优劣于一身的。成年人的智慧到底是怎么回事呢？我们还是实话实说吧。随着年龄的增长，我们确实越来越睿智，但在需要运用智慧的紧急关头，我们往往无法立即亮出脑子里的智慧。所以，朋友一遇到麻烦，我们马上变得锦心绣口，说出一些大智大慧的宽心话，提出一些合情合理的建议。但是一旦自己遇到麻烦，需要自个儿拿主意时，又会觉得束手无策、不知如何是好了。

要是有很多麻烦事一下子冒出来，一时间，谁也来不及临时翻检人生经历，找出应对方法；谁也不可能在任何一种情况下都能机智应变。但是就在最最寻常的日子里，你机智应变的次数至少能有十几次之多呢。家里不见的东西，是你找到的，坏了东西是你修好的，就连迷途的人你都能为他们指点迷津呢。你每天做决定、承担风险、解决问题，可以不费吹灰之力。可要是哪天你忙晕了头，或者心中生出了恐惧，你就不再是一个睿智成熟的女人，而又变回原先那个青涩、不谙世事的小女孩，忘掉了自己有多能干。在这种时候，不要勉强，还是本本分分地做一个人好了。作为人，不完美也没关系，谁能够天天都那么聪明完美呢？其实，人在生活中，不完美不仅是允许的，而且是必需的。

多爱自己一点

我很睿智，但不是无所不能。

Date / 9月2日
以前读过或错过的书，现在找来读一读

在纽约生活有一大乐趣：乘地铁的时候，可以顺便看看别人都在读些什么书。于是我看到，一些不像学生的人在读莎士比亚，一些不像知识分子的人在读萨特，一些不再是少年的人在读《双城记》或《麦田守望者》。显然，这些人是在重温自己的旧爱。或者，以前受老师所迫，读的时候没能品出味道来，现在没有外界压力了，想拾起来再品读一遍。

青年时代阅读过的图书，可以带你重回那个时代，并产生耳目一新的感觉。现在翻开《呼啸山庄》，你对男主角希思克利夫的感受跟你15岁那年阅读时的感受是不一样的。以前，你也许只听说过卢梭、歌德、詹姆斯·乔伊斯的大名，却从来没有拜读过他们的大作，现在不妨拿起来读一读。以前，你也许错过了西尔维亚·帕拉斯的诗歌，错过了伊蒂斯·沃顿和多萝西·帕克的小说，现在可以到图书馆里去借，也可以到书店里找便宜的简装版，买回家后信笔圈点。更何况现在还出现了有声图书，在开车和健身的时候可以两不耽误。

阅读，这过去的家庭作业，变成了现在的心灵体验。借此，你可以了解人类的本质，了解生活、爱情，了解过去与现在有哪些方面发生了改变，哪些方面是亘古不变的。阅读这样的书籍，能够让你从作者的视角看待问题，让你的内心世界越来越深刻、丰富。

多爱自己一点

我一本以前读过的或错过的书来读一读吧。

Date / 9月3日

适合你的俱乐部

你经常进健身俱乐部锻炼身体吗？是的话一定要找一家适合自己的俱乐部才行。除非你锻炼时对环境毫不在乎，也不在意旁边有人搅扰，否则，健身房的选择关乎你健身的成败。

健身房像人一样也有自己的个性。有的前卫时尚，有的则简陋粗糙。有的健身房，去那里的人与其说是为了锻炼，倒不如说是为了结交朋友。有的干脆变成了社交场所，会员们大多热衷于凑在一起聊天，根本忘记了还要锻炼。但是，不论你想找哪一种俱乐部，它应该让你感觉舒服，给你一种归属感。它不能离你家或工作单位太远，它的健身理念不能跟你的要求相违背。你要清楚自己想要的是本地最严格的教练，还是本市最好的瑜伽班？此外，俱乐部的开放时间还必须适合你的时间。如果俱乐部A很棒，但它下午4点钟就关门，而且一周只开放3天，那你能在什么时间去健身呢？如果你想参加一个集体班，第一要看它的时间安排，第二要看其运动强度是否跟你的水平一致。

加入之前，一定要选择适合自己风格的健身俱乐部。置身其中如果感觉舒适自如，说明这是上上之选，否则就算了。一旦跟俱乐部签订了合同，再想抽身离开可比跟黑帮老大离婚还难。所以，在签字之前一定要想清楚。

多爱自己一点

如果你正在寻找合适的健身房，今天就开始做调查吧。要是你已经选择好了，今天一定要去一次。要是觉得去健身房锻炼很傻，就自己锻炼好了。相信你一定有一种优越感：我分文不花就能锻炼，其他人居然花钱健身，傻不傻啊？

9月 智慧

Date / 9月4日
刚刚萌发出来的直觉

所谓直觉，就是在事前无须了解、查证或请教他人，就能够预知事情发生的能力。直觉作为人类心智中的一部分，一直遭到大多数人的误解。这方面的专家林·罗宾逊在《灵魂的指南》一书中，为直觉下了定义：第一，直觉是"快捷、现成的洞察力"；第二，它是"指引人生的智慧的源泉"。如此说来，谁不希望能拥有直觉呢？

其实，直觉每个人都有，只是明显程度不同罢了。年过不惑的女人，她的雌性激素肯定会减少，而她的直觉能力却肯定会上升。或许这是对我们逝去的青春的补偿，或许这正是成熟的一个组成部分，反正我们体内那个聪明的女人从此便诞生了。

有一点我们可以肯定，直觉一直都陪伴在我们的左右。瑞尔克写到："未来进入我们的意识之中，因为它要抢在未来之事发生之前就改变我们。"可惜我们并没有从中获得应有的益处。因为据罗宾逊看来："人们的头脑里有一些声音在叫嚣：'我们不能那么做。''别人会怎么想？'这样的判断让我们多年来一直对直觉嗤之以鼻、不屑一顾。等到有一天，等我们能够忽略那些嘈杂的声音，任它们自生自灭时，就能放开手来锻炼自己的直觉能力了。"只有在我们的心沉静下来的时候，我们才能听到直觉的声音，才能让它为我们所用。直觉的轻言细语，与耳语相比，与能吹起地上的一根绒毛却吹不动落花花瓣的微风相比，更加轻柔、更加轻巧。

直觉的"细微声音"，也许根本不必非声音不可。它可以是一种情绪上的感受，也可以是身体上的感受。直觉可以是你脑海中或梦境中的一个形象，也可以由外部因素刺激所致，比如你家电视上出现的落日、咏叹调、玩耍的小男孩、缺衣少食的小女孩等等。上述情景，以及数以千计的其他因素，都会像打开开关接通电源那样，使你的直觉活跃起来。于是，你一下子就明白了，自己的下一个任务就是给远方的朋友打电话，从自家花园里采花送给那个小男孩的妈妈，或者把预备买新沙发的钱节省下来，送给那个小女孩。

不论你的直觉以怎样的方式出现，它都是你正常禀赋的一部分。它跟你的感觉、心智以及缝纫、唱歌的天赋一样，都是必需的、真实的。但是开发自己的直觉，并不是让我们借此牟利，而是要关注自己的直觉，在使用它时眼光敏锐、心存感激。

任何女人，如果她憎恶自己的年龄，试图否认自己的现状，只会让她的直觉能力越变越迟钝。因为直觉作为精神上特有的一种品质，只有在你实实在在的生活中，在你真心接受现状的时候，才会现身，才会放射出独特的光芒，照亮你的生活。

培养直觉的时候要有耐心，要充满期待，要像小孩子发掘地下宝藏那样满腔热情，因为事实就是如此。培养直觉不亚于学习新的东西，只不过你不需要上课、考试而已。你只需自己提醒自己，要比昨天稍稍开明一点、警醒一点、虔诚一点就行了。我的直觉告诉我，这样做的话，你会感觉更加年轻一点的。

多爱自己一点

我的直觉很强，我非常理性，非常睿智。

Date / 9月5日

做算术、猜字谜、精通一门语言

我认识一位二十多岁的女孩，她算数的时候从来都不使用计算器。她认为："等我老了以后我会名扬四海的，因为我是唯一会做加法的人。"没准儿她还真说对了。反正她是义无反顾地锻炼自己的脑力。在动脑筋这件事情上，"不用则废"的说法绝对是正确的。计算家庭收支的时候，请你用铅笔来代替计算机软件；在饭店用餐以后请用心算合计出应付小费的数目；有空儿玩玩专门设计的数字智力游戏，这些都能锻炼你的大脑，使之更加灵光。

为了达到锻炼大脑的目的，我们还可以专心致志地阅读一些高水准的报纸和书籍，参观博物馆，听讲座，甚至背诵电话号码。有一次我的手机出了毛病，里面储存的电话号码全都消失不见了。这时我才发现，我存在脑子里的电话号码只有寥寥几个：丈夫的办公室号码，女儿的手机号码，再有就是911（译者注：美国火警电话）。从那以后我给自己规定了任务，每周必须记住一个电话号码。

除了记忆电话号码这种非常实用的方法之外，玩智力游戏、填字谜等方法也非常有益于大脑的健康。我经常和丈夫一起玩报纸上的填字谜游戏。有的内容他了解，有的则是我的专长。要是遇到我们都不知道的内容，就一起开动脑筋，一起让大脑变得年轻。

学一门外语也是很不错的方法。事隔30年之后我又重新学习法语，发觉以前学过的东西很容易就能学会，以前没学过的东西就很难掌握。比如法语中"l'ordinateur（电脑）"一词我以前没学过，现在花了好几个星期才学会。或许我的想象太丰富了，但是在学习法语的过程中，我的确感觉大脑在运转。给外来动词做变形练习，仿佛是在大脑的跑道上一圈圈跑步。结果，我现在已不像以前那样容易忘记母语里的单词了，也好久好久没有把家里的门钥匙误放进冰箱里了。

多爱自己一点

> 试着做各种各样的健脑练习：文字游戏、数字游戏、猜谜语、填字、复习以前学过的外语。要是对哪一项特别感兴趣，不妨把它当成自己的一个爱好。

Date / 9月6日

无论疾病和健康

人了上年纪，并不一定非要忍受病痛的折磨不可。虽说如此，更年期一过，家庭遗传因素、年轻时压力过重或生活方式不健康等问题引起的麻烦，都趁机同时发难了。

如果真的疾病缠身，你该如何应对呢？不如趁着身强体壮的时候早做准备，未雨绸缪。这样你就能确保自己健康地活到102岁，然后在睡梦中安详地离去了。准备工作首先是内在的。对周围的人和事情，你心中要保持一种强烈的兴趣和好奇心，而且要强烈到可以忘记小我的程度。你的心中还要有一种信念，要坚信凡事皆有因，无论在何种情势下你都能够挺身面对。其次是外在的准备工作。比如你的朋友和家人，他们虽然很平凡，但关键时候能给予你帮助。此外还要积蓄资金，购买一份好的保险。如果在这两方面你觉得自己都有所欠缺，从今天就着手准备吧。这样一来你就不用为将来担心，就能把精力转而放在现在的生活上了。

如果你正在与疾病做斗争，你一定要知道，你手头可是有很多选择的。你可以去找第二个甚至第三个医生确诊。如果看医生需要出趟远门，那就出远门好了。如果为了差旅费要跟银行办抵押贷款，那就办抵押好了。不管得了什么病，肯定有一种治疗方法能管用。这种方法也许还处在实验阶段，也许在外国已经使用许多年只是在本国还没有获得官方许可，也许存在于现代医学以外的广阔世界中。总之，治疗应当集合大家的力量：你，医生，能在互联网上大显神通、搜罗一切的侄子，以及所有爱你、认识你的人。

不论你感觉是好是坏，都要把自己看成一个健康的人。心里要常常盘算着等自己的病好了，就可以做哪些事情，然后想象着自己正在做那些事情。不管病痛有多么折磨人，一定要反复想象自己痊愈后的感受。如果心里存有任何犹疑，要用希望把疑问排挤出去。如果可能的话，不妨以局外人的身份观察自己。站在中立的角度上，你会发现自己的洞察力简直惊人，能一眼看清自己需要学些什么、做些什么，好让处于黑暗之中的身体和灵魂走向光明。不论你是否爱祈祷，都要找人为自己祈祷。因为有多项科学研究表明，祈祷有利于病情的康复。

人当然最好不要生病，但疾病就像生命在敲警钟，在向你报警，要你心甘情愿地进行一些改变。大病康复的人不亚于重新获得新生。当你又能从事简单的工作时，你会想："天啊，简直太不可思议了！"结果，你反倒会因为病了一场而比其他人活得更加充分、更加投入。

> **多爱自己一点**
>
> 生活、健康和快乐是我的根本，我每一天都在尽情享受。

Date / 9月7日
稍微关注通俗文化

童年时代，我常常跟妈妈到美容院上班，看见有些顾客读电影杂志读得上瘾。与其他人相比，她们似乎稍嫌俗气，嘴里嚼着口香糖，带着满头发卷就想回家，但是伊丽莎白·泰勒、玛丽莲·梦露的一举一动她们却总是一清二楚。如今，追星族已不再是令人费解的文化小群体，相反，几乎社会上的每个人都加入其中成为一分子。茶余饭后，明星们的动态便是最好的谈资：谁开始大红大紫，谁成了过气明星，哪件绯闻是真，哪件又是假。但是这种闲谈实在有些过分。那些名人在成名之后并没有放弃作为一个人的权利，这种闲谈显然粗暴干涉了人家的隐私，同时，也否定了我们自己生活中所固有的意义。

所以关注通俗文化时我们需要非常谨慎。为了变得越来越年轻，我们大多数人需要对它大致了解一点。我们在追赶潮流、了解各种街谈巷议的同时，青春才可以得以延续。要是对这些连最基本的了解都没有，我们会变得很落伍，跟年轻人交往起来也更困难。但是我所谓的基本了解，读几页高品质的报纸就可以做到，用不着一连几小时地坐在电视前观看名人离婚、违法事件的报道。这样做无异于虚度光阴、浪费生命。

由于通俗文化自身的原因，它已经取代了其他任何一种文化。但是通俗文化是一个拥有众多信徒的谎言，只会加剧大众对明星及其零星琐事的吹捧，极不利于个人或社会的健康。尽管它有不利的一面，通俗文化还是像一个五彩缤纷的旋转木马一样，偶尔骑上一骑还是很好玩的。只要你不是整天骑在上面就好了。

> **多爱自己一点**
>
> 想想通俗文化跟你的生活是什么关系：毫无瓜葛，纠缠不清，还是不远不近刚刚好？

Date / 9月8日

早餐、午餐和晚餐

我敢说你以前肯定读过什么文章,说少吃多餐(一天吃6~8次)优于传统的一日三餐,而且对减肥特别有效。但是关于长寿的研究表明,人最好是一日三餐,其间除了水果以外什么都不吃。我个人的体会正好证明了这个观点。吃东西的时候,我喜欢吃到身体和大脑都意识到我们已经吃过饭的程度。换言之,我要吃就得正儿八经地吃一顿饭。30岁以前的我,不是忙着增肥就是忙着减肥。但是自从我开始一天三餐适量进食以后(同时,我还从根本上改正了过一段时间就不管不顾拼命大吃的毛病),我的体重减轻了,而且轻得刚刚好,不用担心因为矫枉过正而考虑如何增肥的问题。

每次吃东西时人都要把握好分寸,一天三餐把握三次分寸显然要比一天六次来得容易。何况人一天当中就应该分成三次进食:早餐、午餐和晚餐。每餐之间有了足够的间歇,你才可以坐下来专心地享受每顿饭菜,享受用餐的气氛。在三餐之间再加塞吃零食实在是过于忙碌,而且零食通常不如正餐有营养。

除非你身体不舒服必须少吃多餐,不然你就试试一天三餐,看感觉如何。但吃饭时间不是不可逾越的清规戒律。吃一点恢复精力的"下午茶",晚餐耽误一小时,晚上饿得睡不着觉时再吃点水果、喝杯牛奶什么的,都是可以的。但其他情况下,一定坚持一日三餐的习惯。

> **多爱自己一点**
>
> 除非你健康状况不佳需要少吃多餐,不然就试试一日三餐的做法。如果饭后感到饥饿,不妨吃点水果,喝一杯鲜榨的蔬菜汁。

Date / 9月9日

古老的谚语

有些老话之所以变成陈词滥调,是因为人们将这些话奉为行动指南,经常挂在嘴边或者写下来,一代代地流传下来。比方说:"第一次不成,就试第二次、第三次。""早期预防强于后期治疗。""早睡早起能让人健康、富裕、聪慧。"这些谚语你可能都听过1000遍了,但昨天晚上你有没有早早上床休息呢?

公理不仅仅是千真万确,还无所不在呢。因为我们总是记不住忠告,所以必须有人在旁边反复唠叨。但并不是所有的老话你都能耳熟能详,有些你就可能从来都没听过。比如那些源自其他文化、其他国度、由其他人的老祖母流传下来的谚语,在它们新颖的外表下可是蕴含着万古长新的真理。

但是,最有价值的警世格言其实是你常常挂在嘴边的那些。因为它们已经植根于你的心灵深处,成了你的价值观和性格的一部分。下一次,要是哪一句谚语突然从你的脑海里冒了出来,或者脱口而出,不妨停下来稍加思考。例如:"己所不欲,勿施于人"。如果一句谚语对你毫无意义,你就不会想到它,更不会把它说出口了。所以千万不要因为耳朵听的次数太多,就全盘否定它的内涵。

同时,你自己家族流传下来的古老谚语,一定要不厌其烦地传授给自己的后代子孙,即使被小孙子翻白眼也要说。这样,你同子子孙孙们除了血脉相连之外,在心灵上也可以相通了。你曾经应用过的人生经验,子孙们也可以在自己的生命里实践,这难道不是很特别吗?

多爱自己一点

今天就把你最喜欢的谚语重复上几遍。

Date / 9月10日

硒

硒是具有多种抗氧化功能的微量元素，能够延长人的青春。此外，硒还是人体产生酵素谷氨酸盐不可或缺的成分，而酵素谷氨酸盐是专门对抗自由基的天敌。人们发现硒的功能多种多样，可以预防癌症，提高免疫力，缓解低落、紧张的情绪，保持皮肤弹性，减轻日晒对皮肤的伤害。要是配合维生素E一起服用的话，硒的效果就更加显著。

含有硒这种非同寻常的矿物质的食物有：全粒谷物、坚果（特别是巴西坚果）、种子、鱼和肉类。根据琼·卡珀在书中的记载，一天吃两个巴西坚果就能满足人体对硒的需求，于是我早晨喝燕麦粥时一定会放上两个（此外还有富含Ω-3脂肪酸的核桃）。根据卡珀的观点，带壳的巴西坚果比去掉壳的含硒量更丰富。

如果你喜欢口服硒片的话，一天的服用量最好是100到200毫克。复合维生素片中硒的含量多半达不到这个标准，所以购买前一定要仔细阅读说明书。另外硒摄入量超过200毫克的话，人就会中毒。

多爱自己一点

买一袋巴西坚果，每天吃上一到两个。

Date / 9月11日

别把恐惧当成动力

抛弃垃圾食品、慢跑、护理皮肤，这些完全相同的事情由两个不同的人来做，结果会大相径庭。这一奇怪现象相信你也注意到了。当然最后结果与许多变量有关，比如一个人的健康状况、新陈代谢水平、努力程度等等。但是根据我的观察，其中最重要的因素是人的心理状况。有些人在调整生活习惯后获得了满意的效果，他们往往是出于对生活的热爱、对自己的欣赏才进行调整的；效果不好的人的调整动机则是恐惧，因为他们害怕自己要是恶习不改的话可能出现可怕的后果。所以凡事不能出于恐惧才去做。这一点除了适用于自我照顾之外，还适用于我们生活的方方面面。

刚开始调整生活习惯的时候，以恐惧作为动机是正常的。例如，要是医生对你说："吸烟会要了你的命，还是戒烟吧。"听后你肯定会感到害怕，于是决定戒烟。但是你恐惧的时间不宜过长，因为恐惧令人不快，所以也容易消逝，故而根本算不上什么动机。无论做什么事情，千万不要把恐惧当成动力，真正的动力应当是你心里对自己、对别人的爱。你一定要爱护自己，因为你有自己的天赋和使命，你要身强体壮、充满活力才能更好地完成自己的使命呀。既然奇迹随时随地都可能发生，那就在生活的方方面面都尽心竭力吧，说不定哪一天奇迹就会发生在你身上呢。鼓起勇气，找一个称心的理由改变生活方式吧。那个理由只要不是恐惧就好。换个比方来说，赛跑起跑时应当鸣枪，但是每跑一圈都鸣枪就是多余的了。

> **多爱自己一点**
>
> 我喜欢养成好的生活习惯，因为我喜欢健康的感觉。我认真踏实是因为我喜欢认真踏实的感觉。

Date / 9月12日

体形变化

女大十八变,但女人的一生中体形又何止十八变啊。青春期,生产后,更年期前后,女性体形的变化都非常明显。更年期之后,多数人会乳房下垂(比怀孕和哺乳期更为厉害),腰部臃肿,腹部隆起,哪怕你做仰卧起坐的次数多于你的女儿,腹部照样会微微鼓起。那么锻炼有作用吗?肯定有,而且作用还不小,只是别忘了大自然也在起作用呢。要是没做过美容手术的话,五十多岁和四十多岁时的体形会有所不同。对此,你可以加强锻炼,可以悲观沮丧,也可以选择抽脂手术。而我依然喜欢关上门后真实的自己。

要想适应体形的变化,首先你要学会接受自己。以前你的女儿、孙女初长成时,你也许帮助过她们在心理上接受身体的变化。现在,轮到你帮你自己了。也就是说,在人生的这个阶段,你要学会接受自己的年龄,欣赏自己的美丽;要注意饮食,认真锻炼,因为值得你费这份心思。锻炼的效果也许要很久才能显现,而且也不如十年前明显,即使这样也要坚持。另外你对自己要实事求是,如果你整天吃冰淇淋看电视,令你衰老的原因可就不仅仅是年龄和荷尔蒙了。年龄和荷尔蒙我们无法控制,如何照顾自己可是我们说了算。

多爱自己一点

自然发生的体形变化我全都接受;我在力所能及的范围内尽力加以改变。我决不把这两者混为一谈。

Date / 9月13日
使人衰老的手机

我今天新买了一款小巧可爱的手机,银色、轻巧,我觉得自己很酷。但我实在不愿意把这事儿告诉玛利·考达罗,因为她是专门研究人居环境与健康的联系的专家,还因为她几乎逢人便说:"手机将你置于辐射之中,会使你提前衰老。"

听她这么说我连忙问:"戴上耳机听电话会不会好点儿?"手机店里出售的手机配套用品不是能防辐射的吗?这些配件有一定益处,但是你能从中获得多大益处现在还无法肯定。戴上耳机肯定能减弱辐射对大脑的烘烤,开车时用它通话也是明智之举。但是考达罗认为,耳机通过电线与手机相连后,反而能将非电离辐射更加集中地传输到大脑的近处。非电离辐射的辐射水平比发热物体的辐射低,但是有一些研究表明这种辐射可能会破坏人体的DNA。

实际上,只要你的手机处于开机状态,只要你在距离手机几步远的周围内,都会受到这种非电离辐射。考达罗说:"这就跟被动吸烟一样,旁边的人打手机你就会受到辐射。"一所德国大学对手机辐射进行了研究,发现70%的调查对象置身于通话状态的手机附近时,他们的脑电图(EEG)都有异常现象发生,而且需要20多个小时才能消失。手机辐射对人体到底有无危害尚无定论,但突然之间我觉得打手机不那么酷了。

如果有足够的研究成果证实辐射的问题,手机制造厂商将被迫降低手机的电力强度。但是就目前而言,我们只能尽量减少使用手机的次数,在家时不妨关掉手机,利用语音信箱告诉对方:"我可能在家,请拨家里的电话吧。"我逢人便说:"我们还是打固定电话吧,你知道手机会使人衰老吗?"虽然没有手机的日子适应起来要花些时间,但是我做到了,我只在谈业务、有急事的时候才动用手机。通话时间长的话,我尽量使用座机,或亲自拜访,面对面地交谈。

> **多爱自己一点**
>
> 不方便打固定电话时也不要用手机煲电话粥。

Date / 9月14日

晒太阳的门道

保护皮肤免受太阳的曝晒，不但能够延缓衰老，还能预防皮肤癌。然而，万物生长靠太阳，太阳毕竟是地球上出现生命的根本原因，所以晒晒太阳还是有益的。

前不久，美国儿科学会告诫正在用母乳喂养孩子的妈妈，说她们给孩子防晒的工作做得实在是太好了，结果她们的宝宝都需要补充维生素D。但是你一定知道，单单补充维生素D可不够，因为各个年龄段的人都是通过晒太阳在体内合成维生素D的。婴儿和儿童如果日晒时间不足，会有罹患佝偻病的危险；成年人要是缺乏日晒，钙的吸收变得不够充分，罹患骨质疏松症的几率就大大上升。虽然我们食用的某些食品中添加有维生素D，但是在我们所需要的维生素D中，至少有一部分应当是通过自然的方式获得的，唯有这样才说得过去呀。

除了能合成维生素D以外，太阳光还有利于保持人体正常的免疫功能，保持脑垂体荷尔蒙的平衡，也是治疗皮脂溢出和牛皮癣等皮肤病的常用药物。另外，缺乏阳光照射是SAD（季节性情绪紊乱）无可争辩的诱因。患病者在冬季或者阴霾的日子里，会感觉情绪低落，心情压抑，非常痛苦。

晒太阳要避免把皮肤晒得黝黑，也不要反复曝晒同一个部位。虽然如此，适量地晒晒太阳还是必要的，早晨或午后可以外出散步，正午时分为了获得维生素D要短暂地外出，经常晒到的部位要涂抹防晒霜，而终日遮得严严实实的腹部和大腿等处要设法接受阳光的照射。有一项很有趣的研究认为，人们可以通过饮食来防晒。

这项研究认为，只要减少摄入动物脂肪，减少摄入性质不稳定的精炼油，便能由内而外地防晒。但是在这些观点被证实之前，我们最好还是多吃阳光哺育出来的天然食物，合理地安排自己晒太阳的时间。

> **多爱自己一点**
>
> 我每天都很在意阳光，保持足够的日照时间，但是从不过量。

Date / 9月15日

Date / 9月16日

尊重限制

青少年教育专家说："孩子不但需要界限，他们简直是盼望界限。"对成年人来说也是如此。无论在哪一个年龄段，不超越界限都能保证我们的平安，而且大多数令人羡慕的成功人士都有这种行为特点。

怎样才算不超越界限呢？你没有把自己当成女强人，不勉为自己之难，列出的一日清单能够在一天之内完成，应该就算是了。忽略或敌视自己的界限可是会让人衰老的。以前你也许见过一些显得比实际年龄要大的人，因为他们日子过得太苦，辛苦地张罗着超过保护性限制的事情。当你适当地休息、运动，理智地保养自己时，当你获得的与付出的一样多时，你在尊敬限制。倾听来自身体的声音，你听见眼睛说："我盯着这个屏幕的时间太长了。"或听见你的胃央求道："你为什么这样对我？"这时，限制对你是有益的。让它们发挥作用，帮你留住青春。

多爱自己一点

我尊重限制；我留住青春。

Date / 9月17日

每周学一个单词

每周学一个单词，是锻炼大脑的好方法。有意思的词儿哪里都有，一般我喜欢从小说、报纸上搜集。在搜集的过程中，我知道记忆那些偏僻的生词可不是白费力气的。生词的另一个来源就是我的大脑，里面总有我拿不准意思的词语浮现出来。这些单词与外币颇为相似，两者都有价值，但都必须有适当的环境：货币只有在交换时才有价值，而单词的价值只有在查阅字典时才能体现出来。

　　每周除了要把选中的单词写在日记本上，还要仔细抄写字典上的注释。你要是特别认真的话，可以备一个专门的本子。有时候字典上的注释非常难懂，不如找一本学生词典，查出基本意思就可以了。一旦掌握了基本意思，其他细微的差别就容易掌握了。我建议，对待新词最好要像中学生准备词汇测试那样，背诵新词的定义，用它造句，跟别人复述，把它抄在小纸条上贴在容易看见的地方。其实无论学习什么，都有助于大脑的健康。而记忆单词有一个额外的好处：一旦学会你就能够马上加以利用。

> **多爱自己一点**
>
> 从现在开始,每周都要学一个有意思的新词,然后把它用在平时的谈话中。时常用一两个怪异的词语很好玩,但是最有价值的是那些你天天在使用的词语。

Date / 9月18日

排 毒

人体一直忙着将体内有毒有害的物质排除出去。但有时排毒的过程并不顺畅,需要借由你的帮助,比如,洗个热水澡,去除死皮,吃高纤维食品,喝新鲜蔬果汁。所以不妨每周利用周六一天的时间,挑几种方法来帮助身体排一排毒,令你的身心焕然一新。

为此,周五晚上就应该早做准备,吃些色拉、黑米饭、蒸蔬菜之类清淡容易消化的食物,而且要早些上床休息,好在第二天早上睡到自然醒来。起床后,用专用的刮片(商店里有售)轻轻地刮一刮舌苔。根据古代印度草药学的观点,多余的舌苔是新陈代谢的废渣,所以早上起来第一件事就要刮去一些舌苔(最好每天都刮,而不是只在排毒那天才刮)。然后,喝一杯热柠檬水(详见1月28日),再通过冥想(详见5月21日)为大脑排毒,最后练习瑜伽舒展筋骨。

早餐要清淡,只吃少量的水果色拉,或者炖好的苹果和李子干。你要是觉得只吃水果不太舒服的话,不妨换个花样:先把生的燕麦和切开的坚果放在清水里浸泡一夜,第二天早晨跟新鲜水果、杏仁、豆奶一起食用。如果你习惯于在早晨喝点含咖啡因的东西提神,不如喝上一杯绿茶,但是泡茶的时间不能超过两分钟。另外,也可以喝杯用薄荷或芙蓉之类泡的花草茶。用过早餐后,要带一瓶水到户外散步,中间一定不要忘了喝水。回家后,先给身体做干肤按摩,然后简单地淋浴,用澡巾去除身体上的死皮。要是有条件的话,可以先进蒸气浴室蒸一会儿,但不要超过15

分钟。知名的排毒专家认为,蒸完桑拿后,洗个冷水澡效果会更好。

午饭可以吃些色拉、蒸蔬菜,再加一份比平时放盐少的清汤。下午安排一些你喜欢又不太费力的活动,像画画、写作、养花种草等。如果可以的话,下午可以预约一次全身按摩或足部按摩,或者两者同时完成。同时要多喝水,感觉饥饿的话就吃点水果垫饥。

在用晚餐之前,要再作一次冥想。晚餐的时间不要拖得太晚,其中要包括色拉、蒸蔬菜、青豆或红烧豆腐。饭后,要么去散散步,要么读本有意思的书以作休息,然后洗一个烛光浴。不要看电视,9点或10点就上床写写日记,反省一天的所作所为(详见6月9日),然后像婴儿般安然入睡。

多爱自己一点

找一个空闲的日子留给自己排毒,然后每个季度都要做一次。

Date / 9月19日

个人的发展

小时候别人管我们叫"乐于助人的乖孩子、聪明伶俐的机灵鬼、调皮捣蛋的淘气包",上大学时我们没准儿还获得过某项荣誉。

这些别人看到的优点、特长,即使到了我们现在这个岁数,还在乐此不疲地继续表现着。只可惜这些旧形象跟旧衣服一样,已经不再适合我们了。从前以漂亮而闻名的小女孩,除非她又发展出别的特长,否则她将无法面对衰老的现实。原来的校花除非培养出其他方面的才艺,否则难免像音乐剧《猫》中的格里萨贝拉那样,在三更半夜悲伤地唱起《回忆》。就连原来的天才学生也在残酷的现实面前清醒了,原来成绩的好坏谁都不在意啊。

无论你以何种特长闻名,现在都有必要加以更新了。以前你总觉得老板出于嫉

妒挡着你的路,现在挡路的人可能不是别人,正是你自己。你刚当上母亲的时候觉得自己找到了生活的位置,而且这种感觉让你支撑了许多年。但是现在孩子已经长大成人,你的身份也必须随之改变了。比如变成一个"生活充实而又精彩的女人"。不过,要是你45岁时才决定收养孩子,60岁才决定结婚,那就另当别论了。

　　青少年因为成长发展得太快,所以很擅长表现出自身演变过程中的种种变化和曲折。他们痴迷于各种各样的事物,他们也试图想方设法地表达自我。看着女儿的时尚观念朝秦暮楚地变来变去,我不禁目瞪口呆。她先是喜欢穿男衬衫、打领带,然后又爱上了短裙和松糕鞋。当然,成年人的变化往往都是思想上的,不那么外露。但是无论是青少年还是成年人,二者改变的动机别无二致,都是为了发展和成长。

　　在人生的每一个阶段,我们都要了解自我,要做出适合自己的选择,要学会放弃其他的选择。这些挑战每个人都需要面临。人到中年,我们的人格幸好已经定型,否则岂不成了白发顽童一个?手中握有这一优势,我们正好可以趁着现在去尝试新鲜事物,去探险,穿从未穿过的颜色,确立新的目标,从事新的职业。否则的话我们就会故步自封,而故步自封可是会让人衰老的哟。

> **多爱自己一点**
>
> 　　我这个人一直在进步:我肯冒险,我愿意见世面,所以我才能成长。

Date / 9月20日

把自己知道的传授给他人

　　经历了这么多年的岁月,做了这么多的工作,你肯定是见多识广,眼界开阔。可如果你能把自己所知道的一切都与其他人分享的话,你对知识的把握便会更加充分、全面。

　　如何分享呢?在工作中言传身教,去贫困地区当家教,到成人学校任教,遇到求教的年轻人认真答疑,这些都是分享知识的办法。你所说的语言,你擅长的技术,可能正好有别人想要学习。你家世代相传的智慧,你操作计算机的技术,你的厨艺,别人可能梦寐以求。你付出努力后,可能会得到钱财或其他形式的报酬。但不管怎样你一定要以某种方式跟人分享知识。根据自然法则,中年是传授知识的阶段,顺应自然的人肯定会得到自然的报偿。

履行这一使命还有另外一种方法,那就是以身作则,将自己认可的品质传播开去。我们的孩子、朋友和同事都在注视着我们的一举一动呢。只要我们的言行和信念相一致,我们的使命就算是完成了。

> **多爱自己一点**
>
> 今晚想想你都能教些什么?为什么你能教好?如何才能教好?

Date / 9月21日

喝 茶

我发现喝茶比喝香槟更浪漫,比吃巧克力更令人心满意足。更妙的是茶有成百上千个品种,有的以产地命名,有的以采摘方式命名,有的则以味道命名。例如,茉莉花茶是带有茉莉花香味的绿茶;英式伯爵茶(Earl Grey)是带有柠檬香味的红茶。为了简单起见,茶可以分为以下四种基本类型:

☆**红茶** 茶叶成熟后充分发酵而成,富含咖啡因(大约是咖啡的一半)。

☆**乌龙茶** 茶叶半发酵,其味道和咖啡因含量都介于红茶与绿茶之间。

☆**绿茶** 未发酵的干茶叶,所含的咖啡因仅为红茶的一半;关于茶叶保健价值的研究一般都以它为研究对象。

☆**清茶** 以前只有中国人才懂得品尝,现在其他人也慢慢学会了。制作清茶时无需加热或发酵,任茶叶自然风干。所以清茶的味道清淡雅致,咖啡因含量极低,

而且富含有益的多酚物质。清茶中多酚物质的含量是如此之高，以至于一些有效的抗老化药物中都含有清茶。

咖啡因会刺激中枢神经系统，促进食物消化和新陈代谢。如果适量摄入，咖啡因能为大脑补充氧气，轻微地利尿，并且能促进血液循环。但是摄入过量，会让人失眠、紧张。其实咖啡因摄入量的多少是因人而异的。对于怀孕和哺乳期的妇女，再少的咖啡因也算多。但是有些人每天早晨喝一杯提神醒脑的茶，却没有出现任何不良后果。另外泡茶时间的长短也可以改变咖啡因的含量。根据《中国茶》一书的记载，红茶冲泡五分钟后茶汤里咖啡因的含量达到40到100毫克，如果只泡三分钟的话咖啡因的含量则会降到20至40毫克。

除了咖啡因，茶叶里还含有多种必需氨基酸和多酚物质。赋予茶叶特殊香味的必需氨基酸，在绿茶中的含量要高于红茶，能够帮助消化，分解脂肪。而茶叶中的多酚物质可以抑制癌细胞的形成和成长，还可以增强血管壁的韧性，遏制胆固醇的吸收，从而预防中风和心脏病。绿茶和乌龙茶中的多酚不但能分解动脉里的脂肪，还能消除大腿或其他部位的脂肪。研究还表明，喝茶也有利于提高免疫能力，坚固牙齿和骨骼。

沏绿茶和清茶的时候，矿泉水不能烧开，稍微低于沸点即可。浸泡的时间不能太久，达到需要的浓度就可以喝了，时间一长味道会发苦，而且不要加牛奶。沏红茶和乌龙茶时，要用刚刚煮沸的开水冲泡，然后加入柠檬。如果你想喝甜的，我建议放点儿脱水甘蔗片，一般健康食品店里可以买到。

喝茶跟做别的赏心乐事一样，都要讲究氛围。换句话说，有机会的时候，要把适量的茶叶放进陶瓷茶壶，沏好后再倒入茶杯，慢慢地品味。这种喝茶法不过是呵护自己、重视自己的另一个途径。如果这种喝法不太实际，喝袋装茶也是一样的。无论程序是简单还是复杂，泡出的茶水中同样都含有多酚。记住不论做什么事，你本人才是最重要的。

多爱自己一点

如果你一直喜欢咖啡，今天不如换个口味，喝杯茶看看感觉如何。如果你只喝红茶，从没喝过绿茶，今天或明天就试喝一次绿茶吧。要是没有喝过清茶，就到外面买点儿，然后开个品茶会，哪怕你是唯一到场的贵宾。

Date / 9月22日

心灵的转变

不管你参加"每天年轻一点"活动几个月了还是仅仅几天,关键是你要理解转变的本质是发自内心的转变。有时,你会听到有人说"人们没有改变",这句话通常是对的,但是"人们没有改变"是说"没有"而没有说"不能"。

到如今,你人生的经历一定包含了许多惊人的转变:从一个害羞的小女孩变为自信的年轻女人,从一个不被欣赏的职员变为收入颇高的管理人员,从一个固执、愤世嫉俗的人变为思想开放的探求者。如果你从前经历过转变,你就会懂得其他转变的可能性。一些人担心自己的转变没有按合适的顺序进行,他们想是思想先转变还是身体先转变呢?如果我们思想没有随身体的改变而改变,怎么办呢?一位博学的老师曾经告诉过我,"如果转变在某处和你握手,它就会在其他任何地方跟你握手"。换句话说,不要分析它,不要判断它。如果你看到自己的生活某处有了改变,那么其他地方也肯定正在发生改变。你可能需要多留意一些落后的方面,你也可能需要得到别人客观的帮助或做一些额外的工作,但是一旦转变开始发生在你身上,它就不会停下来,除非你害怕转变的辉煌,希望它停下来。

做今天你应该做的事情吧。你的精力可以集中到身体或精神方面,只要你不放弃另一个,强调其中一个就很有好处。相信你的转变已经开始了。如果你允许,它会蔓延到你生活的方方面面。

多爱自己一点

我生活在不断的积极的转变当中。

Date / 9月23日

秋 分

夏秋之交是我最钟爱的。天高云淡,风带凉意,树叶即将由绿变黄,人也重新各归其位、安定下来,那种感觉真是舒服惬意。如同别的季节交替一样,秋分也是采取适当的行动焕发青春活力的好时候。以下几个方面谨供参考:

☆**上课** 以前你每年9月份都要返校上学,今年不妨也照旧,挑一门你感兴趣的课程去学一学。

☆**添置一些新衣服** 坐下来认真浏览时装杂志,看看正在流行什么款式,然后给自己买一些合心合体的衣服。

☆**像松鼠那样未雨绸缪,提早为冬天做打算** 你可以真的在家里储藏一批天然健康的食品,也可以借此机会想一想理财方面的事情。你的钱都放在哪里?它有没有替你赚钱回来?你需要做些改变吗?

☆**让自己的周围变得温暖而又舒适** 夏天是外露的,而秋天是内敛的。把收起来的毛毯、炉具等等装备拿出来,严寒就要来临了。

☆**放纵自己的文娱需求** 戏剧和音乐会演出就要进入旺季。巡回展览马上就要在美术博物馆登台亮相了。至少要拿出一天或一个夜晚的时间来享受这些东西。

☆**欣赏秋色** 如果你家附近的树林正在炫耀自己的五颜六色,你岂能辜负这一番美景?一定要利用周末去树林里看看。

多爱自己一点

把你所喜欢的秋天的方方面面都一一写下来,例如热汤、毛衣、踩上去哗哗作响的树叶。如果你是一个热爱夏天的人,你列出来的清单一定不如我的长,但是至少也要努力找出12个秋天特有的美好之处来。

Date / 9月24日

看 透

有些事情看起来很可怕，而有些是真的很可怕。但是在大多数的时间里，我们的生活是一个个的循环，在快乐和沮丧之间摆动，在得意和不得意之间往复。但是关键在于，我们不能让周围的环境无谓地摧残我们的年华。为此，我们必须有一双能看透环境的慧眼。

世上发生的任何事情早晚都会过去，现实也不会抓住你不放。最强的人是你，而不是现实。当然，当你想的人是你丈夫而后又意识到你们已离婚了时，会痛苦一会儿。当医生说你乳头的检查玻片看起来令人怀疑时，你会感到害怕。当我们发现自己工作时十分渺小，而在试衣间里又显得过于庞大时，我们会感到很失望。但是这些都是需要看透、需要经历的现实，它们不会否认你的身份和力量，甚至有时是我们的宝库。

多爱自己一点

今天和以后的时间一定要关注现实。在现实的来往中相信自己，现实会有好有坏——了解真实情况，看透它们。生活在现实之中，在现实之中成长，挖掘我们的财富。

Date / 9月25日

不再胆怯

过去让我感觉害怕的人和事还真不少，比如：会计师、运动员、当权者、芭蕾舞女演员、商人、时尚人士、时髦商店的店员、医生、编辑、名人，还有年轻人和宗教狂热分子，等等。总之，任何一位能我所不能的人，比我做得更好更出色的人，比我挣钱更多的人，都能让我心生畏惧。事情就是这样，只要别人显得很伟大，我就会显得很渺小。

人到中年，待人格全面发展定型以后，有一个很大的好处：我们能逐渐认识到自我相对于他人的价值，而且能认识到自己与其他人是完全平等的。我们无须吓唬别人，也无须被人吓倒。

有时你会碰到不懂这个道理的人，他们会凭着胸前区区一枚塑料徽章，凭着一份刚到手两周的工作，借着早上坐车时积攒下来的一股怨气，便企图吓唬你。这种人真的让我感觉汗颜，让我觉得可怜。哪天你要是碰到这种处境可怜的人，一定不要把它当成一回事儿。当你觉得没必要跟别人争谁对谁错时，只要赶紧摆脱就行了。

多爱自己一点

我生活在一个没有胆怯的世界里，我不吓唬别人，也不会被别人吓倒。

Date / 9月26日

神圣的女性

我遇到一些妇女,她们虽然已是中年或年龄更大一些,却依然保持着别的妇女已失去的活力和激情。

当你和这些精明的、现代的女性交谈时,她们不会告诉你她们相信白胡子的圣诞老人或者在天上主持公道的超人类的神圣化的传统。相反,她们把自己理解的神圣看作超灵(爱默生提出的术语)。这种超灵不是只蕴含于一种性别,而是男性和女性最佳特质的融合。当我意识到"女神"这个词跟"神"这个词一样合法时,她们中的一位告诉我,她第一次感到自己也有女神的形象和外观。

我曾经和一些在圣母玛丽亚身上,在孕育一切自然的大地母亲身上找到了神圣自我的女性朋友交谈过,得出这样的看法:不论你信奉何种宗教,如何对这种宗教表示应有的尊重,只需在"神圣"这个概念的指引下找到原本的自我,那么作为女人的自我会比任何其他单独的行动更易形成真实的自我。如果相信自己是神圣、美好事物的映射,你会在人生的每个阶段看到更多美好的事物。

多爱自己一点

今天,用一种适合你信仰的方法,思考神圣的女性,努力把自己看成是神圣形象的外观化身。需要看的书包括萨利·安德逊和帕翠西亚·赫坡肯斯的《女性神圣的一面》和卡洛·L·弗琳达的《在渴望的深处:用女性的渴望解除精神的匮乏》。

Date / 9月27日

把自己推入生活的洪流

如果你常常感觉心情郁闷,萎靡不振,疲惫困顿,不如去看看医生,没准儿这些都是身体不适造成的。例如中年人常常遇到的甲状腺功能低下症,就能让人体虚乏力、精神萎靡。还有就是抑郁症。普通人的悲伤跟抑郁症相比,实在是小菜一碟。患上抑郁症可是需要去看医生治疗的。但如果你只是感到痛苦,并没有患上任何疾病,还不如把自己一把推进生活当中去的好。

有些时候,人会觉得连早晨起床都困难,更别说充满热情地生活、焕发青春的风采了。偶尔你也许不需要起床,上帝不正是为此才创造出周末的吗?可你也不能老是赖在床上。躺在床上连续看了24个小时的DVD之后,如果依然觉得生活无法忍受,你就要果断采取行动了。不管你有没有力气,都要一把将自己推到生活当中去。其实做起来很简单,你只需要发几个信息,洗洗头发,看看电影,上上课什么的就行了。进行这些事情等于是在告诉你的大脑:我选择了要继续生活。

我们总以为人要听命于大脑的发号施令。如果大脑认为:"你心情不好(疲惫、泄气等等),还是上床休息吧。"我们大多都照单接受。其实我们也可以反过来指挥大脑的。你在梳洗打扮之后出门跟人聊天,你的大脑便得到一个信息:"噢,原来她没事啊,那就给她输入一些力量和乐观吧。"于是你的心情也就变好了。

多爱自己一点

我不肯白白浪费生命中的任何一天。我能从生活的每一天中汲取快乐。

Date / 9月28日

启迪心灵的杰作

有些书中蕴含着人生的真谛，使人生充满意义。当我们把这些真理据为己有时，我们不但不会害怕变老，反而会把平凡的日子变得神圣。这些书是心灵杰作，包括泰戈尔和惠特曼这类诗人的作品以及一些人精神生活的感悟记录。想到我们没有读这类书时，我们会感到痛苦。这些书的存在并不是为了挑战理智，而是为了触动人的灵魂。

刚过20岁时，我在一个图书馆工作。那时我贪婪地读着这些书，但是几年前突然我感到自己年纪大了，从那以后，我就认为读泰戈尔的书没有读一些关于抗氧化剂的书有益。我意识到，尽管我是个作家，但随着时间的推移，我变成了个懒于读书的人。

我渐渐习惯了优美的词句和可以引用的警句，而且感到很满意。但是优美的词句从来没有我下午所读的发霉却充满思想的书那样触动过我。我相信，不管是读书、沉思还是创造事物，都会触动你的思想，使你离开自己的年龄。这一段使你思绪万千的时间让你和自己的灵魂结合到了一起，我可以毫不牵强地说这可以使你的身体暂缓衰老。

我知道你有很多事情要用大脑和时间、精力，但是仍然要给自己足够的时间和精力来读这些书。拿起一本你认为是心灵经典的书，如爱默生的文集，放在你床头的橱子上，每天晚上或每天早晨读一点，哪怕只是读一首诗或一个段落。当你所读的内容用一种特殊的方式和你说话时，把它的意思写在自己的日记上；当你在图书馆或书店时，再看其他的一些启迪心灵的杰作，和它们交个朋友，让它们成为你的"心灵鸡汤"。

9月 智慧

> **多爱自己一点**
>
> 在日历上找出你这个月可以为去书店抽出的两个小时，或去图书馆看心灵名著，你可以在"宗教""哲学""神秘主义""心理学""诗歌"之类的书架中找到心灵名著，但千万别忘了"儿童文学"这个书架。《爱丽丝漫游奇境记》和许多著名的神话故事都含有很多层意思，帮助你从此以后生活得幸福快乐。

Date / 9月29日

加 糖

加糖？还是不加为妙。戒糖可不是件容易的事儿。现在的加工食品里大都含有糖，我们每天摄入食糖的数量自然会超标，害得很多人精神萎靡、身体矮胖、日渐衰老。连续过量地摄入糖分，会降低身体的免疫力，降低有益胆固醇，增加甘油三酸酯（能引发心脏病），加剧自由基的活动，让身体遭受氧化之害。人们喜欢的烤制食品和冰淇淋中，除了糖之外，还含有饱和脂肪，而它只会雪上加霜，火上浇油。

除此之外，我们食用的糖，品质往往低劣至极。精制白糖中除了热量之外没有丝毫的营养。而我们现在食用的糖多半是高果糖玉米糖浆。美国人摄入这种物质的数量比1970年高出4000%。可惜这种东西比普通食糖更容易增加血浆里甘油三酸酯的数量，还有可能干扰心脏吸收矿物质的能力，妨碍新陈代谢。还有些人认为，它比普通的食糖更容易让人发胖。

那我们该怎么办呢？

☆ **食用全营养食品** 全营养食品包括：整只水果，全谷物，真正的食品。时间一长，你的口味就会发生改变，再也不想吃精制白糖和精加工食品了。

☆ **阅读产品说明** 只要产品成分的前四种中含有糖，无论是白糖、红糖、葡萄糖、麦芽糖、乳糖、山梨糖还是高果糖、玉米糖浆,都不要购买。此外,还要留心产品说明中的陷阱。要是该产品中含有两种糖分,每一种的含量自然会相对低一点儿,在成分表中的位次也较为容易掩人耳目。

☆**使用天然甜味剂** 对于人造甜味剂的好坏还存有争议,但是有一点可以肯定,它根本不是人体所需要的。比如,天门冬氨酰苯丙氨酸甲酯(一种比蔗糖甜约200倍的甜味剂,也叫阿斯巴甜蜜素),有可能导致偏头痛、情绪波动和失眠。可供替代的甜味剂包括:甜叶菊、蜂蜜、纯枫树浆、枣精(粉碎或者晒干的大枣)、脱水蔗片。这些在健康食品店里都能买到。除了甜叶菊之外,其他的仍然是糖,但它们中含有营养成分和抗氧化剂,可供人体吸收利用。而且这些甜味剂的使用并不广泛,不至于连咸肉、番茄酱、色拉调料中都含有,所以你不会因为过量摄入而带来麻烦的。

☆**把吃糖当成一种优待** 很多人等到节假日和喜庆场合才吃些糖果以示庆祝。但要是一年365天都吃糖的话就麻烦了。如果你不想百分百戒糖的话,不妨改变观念,把吃糖当成一种优待。那样你偶尔吃一块糖就会觉得甘美无比。

多爱自己一点

当心食物里添加的糖分。平时要刻意阅读食品说明书,每种食品都要选择无糖食品。除非必需,否则不买甜味食品。

Date / 9月30日

October

10月

魔术

Date / 10月1日

魔法人生

我希望你在10月里记住的魔法，能让你年轻一到两岁的魔法，其实是一种感觉，一种生机盎然的感觉。这种感觉是如此强烈，以至于你看待世界的角度都发生了彻底的改变，而世人看待你的眼光也因之而不同了。在生活中能感受到这种盎然的生机，实在是一件妙不可言的好事，同时也是一桩苦差事。魔法人生并不常见，因为我们都错误地以为，只有极少数幸运儿才能够碰巧得到它。其实，魔法人生是人人都可以享受的。只不过大多数人不敢冒险踏上陌生的道路而已。你肯定是少数的勇敢者之一，要不然你现在就不会读这本书了。

古代的炼金术士尝试把金属残渣变成金子，你不妨也把人衰退老迈的过程当成一次充满魔法的冒险之旅吧。肯定有人会对你说，这么做还不如从假珠宝里提炼真金来得实在。这样想的人都是愤世嫉俗的人，他们的观点魔法师实在无法苟同。除此之外，我们所追寻的魔法并不需要咒语和巫药，我们心中只要怀有坚定不移的勇气，怀有另辟蹊径的愿望，就足矣。但你需要知道什么事情能使你心中的活力澎湃涌动，什么事情能使你变得颓废、疲沓。所以我们一定要注意细节，例如：

在下列情况下我感觉整个人的一部分会死去：

☆一个月内出差两次。

☆一心惦念着自己所渴望拥有的，却忘记了自己已经拥有的。

☆待在丑陋、缺乏灵性的地方，除非我是为了改变那里才去的。

在下列情况下我感觉整个人都生机勃发：

☆早早起床，下决心要让这一天过得充实美好。

☆参与一次睿智、深刻的讨论。

☆得知自己对某个人产生了积极的影响。

是什么创造出生活的魔法？你想得越清楚，魔法就越是可能在你的生活中出现。这可是必需的，因为，魔法人生并不仅仅能使你的身体变得更年轻，生活更开心，它也是你赠予其他人的一份礼物，活力四射的你可以让疲惫的大家相信：活力、可能、希望、变化、美好和魔法，它们都是真实的。就像时时盘踞在大多数人心中的工作和忧虑一样，它们都是真实的。

10月 魔术

> **多爱自己一点**
>
> 每一天我都充满活力地度过，于是魔法便融入我的生活当中。

Date / 10月2日

烛光里的你更可爱

有什么方法能让自己在刹那间显得容光焕发、神秘莫测，而且凭空抹去好几岁的年纪？很简单，只需点亮一根蜡烛，让烛光照亮自己就可以了。10月里，秋天的气息越来越浓郁，夜幕也早早降临，正是我们点燃蜡烛的好时候。傍晚时分，点几根蜡烛，便能营造出浓浓的氛围。借着烛光，我们可以从容地冥想、沐浴、进餐。

我听说有个小男孩，他第一次到父母的朋友家做客时，面对满桌的饭菜就是不肯动刀叉。女主人问他："你怎么了？"他回答说："蜡烛在哪儿呢？"他在家里吃晚餐时每次都有烛光的陪伴，所以这位幼儿园小朋友实在无法想象，人如何能在100瓦电灯泡的照耀下吃饭。

买蜡烛时千万别贪便宜，否则火苗不旺，还会冒黑烟。贵一些的蜡烛燃烧的时间长，反而更划算。据专家所言，一只12英寸长的细蜡烛应该可以燃烧8小时，足够吃好几次烛光晚餐之用。细蜡烛刚刚燃烧几分钟后就马上吹灭，并不妨碍以后再次使用，但是柱状蜡烛必须持续燃烧2~4个小时才能熄灭，这样蜡烛芯才不会偏离正中央，否则，烛光黯淡不说，还得常常更换新蜡烛。穿堂风、高低不平的桌面、在燃烧时来回移动，这些因素都会使蜡烛芯偏离原位，出现专业人士所谓的"强迫性冒烟"现象。

香味蜡烛跟普通蜡烛一样，只是用来调节心情，不能用来消除异味。蜡烛的味道要清淡，不要太过浓烈。为了安全起见，蜡烛最好存放于不容易燃烧的地方，不容易被孩子、猫狗碰到的地方。最重要一条，人离开时千万别忘了熄灭蜡烛。你只有跟蜡烛同在一个房间里时你才是美丽的。

多爱自己一点

你家里有蜡烛吗？今晚能吃一顿烛光晚餐吗？

Date / 10 月 3 日

清楚自己的生活模式

大众心理学中总是提及一些消极的习惯模式，专门剥夺你我的快乐和创造力的习惯模式，结果害得"模式"一词的名声惨遭荼毒。其实，人的习惯模式中除了消极的，还有积极的。例如你多年养成的好习惯，甚至一些更深层次的模式，如果遵循它们办事，你就能获得满意的结果。

举例来说，我的生活中就有一个固定模式：每次经历艰难困苦后，接下来必定会有一段美好时光相随。有好多次，我生活中最美好的恩赐，都是出现在不太美好的经历之后。那些经历非常之可怕，我不希望它们发生在任何人身上，哪怕是那个管我叫"肥婆"的讨厌的小男孩，我也不希望他有我那样的惨痛经历。我并不是说非得先经历磨难，然后才有幸运降临。但是每当我处境不妙时，凭我50多年积累的人生经验，我至少不会忘记，肯定又有什么好事就要降临在我的身上了。

我的另外一个模式就是自己挡自己的路。我本想看看我以前都做了些什么事才取得了今天的成绩，便将自己职业生涯中发生的事列了一个清单。在清单的左边列出我在工作中遇到的好事，在右边列出这些好事的起因。我吃惊地发现，在我所经历的各种好事背后，我要么是垂手以待，要么是在适当的时机出现在适当的地方。当然，为了撰写有价值的书，做有益的演讲，我也付出了艰辛和努力，但是我的努力并不一定直接地促成我的成功。列完清单后我才发现，我的生活模式原来是：努力工作然后听天由命。如果我孜孜以求的话，反而会挡住自己的道路，适得其反，功败垂成。这个模式我真是最喜欢不过了。

那么，你不妨也在脑海中回顾一下你的过去，或者像我这样列个清单，看看你能否从中找到一个反复出现的生活模式。不然你也可以只关注生活中的工作、恋爱、健康、财务等具体的方面，看看你曾做了什么事情才获得了现在的回报。

多爱自己一点

回顾自己的生活（或其中的一部分），找出一到两个明显的模式，然后看看能否为你的将来所用。

Date / 10月4日

梦的启示

有些梦是在提醒你：吃得太多，吃得太晚，不应该看恐怖电影。另一些梦则是你的潜意识在回放白天发生的事件，姑且可以称之为精神上的新陈代谢。但是，总有那么一小部分的梦能让你洞悉自己的内心。这样的梦一般比普通的梦更加生动，更活灵活现，让你感觉其中一定大有深意。

睡梦方面的专家建议我们，临睡之前要允许自己记住梦的内容，还要在枕边放个笔记本和铅笔，以便在忘却之前记下梦境的梗概。这些应该都是好的做法，因为你回想起来的梦越多，就越能辨别出哪个梦含有深意。

关于梦的解析，有许多不同的流派，其中最受尊敬的是荣格心理学。他认为梦中的每个人物都代表了你本人，这个原型是作为象征意义上的老师出现在你的梦中的。你不妨读读关于梦的象征意义的书籍，找荣格派分析专家做些咨询。

在移居纽约之前，我梦见自己在曼哈顿释放了一只困在笼中的小鸟。可这只鸟没有飞进附近的公园藏身，反而欢快地飞进了人头攒动的时代广场。在梦中，我请教一位久居纽约的本地人为什么这只鸟没有选择自然环境。我梦中的向导告诉我说："因为她根本不是那种鸟嘛。"这个梦其实是我的潜意识在告诉我应该选择何处居住。在重大事情上，我们的本我毕竟还是想跟我们交换意见的。你虽然不必试图从每个梦中找出暗示，但是你一旦做了这样的梦，一定要仔细倾听。解梦，不过是你呵护自己的另一种方式而已。

多爱自己一点

今晚临睡前，甚至整个10月的晚上，都要给自己一个暗示，如果哪个梦值得记住和理解的话，一定要把它原原本本地记住，然后弄通弄懂。

Date / 10月5日

生命的内在改变

人生要改变，如同更年期症状一样每时每刻都在发生，或许并不夸张。一个女人在更年期会经历内部转变，而在形体的改变上，人的思想比人的身体起的作用要多得多。不论你是反抗还是欢迎，是服用荷尔蒙还是不服用，都是必然发生的。你会认为这是一种有利的改变，你这种观察角度好像来自一个与众不同的优越地势，就如同你从生活的谷底移居到附近的山脚下一般，即使你的看法并不深刻，你的世界观也来自不同的角度、不同的方向。

改变发生之后，原来很多重要的东西现在变得无所谓了，需要一段时间等待新焦点的出现来填补这个空白。这需要耐心，需要镇静，需要生活了半个世纪所积累的每一点修养。我认识的一个女人正处在人生的这个阶段，她曾经在事业上取得过胜利。而现在，她却沮丧地说："我以前的梦想变为现实了。"很多中年人都有这种情况。我们收获了自己的劳动果实后却发现，它们已经不再是自己的最爱，我们必须重新认识自我，就像孩子在青春期成熟一样，让自己在更年期变得更成熟。青春期和更年期是人生的两大关键时刻。其间我们都有损失,但我们也有收获。

当你不再有生孩子的能力时,你会有特别的机会去生一个成人,这个成人就是你自己——有成就的有机连接的自我。或许你11岁曾经是一个聪明好问的女孩,喜欢收集邮票,立志将来到野外去研究黑猩猩,而到了14岁时你的兴趣便转向了打扮和男孩身上。祝贺你将回到11岁那样。

如果以前你把自己大部分精力花在了别人身上,而自己失去了很多东西,那么现在就是你要求他们归还的时候了。如果你曾经从自己的外表判断自己,那么现在你大可以深呼吸放松,承认自己内心永远美丽了。

不论你在什么地方发现自己在哲学和意识上发生了重大变化,就把它当作吉祥物框起来,不论这个吉祥物掩盖得多么好。人生的每个阶段都要建构自我,完善自我,这个阶段也不要错过哟。

多爱自己一点

我急切地想成为我能成为的人。

Date / 10月6日

什锦汤

不论秋天还是冬天,什锦汤都是一种保健食品。它们可以盛入装有咸汤的罐中,然后和蔬菜或大豆汤搅拌在一起,无需添加奶油或面粉,就可以搅成奶油状。你可以把热豌豆、水、咖喱粉和适量的盐混在一起搅拌成奶油状的豌豆汤。这种汤柔软光滑,几分钟即成。如果你的牙不好或因为其他原因不能吃色拉,那就拌一些色拉蔬菜,然后放些你最爱的调味品,冷食。我的客人都喜欢詹妮弗·雷蒙德奇特的南瓜汤。不要被这长长的调料清单所吓倒,其实,做起来很快,也很容易。

● 香味南瓜汤

1 汤匙橄榄油　1 根葱，切断　1 瓣大蒜，剁碎
1/2 茶匙芥末籽　1/2 茶匙姜黄　1/2 茶匙生姜
1/2 茶匙孜然　1/2 茶匙肉桂　1/8 茶匙辣椒
3/4 茶匙盐　2 杯水或蔬菜块　500 克南瓜块
2 茶匙枫树浆或其他甜的东西　1 茶匙柠檬汁
2 杯豆奶　新鲜芫荽叶（放不放都可）

在大点儿的锅里把油加热，放上葱、蒜，中火加热 5 分钟至其变软，然后，放入芥末籽、姜黄、生姜、孜然、肉桂、辣椒和盐。中火加热两分钟，不断地翻动。接着加水、蔬菜块、南瓜、枫树浆、柠檬汁，小火炖 15 分钟。搅拌豆奶，把汤分两次或三次放入搅拌器内做成浓汤，然后把汤放入平底锅，中火加热，大约 10 分钟，至冒热气即可（不需要煮沸）。如果你喜欢的话，放些新鲜的芫荽食用。这是可供给 6 个人吃的（每人将摄取 106 卡热量，2 克蛋白质，18 克碳水化合物，3 克脂肪）。

> 多爱自己一点
>
> 利用今天或本周末做一锅什锦汤尝尝。

Date / 10 月 7 日

整容手术，可以了解但不要急于做出决定

整容手术尽管还是一个颇有争议的话题，但是如今人们对此已经见怪不怪了。有些人觉得做整容手术的人要么是过分以自我为中心，要么是缺乏自尊。而另一些人则认为，要是哪个女人不去做整容手术的话，她准是个冷淡懒惰的人。我们因为本身的缺陷以及老化带来的问题，显然需要做些大刀阔斧的改变。尽管如此，我依然认为整容手术最大的问题是贫富差异。我不希望下巴的曲线将来变成区别穷

人和富人的又一新标准。有人对我说："整容会像手机那样，刚开始时是奢侈品，用不了多久就会流行起来，人人都消费得起。"是否真会如此，只有等时间来验证了。

我之所以建议你多少了解一下整容手术，是因为即使你不去整容，你的亲戚、同事或者你认为最不可能整容的人，都有可能会去整容。但我建议你先不要急于去整容，因为一年下来，你为了恢复青春所付出的种种努力，将会让你从里到外都发生一些改变。等你读完这本书以后，你的决定也会更加明智。除此之外，整容毕竟是一种手术，难免有一定的风险。所以你一定要在术前了解整容手术有哪些好处和危险，一定要想清楚自己接受手术的理由。如果你的期望值高得不切实际，即使最好的结果也会令你失望的。

为了填平皱纹，或者暂时地麻木肌肉减少皱纹，到皮肤科医生的诊所里让他给你打一针（详见 5 月 27 日），这可不是我所说的整容手术。我说的整容手术，可以改变鼻子、下巴的结构，给局部皮肤换上一层新的表面，去除多余的脂肪，让下垂的乳房、眼袋、下巴恢复原形。全面的脸部拉皮手术是个大手术，要在多处切开长长的刀口。现在更加看好的方法是迷你拉皮手术。迷你拉皮手术对医生的要求更高，虽然不比传统的拉皮手术便宜，但是刀口缩短了一半，所以手术时只需作局部麻醉即可。迷你拉皮手术的术后恢复期大大缩短，容貌变化也不至于大到只有整容医生才认得出谁是谁的程度。迷你拉皮手术主要解决脸庞中部的问题，大致说来就是跟耳朵平齐的那一部位。如果你的下颌轻微下垂，它还可以帮你的忙，但如果下垂得太厉害则无济于事。迷你拉皮手术对眼部的作用不大，但是可以和专门解决眼角下垂、眼睑浮肿问题的手术同时进行。

倘若谨慎选择的话，整容手术不失为一种有用的工具。四十多岁时我曾借助激光手术消除了脸上的痤疮疤。在接受手术之前，我还没在电视上看过接受整容术的人所做的介绍，不知道手术后自己的容貌会暂时地扭曲（连我养的狗都朝我大叫，不敢靠近我），也不知道恢复过程很痛苦。幸运的是手术结果还算不错。但是由于手术失败的例子太多，人们渐渐失去兴趣，好多整容医生都改弦更张了。整容手术实在是没有保障。然而，如果能找到一位高明的医生，又攒够了钱，我还是愿意做一个小小的拉皮手术的。而且我很清楚，手术的目的只是美化自己外表，绝非借此提升自己的价值。

> **多爱自己一点**
>
> 你对整容手术和接受整容手术的人有何看法？把这些想法写在日记上，可以更好地了解自己。

Date / 10月8日

渗透驻颜术

渗透驻颜术？乍一听起来颇似某种昂贵的SPA新疗法。其实，它不过是一种一文不费、自己动手恢复青春的方法。你只要待在充满青春的地方，浸泡在青春活力里，人自然就会慢慢变得年轻。只要身边围绕着活力十足的人，不管他们是10岁、20岁还是78岁，你都会享受到渗透驻颜术的好处。活力十足的人就是笑口常开、兴趣广泛的人。他们的生活轻松自在，因为只有在面对重大问题时他们才肯摆出一副严肃的面孔。

你想要恢复青春吗？你可以置身充满青春气息的地方，从事充满青春气息的事情，比如到操场上去锻炼，使用体育器材健身，看动漫电影（哪怕没有孩子拖着你看），去游乐园玩耍嬉戏，亲自去骑一骑旋转木马。于是这些事情固有的活力就可以渗透到你的身上，帮你恢复青春。你还可以去博物馆、图书馆等有导游讲解的地方游览一番。此外，狂热追星、雨中散步、饭后甜点饭前吃，也有同样功效。有一研究表明，饭后甜点饭前吃可以减少人的食欲和饭量。反正自己最想吃的已经到口了，哪里还用得着着急上火呀？

渗透驻颜术，你只需要允许自己体验奇迹，便可以不费吹灰之力变得年轻起来。这一招你一定要常常使用哟。

多爱自己一点

青春、活力、乐趣，全都环绕在我的身边。今天我要沉浸其中，将它们据为己有。

Date / 10月9日

香薰疗法

早在古埃及法老时代，挥发性植物油的独特香味就被应用于治疗疾病了。当代研究表明，植物的香味有着极佳的减压效果，不但有助于降低血压，消除肌肉紧张，还可以稳定心跳速度。

香薰疗法中使用的精油，香味浓烈馥郁，绝对不能未经稀释就直接涂抹在皮肤上。孕妇不能闻到的精油种类非常之多，如果你打算要一个孩子，最好什么精油都不要碰。了解这些注意事项之后，你就可以去购买一种精油，或几种精油的混合，然后回家享受香薰疗法了。以下几种精油可供参考：

☆**用于镇静、松弛和减轻压力** 薰衣草、香根草、柚叶、乳香。
☆**用于醒脑和增加活力** 桉树、依兰树、柠檬、蜜橘。
☆**用于调节心情** 紫苏、天竺葵、广藿香、橙花油。
☆**用于增加自信** 柚子、姜、佛手柑。
☆**用于增加浪漫** 茉莉花、檀香、玫瑰、香柏木。

房间里有精油薰香，可以使房中的每一个人都精神振奋，身心愉快。其实薰香的方法很简单，先买一个不贵的"灯圈"，就是一个用黏土烧制成的小圆圈，往上面滴几滴选好的精油，然后把它放在点亮的灯泡上。精油借助灯泡的热量挥发出来，于是满室生香。

要想享受一个香薰浴，可以往一大汤匙的植物油中滴入6~10滴精油（因为精油要是没有一种性质温和的植物油作为载体，就无法很好地扩散开），混合好了之后倒入热水中搅拌均匀即可。水温要调到能让你在里面舒舒服服地浸泡20分钟的温度。临睡前，在洗澡水中放几滴薰衣草精油，然后再往枕头上洒上两滴，自然能够一觉睡到大天亮了。

多爱自己一点

单一或混合型的精油，只要闻起来觉得它沁人心脾，宛如香格里拉的空气，不妨买上一种，在这一周里就用它给你的房间、你的洗澡水薰香。

Date / 10月10日

柳条效应

何谓柳条效应？就是形容人的身体能够像柳条一样，自由灵活地上下伸展、前后弯曲，而且轻松自如、毫不费力。身体的这种理想状态是青春的赠品。人到中年后，你还可以在很大程度上保持这种状态，但是需要付出一定的代价。你做伸展动作时，需要放慢速度，小心翼翼地反复伸展同一个部位僵硬的肌肉，同时绝对不要超越你的关节和脊柱目前所能的活动范围。老年人常喊腰酸背痛，实际上多半是肌肉僵硬所致。要是身体的肌肉柔韧、放松，你就会感觉自己更加轻松自在，一举一动都很优雅得体。身体柔韧灵活，人的体态自然而然也变得优美，活动范围加大，紧张绷紧的肌肉能够得到放松，而且可以预防锻炼引起的疼痛和损伤。受到压力时，你的身体才能像柳树一样，弯曲但不会折断。

进行有氧训练和重量练习的前后，都要做做伸展动作，哪怕只花5分钟也会产生很好的效果。身体寒冷时不要做伸展动作，否则只会造成肌肉损伤。伸展身体时要慢慢来，不要过分牵强。每个动作都要保持20秒钟左右。瓦特·康雷在《瑜伽学》一书中建议："所有的伸展动作都是休息。动作的强度绝对不能过分。你只需要放松身体，任由地球引力发挥作用就可以了。"

早晨醒来你就可以稍微伸展一下四肢，甚至躺在温暖的床上伸一伸腿脚也可以。

另外看电视的时间也可以利用起来，坐在地板上，让身体分别朝前、朝左右两侧弯曲，弯曲的时间要足够长。上班时可以利用休息时间，在办公桌前或洗手间里舒展舒展筋骨。比如，伸展、弯曲双脚，双臂举过头顶，两手在背后相握、伸展。然后再扭扭手腕、脚踝和颈部。不妨把这些动作当作给身体的活动部位上点润滑剂。伸展运动不像体重练习做完后需要让肌肉休息一天，只要你喜欢，伸展运动随时都可以进行。

做完伸展运动后，有些人身体的灵活性并没有改善，反倒是心血管的耐力和肌肉的力量大为改观。但是身体的灵活性早晚都会提高的，要有耐心，不要急于求成。毕竟人的身体千差万别，有些人的身体生下来就比别人灵活柔韧。我们锻炼的目的又不是为了跟其他人竞赛，也不是为了跟自己年轻时候比。灵活性可不是强逼出来的。做伸展练习的时候，你给自己一个机会越变越年轻，同时也给自己的身体一个机会，让它越变越柔韧、敏捷。

多爱自己一点

今天要稍微伸展一下身体。早晨起床后，上班休息时，锻炼身体的前后，都是伸展身体的好时机。然后在日记中记录下自己的良好感受，以后就容易持之以恒了。

Date / 10月11日

咒　语

还记得儿时经常念起的"咒语"吗？芝麻开门！跟以前一样，它们仍然充满了诱惑。只是时过境迁，我们现在需要的咒语不同了。我们需要的是能够鼓励你成长、培育你梦想的话语，一些积极向上的话语。别人的话语当中，有的对你的转变有助，有的则起反作用。有些人会说："我不如从前年轻了"，"我想我只能学会忍受这些疼痛了"，"到现在一切都太晚了"。其实，人在这么说的时候，无异于是向疼痛、死亡频频招手,邀请它们随时光临。此外,无论你说些什么,你的大脑、你的身体可是都会照单全收、坚信不疑的。

　　能够启发激励产生变化的转变性语句,应当是积极肯定的,是准确无误的。它传达的是真理,能让人拯救自己于危难之中。"嗯,我不太确定,但是我想或许我大概能做吧。"这样的话语太过犹豫。"当然,我能做好。"这样的话语就是我所谓的转变性语句。有些人担心使用这样的语言有欺诈之嫌,其实并非如此。面对医生你当然要实话实说,告诉他自己哪儿不舒服。但要是别人跟你打招呼问候你一声:"挺好的吧?"你就没必要把自己的病痛详详细细地重复一遍了,回答一句"还好"当然可以。要是能够回答:"我好极了!""棒极了!""再好不过了!"那可真是再好不过了。

　　进餐时也需要使用转变性语句。像"我不能吃……"这样让人难受的话尽量不要说出口来。凡是你喜欢的你完全可以放开了吃,但是你手中还握有选择权,可以选择不吃某种事物,或者仅仅是在今天不吃某种食物。事实上,当你推开别人递过来的鸡尾酒或甜点时,说一句"今天就不用了,谢谢",就很委婉得体。因为你只不过是替自己做了选择而已,丝毫没有责怪别人饮食不当的意思。所以何乐而不为呢?

　　你妈妈有没有教过你:"如果没有中听的话可说,不如什么都别说?"她这话一点都不假。对别人说话是如此,对自己说话时,哪怕只是在心里想一想,话语也要甜一些才好啊。

多爱自己一点

我通过我的言语、思想、行为来转变自己。

Date / 10月12日

染 发

很多女士精挑细选了一种半透明颜色的染发露,回家使用之后,居然能让自己的容貌一下子年轻十多岁。染发虽然效果显著,但它可是一件大事,一定要格外小心。要是你一直染发,或者打算第一次尝试染发,首先要了解染发用品及其配方。最好能买一种天然植物染发露,其中刺激性化学成分的含量要少于其他品牌的产品。尽管至今没有找到确定的证据,但是人们一直担心某几种癌症与染发露有关,尤其是与耐久性的黑色和深棕色染发露中含有的帕拉胶有关。我个人只使用我所能找到的最天然的染发露,头发也从原来的深棕色逐渐变成了红褐色。后者不但更加漂亮,也更加安全。

把头发染得比原来的颜色浅淡一点,或者在适当的地方挑染出一丝亮色,总体效果会非常之好。要是你的头发是深色的,一缕亮色的挑染,就更能衬托出你的脸色。毕竟随着时间的流逝,你的面部在色泽和结实程度上都有所逊色。要是头上白发较多,把头发染成浅色,就可以降低发根与头发颜色之间的对比度,而且打理头发的次数也大大减少。

尽管如此,染头发是需要付出努力和资金的。头发表层的亮色一般可以维持3~4个月,但是每隔3.5周到6周就要染一次发根,具体时间取决于你头发的生长速度,取决于你头发的原色与新染颜色之间的差异程度。如果两次护理之间相隔的时间太长,就会染出两种色调的头发。为了省钱,你也可以自己来染。但是作为外行,我给自己染出来的结果都非常不理想。如果你非染头发不可的话,一定要在事前想清楚如何解决这笔开销。让美发学校的学生来染可以节省很多钱。此外我也赞成戒除一些坏习惯,把省下来的钱用来培养好的习惯。

我谈了这么多染发的话题,并不是想说灰白的头发不好看。实际上灰白的头发也能打理得非常漂亮。人的遗传基因决定了人在什么时候长白头发,也决定了长出来的白头发好不好看。头发变白,实际上就是头发的色素在流失。每个人头发变白的方式不一样。幸运的话,头发会变成有光泽的银白色,或者是花白。花白头发长在别人头上仿佛是盐和胡椒掺和在一起,但对你而言也许能非常起眼,而且引人注目。可惜大多数人没有这么走运,他们的头发变成了脏兮兮的黄灰色,或者杂色斑驳,显得肤色更加黯淡。提示：如果你适合穿灰色套装，佩戴白金白银首饰比戴黄金首饰更好看，说明银白头发对你也很合适。

如果你不嫌弃自己的白发，如果因为政治原因你愿意借助白发来显示自己的成熟，如果你觉得哪怕是最佳品质的染发露也违背了你恪守的崇尚自然的生活方式，那就以白发为傲吧。但是一定要精心修剪，每周要用紫罗兰色的洗发香波洗一到两遍，以降低黄颜色，让你的发色更加有光泽。最重要的一点，对自己的选择要尊重，对别人跟你不一样的选择要宽容。毕竟，我们的社会对美的理解应该更加宽泛、灵活。美不是某一种特定颜色的染发露，也不是某一种特定的体形。美是一个内心生活丰富、对头发颜色没有偏见的人。明白了这一点，一切都会更加美好起来的。

多爱自己一点

在日记里写下自己对白发和染发的看法。写写大多数女人的看法，也要写你自己的特殊看法。你肯定会豁然开朗的。

Date / 10月13日

长寿秘诀

某些科学家相信，只要人能够大量减少摄入体内的热量，就可以将人的预期寿命增加40%之多。可惜目前还没有实例能证实这一点。即使能够证明，大多数以食为天的人也不愿意亏待自己的嘴巴啊。话虽如此，控制食量，肯定好过暴饮暴食。这个星球如此迷人，谁不想多活上几年呢？

怎么做才能控制饮食的数量呢？首先要注重食品的质量，选择全营养食品，特别是色拉，或蒸或烤的蔬菜，全部或部分地戒除脂肪、糖果和加工食品。其次要控制每一顿的饭量。全部的晚餐不能超过一个盘子的容量，除非你的晚餐是大份的色拉。除了喝水以外，其他的饮料都要少喝。

在外用餐时，不必把盘中的每样东西都吃光，要懂得适可而止。细嚼慢咽有助于控制食量，免得吃得过饱。糟糕的是在最近一段时间里，饭店上菜的分量大增，足够好几个人分而食之。倒是日式餐厅很好，饭菜量少而又精致。我和母亲、女儿三代人要是好不容易聚在一起吃个午饭，女儿年轻，又每天跳舞，要吃开胃菜和一道主菜。我呢只吃一个主菜，我妈妈吃得更少，仅点一个开胃菜而已。所谓了解自己，就是要了解自己身体的需求量和实际饭量。

如果你仍旧遵循传统礼数，每餐必定要吃到碗盘见底的话，控制饭量可就不那么容易了。所以我们要改变传统，告诉自己剩一点儿饭也是可以的。有时候，剩饭反倒有助于消除饕餮的恶习，因为盘中的剩饭足可以为我们作证：我们有能力摆脱食物对自己的诱惑。

如果你身体健康，以往没有患过进食障碍，又不在乎少吃一顿饭的话，不妨考虑每周斋戒一次。斋戒时，除了水、新鲜蔬菜汁和花草茶之外，一概不动。医学博士斯格特·杰克逊在介绍印度草医学的一本书里说："对正常的健康人而言，斋戒是一种可行的方法，它可以排出体内的毒素，促进消化，从而有效地对多种疾病进行初期的治疗。"

很多人，包括那些漂亮而又不显老的女人，都喜欢进行短期的斋戒。斋戒这种解除束缚的活动，不但可以节省时间，还能让你感觉到一份清爽和愉悦。喜欢斋戒的人，尝到过斋戒甜头的人，一般会趁着季节交替的时节，利用周末休息连续斋戒三天。通过定时的短期斋戒，我们可以减少卡路里的摄入量，有效地延长寿命。同时它还可以帮助你转变看问题的视角。

多爱自己一点

适量就好。

Date / 10月14日

大自然的时刻表

小时候，只要能按时上床就是听话的乖孩子。可是人到中年后，要怎样做才算是乖呢？大多数人认为，为了完成公司的一个项目，为了用海绵蘸苏打水擦掉冰箱里的污垢，要挑灯夜战熬到午夜时分才算乖。其实，即便努力工作也要分场合、分时间。除非你的工作是助产士或救护车司机，否则午夜绝对不是适合工作的时间。小时候你需要睡觉帮助身体成长，现在你仍然需要睡眠以恢复青春。一夜好睡，可以让你年轻好几岁呢。

尽管我们很尊重夜间工作的人，但是人类生来就不是夜间出没的动物。若不是爱迪生发明了电灯，那些爱熬夜的夜猫子们到了晚上甚至连东南西北都摸不清。大自然希望我们和她步调一致，日出而作，日落而息。印度草医学认为，人的健康和长寿有赖于我们遵循大自然的规律。换言之，地球能量叫你休息的时候（从晚上9点至10：30之间，最晚不超过11点），就上床睡觉；到了地球能量让公鸡在6点钟左右打鸣的时候，就马上起床。

因为工作的缘故，你也许没法按照大自然的时间表安排作息，那就不如设法保证睡眠的时间和质量。首先晚饭不要吃得太晚，否则会影响入睡，甚至噩梦连连。用罢晚饭后至少要过两个小时再上床。喝下午茶的时间一过，千万不要再喝含有咖啡因的饮料。若是对咖啡因敏感的话，连下午喝茶的时间都要提早。如果酒精或甜食会影响你睡眠，晚餐时要避免吃这些东西。复合碳水化合物可使人放松，但是精制白糖和酒精能很快地被人体吸收，让血糖含量先激增再大幅下降然后再反弹回到正常水平。反弹一般出现在几小时之后，也就是午夜时分，那时你可就睡不安稳了。长此以往，人很快就开始衰老。因为只有在睡眠中，人体才能分泌保持青春状态的生长荷尔蒙。

我觉得最好不要看电视上的晚间新闻。因为新闻的内容很容易进入你的梦境，不看的话，噩梦反而会少一些。事实上，印度草医学认为，睡前一小时内千万不要看电视，应该把这段时间用来放松身心，做每晚的例行功课，享受安静的愉悦，在床上谈谈心。此外，大家一定还记得《飘》中的女主角郝思嘉，她坚定不移地相信："明天又是崭新的一天。"确实，白天是工作、拼搏、奋斗的时间，而夜里是忘记一

切的时间。

多爱自己一点

看看你一天的日程安排在哪些地方违背了大自然的规律？你应该如何调整？

Date / 10 月 15 日

今天休息

Date / 10 月 16 日

呼吸

凡是讲究食品质量的人，同样也需要讲究空气的质量。毕竟空气是延续生命所不可或缺的。

可空气污染跟我们家有什么关系呢？它的元凶不是汽车尾气和工业排放吗？但是我们可能没有想到，户外的空气，即便是在闹市当中，也远比室内空气干净清洁得多。原因很明显，大自然是一台一流的空气净化器，能一天24小时连续工作。当我们置身于居室或办公室中时，便无法享受大自然的净化作用。一般说来，建筑物越新，污染越严重。那些四壁漏风的老房子，虽然冬天保暖的费用较高，但绝对不缺新鲜空气。现代的节能型建筑物有诸多优点，只可惜室内通风不畅，空气污浊。

下面的几种方法能让我们多多呼吸新鲜空气：

☆**开一扇窗，把新鲜空气放进来** 晚上睡觉的时候，如果家里刷过油漆、使用过氯漂白剂，开窗就尤其重要。即使是在冬天也要把窗户打开一点。如果你对花粉或干草过敏，容易过敏的季节还是紧闭门窗为好。

☆**窗户关闭时，要打开空气净化器** 一台优质的空气净化器可以除去室内大部分的过敏源，比如尘埃、霉菌、动物皮屑等，并消除油漆、胶合板、地毯及洗涤剂的异味，包括一些难闻的气味。我所说的优质空气净化器，价格不菲，内部的过滤器必须能够使用5年以上，或者因为使用了更加先进的技术，根本不需要安装过滤器。

☆**如需更换旧吸尘器，一定要选择带有真正高效微粒空气过滤器（HEPA）的款式** 这样一来，吸尘的时候就不至于人为地将脏东西在空气中扬起了。你用的吸尘器如果是普通款式，使用时一定要打开窗户，用完后要等几分钟再关窗。

☆**不要加入污染者之列** 一说到污染的罪魁祸首，我们就会想到工业巨头、油船船主。实际上我们中大多数人每天都在污染着自己家里的空气。颗粒板材做成的家具、化纤材料做成的被褥和化学清洁剂等，这些东西放在家里都会污染室内空气。但如果改用天然材质的产品，比如实木家具、纯棉被褥、天然清洁剂等，你家的空气马上就会焕然一新。

> **多爱自己一点**
>
> 从今天开始，为了清洁室内空气，首先要改变打扫卫生的方式。要使用性能温和的天然产品。这样无需在厨房水池下面放一大堆化工产品，你家照样可以干净卫生一尘不染。天然产品安全可靠，跟那些化工产品一样省劲儿。等家里的清洁剂用完以后，不妨试试天然产品，在天然食品店或网上都能买到。此外，小苏打、苏打水、柠檬汁和醋，这几样东西无论是单独使用还是混合使用，可以清洁几乎任何东西。

Date / 10月17日

粲然一笑

如果你想拥有一口更加亮白的牙齿，首先必须明白牙齿的洁白程度是因人而异的。有些人的牙齿生来就不是亮白色。虽然所有人的牙齿都能变得更白，但谁也不必因为牙齿白得不够理想而汗颜。人们喜欢白色的牙齿，主要是受了文化传统的影响。在古代日本，牙齿要染成乌黑才符合审美标准。而我们的文化则欣赏珍珠般洁白的牙齿。现在由于科技的进步，牙齿美白颇为容易，所以人们对白色牙齿的追求也更加执着。

要想美白牙齿，你可以去药店买来专用产品在家里自力更生，也可以找专业牙医，请他用漂洗的方法为你漂出最适合牙齿和牙龈的颜色，或者借助激光在牙科诊所里现场美白。尽管在家里漂白需要几天或几周的时间，用激光美白只需要一小时，但是两种方法的结果都差不多。这些方法目前看来都很安全，但是孕妇要等到产后再进行，牙齿容易过敏的人也会因此而病情加重。如果你的牙齿过敏，一定要告诉医生，他会帮你找到最适合的方法。遗憾的是，无论哪种方法都不能一劳永逸地让你的牙齿从此不再变黄，不再生出牙斑。任何能玷污白色衬衣的东西都能沾染你的牙齿，比如咖啡、茶和红酒等，比这些更厉害的当然是吸烟。

美白牙膏中有一种含有磨料，在两次专业洗牙之间可以靠它去除牙斑。如果牙齿美白是你的目的，不如选用专门的美白牙膏。如果哪种牙膏号称还有其他功效，它的美白效果可能不会令你满意。我个人比较喜欢纯天然质地的美白牙膏，里面不含糖精或其他化学添加剂。那些成分我可不愿意放入口中去。

除了美白以外，如果你还有其他方面的需求，费用可是越来越便宜了。牙齿排列不齐、前牙受伤、缝隙太大、牙齿不适合脸型等问题，现在都可以得到治疗了。如今，用烤瓷覆盖牙齿的方法不再只有影视明星能够受益，戴牙套（有些是隐形的）也不再只是孩子的专利。

微笑可以给人带来无限的可能性。等哪一天你的牙齿真的白得令人眩目，甚至你刚刚做出了牙齿美白的计划，请你一定要开心地微笑。微笑会使你感到幸福，使别人感到轻松。哪怕是借着微笑向别人炫耀自己漂亮的牙齿，也很不错嘛。

> **多爱自己一点**
>
> 　　如果你从没有美白过牙齿，不妨试一试。洁白的牙齿会使别人眼中的你更年轻、更阳光、更整洁。如果你的牙齿容易被染黑，就要少喝咖啡和红茶，改喝绿茶或花草茶。

Date / 10月18日

灵感天天有

　　灵感往往为人所轻视。与实际行动相比，灵感显得太轻飘，太缺乏分量。有些书籍、诗歌和电影中充溢着灵感，可惜人们提到它们时竟然像在快餐店评论菜单一般，这个太油，那个太土，另一个又甜得腻人。这样的人想要的是行为的文雅而不是内心的宁静。其实，这二者又怎可相提并论呢？

　　灵感，无论它是来自话语、音乐，还是落日的壮美，都会让你的心灵升华，或者说是给你的内心做一次拉皮手术，让你获得前所未有的力量。于是，你心中的敬畏变成了坚定的决心，不可能之事变成了小菜一碟。于是，阅读好书的时候，你会反复体会到：自己是大自然的一部分，好人会有好报，你在今天所留下的美好回忆在辞世之际会再次记起，你的子孙也会反复讲给他们的子孙听。反正，只要多想一次，就能多获得一股力量和激情。

　　为了获得灵感，我们不妨收集一些名言警句。无论这些警句是新是旧、是显是隐，都要把它们收集起来，抄在日记本上，贴在冰箱上，铭刻在记忆中。此外，有些歌曲的歌词催人奋进，鼓舞人心，值得一听。去音乐厅欣赏演出是个不错的主意，每一场好的演出里，至少有一首歌能够振聋发聩，感人肺腑。令人落泪的电影要看，令人捧腹的书籍要读，令人或哭或笑的贺卡要送给朋友。脑子里的灵感要是汩汩而出的话也没什么坏处，还能让你在不经意间年轻许多呢！

> 多爱自己一点
>
> 我敞开怀抱，欢迎各种各样的灵感。

Date / 10月19日

参加化装晚会

自己应该是什么样子的？好多人的头脑中其实早已有了成见。我们不妨通过参加化装晚会来打破这种成见。化装晚会有种魔力，能让我们远离自己头脑中固有的自我形象。我们可以花点精力，看看自己在早晨、在办公室、在特殊场合，应该如何穿衣打扮。然后和自己平常的形象做个比较。当你以全新的面目出门时，你脑海里的那些成见便被你打得粉碎了。

如果你愿意装扮成一个相貌平庸甚至是丑陋的人，一个比你大一岁甚至许多岁的人，说明你摆脱了虚荣心的掌控。要是愿意装扮成一个动物，一个物件，你的自我便能够放松整整一个晚上。要是想装扮成一个比自己更加漂亮的女人，你便是在告诉自己，你手中一直拥有这样的美貌如花的选择，不过你只肯在万圣节的时候偶尔显露一次而已。最后，别忘了化装晚会毕竟是一种游戏，用不着太紧张。你只需让你的创造力和顽皮唱一整夜的主角就可以了。

想不想玩一次化装游戏？化好妆后去参加聚会，去给敲门索要糖果的小孩开门。要是你的同事不在乎来点小闹剧的话，也可以装扮一番再去上班，博同事们开心一笑。人嘛，不必一年三百六十五天总是摆出同一种装束同一副面孔。万圣节快到了，若是需要参加化装晚会的话，一定要好好把握机会啊。

> **多爱自己一点**
>
> 这是应邀参加化装晚会的季节,现在就开始设想自己要装扮成什么形象。要是没有收到别人的邀请,那就自己办一个吧。

Date / 10 月 20 日

干肤按摩

要想在短时间内振作起精神,让皮肤变得光滑,可以在淋浴和温油按摩之前,进行干肤按摩。按摩时,最好能从药店和天然食品店购买一只专用毛刷,但是用一条粗糙的毛巾替代毛刷也可以。按摩要先从两脚开始,动作轻快地一路按上来,直至擦遍全身。但你的头部除外,因为娇嫩的脸部肌肤不适合用此法按摩。刷四肢和臀部时,可以比较用力,但手要始终朝着心脏的方向移动。刷小腹和乳房时,要轻柔地在上面画圈。

只需要进行 90 秒钟的干肤按摩,你就可以获得以下的益处:

☆ 去除皮肤死皮和死细胞,露出下面柔嫩的肌肤。
☆ 促进全身血液和淋巴液的循环。
☆ 有助于消除多余的体液,免得到了晚上腿脚因为体液过多而肿胀。
☆ 无需咖啡因的刺激,就可以激发你体内固有的能量。

欧洲人认为干肤按摩可以有效地防止臀部、腿部脂肪团的形成。你反正也要梳头刷牙的,顺便刷一刷自己的身体,即快捷又简便,还可以恢复青春振奋精神,何乐而不为呢?

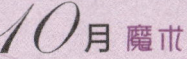

> **多爱自己一点**
>
> 在一周之内,每天早晨做一次干肤按摩。如果你喜欢,就坚持下去吧。

Date / 10月21日

保持青春的瑜伽

瑜伽的根本意思是"统一",亦即身体与灵魂的统一,思想与行动的统一、人性与神性的统一。在健身房里,瑜伽也许常常混迹于臀部练习、姿态练习等普通的锻炼方法中,但是古老的瑜伽功法并不因此而丧失其庄严。瑜伽对很多问题都有帮助,比如:体重超重、肌肉松弛、后背疼痛、体态不端、情绪激动、心烦意乱,等等。

自从17岁那年我知道有瑜伽功法存在之后,便立即爱上了它。练习瑜伽意味着增强身体的力量与柔韧性,还意味着身心的一致。练习瑜伽功也没有胖瘦、健康、年龄的限制。我当年要是能够坚持不懈的话,我在20、30、40岁的时候身体肯定会更健康,精神会更抖擞,就连更年期也能更加平稳地度过。可惜我一荒废就是好几年,偶尔心血来潮才又重新开始。我大概是认为瑜伽既然已经存在几千年之久了,我随便什么时候想练它都不会消失的。在这一点上我倒是没有想错。

如今,瑜伽已经家喻户晓,非常普及。但关键是要找一种自己喜欢的瑜伽功法。我刚开始练习的时候,只有古典的哈特瑜伽可供选择。哈特瑜伽重视内在的修炼,动作要慢,精神要集中,一般都是关在黑屋里闭着眼睛练习的。对我而言,哈特瑜伽才是地道的瑜伽功法。但是现在可供选择的瑜伽种类非常繁多,你尽可以从中挑选最喜欢的一种来练。如果你家附近开设有好多种瑜伽班,不妨先尝试几种,或者旁观别人练习,然后再选一种合适的。刚开始的时候,要争取每周上一次瑜伽课,回家后再做一次练习。也不妨买本瑜伽方面的书读一读,深入了解瑜伽的背景知识,把自己的智慧与书中的准则有机地结合起来。

瑜伽流行的时间太长久，反而日益淡出，快要过时了。即使它真有过时的那一天，你也不要放弃瑜伽。瑜伽作为最古老的身体、思想、灵魂的训练法，在延缓衰老方面的功效几乎无可媲美。就算瑜伽功法变得不再时尚，它显著的驻颜功效也是经久不变的。

多爱自己一点

不论你了不了解瑜伽，本周一定要读一读相关的书籍。

Date / 10月22日

神秘的经历

所有的人类意识中，最令我惊奇的是神秘的经历。它有很多名字：快乐的幻想、和谐的意识、等待。不论什么名字，它是一种没有分离的状态。通过用一种科学无法解释的方式，人们懂得了自己是存在的或永生的人，而且存在或永生的好不是我们了解的普通意义的好。它不但是从理解而且是从爱里升华而成的。

我从没有过刚才所描述的经历，但是我和有过这种经历的人聊过天，读过这些人的书，这些人的身体里被赋予了两个生命，一个是他们有这种经历之前的有限的生命，另一种是经历后的升华的生命。后者使他们不再屈从于我们所认为的不可变更。一些人保持了令人惊奇的年轻容貌，即使他们到了老年也是这样。另一些人则不厌倦自己的工作和差使，他们征服疾病，拥有使别人感到镇静和安全的气氛环绕在他们周围。

一个好的神秘的经历等同于获得彩票大奖的感觉。这并不经常发生，但就像我们都有一阵一阵的好运一样——我的意思是自己曾经获得过一台便携式电视——我们都接触过神圣，即使只有一刹那的时间。

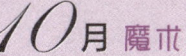

有些陌路人存在于太空之外，在自然或冥想中我们都接触过神圣，即使只有一刹那的时间，也让我们拥有了令人振作的经历，就像与孩子和爱人在一起的时候。可以偶尔有让逻辑屈从于其他事物的时候，简简单单地回忆自己平常以外的经历。我认为，这就像专门从事抗衰老的医生们给人们注射的药水一样，既安全又实惠，值得考虑。

多爱自己一点

人眼所看不到的生命也有很多，这些无法理解的东西更精彩。

Date / 10月23日

锌

锌是一种能够延缓衰老的营养成分，身体的每一个细胞里都少不了它。锌不仅参与代谢碳水化合物和维生素的过程，还帮助身体合成胰岛素，维持骨骼的密度，并降低胆固醇。人体摄入足够的锌，才能思维敏捷，味觉灵敏。锌还有一个最大的特点：能够恢复胸腺的活力，这对增强人体免疫能力可是至关重要的。

锌的功能是如此之多，只可惜大多数人一过50岁体内就会缺锌。脱发，伤口愈合缓慢，夜视能力退化，这些现象我们本来全都怪罪到衰老的头上，可没想到竟然是体内锌元素缺乏直接造成的恶果。我们的身体长成之后，锌的吸收量就开始减少，而我们摄入的健康纤维又进一步阻碍了锌的吸收。食物中锌含量最为丰富的当数牡蛎。此外还有其他海鲜、肉类、坚果、种子，特别是南瓜籽。除非你热爱吃牡蛎，否则最好能每天补充15到30毫克的锌。

> **多爱自己一点**
>
> 考虑一下补锌的事情。你正在服用的复合维生素片里没准儿就含有足量的锌，请仔细阅读其说明书。此外，就要进入流感多发的寒冷季节，我们手边最好准备些锌片，因为有实验证明锌能够缩短患感冒的时间。不论哪种形式的锌，千万不要空腹服用，否则会感觉恶心的。

Date / 10 月 24 日

给自己照相

"天哪，千万别拍我！"一名女士哀求道。她觉得自己现在老得不像样子，不愿意留下任何照片。当然，也不是随便什么业余摄影师举起照相机你都得摆个造型，但拍照留念总是件好事情。拍照说明你对自己现在的状态很满意。如果孩子和宠物的照片值得收进相册保存的话，你的照片也应该占有一席之地呀。

下面有一些拍好照片的小窍门：用口红清晰地凸显出唇线；眼影和腮红要比往常深一些，多一些；往脸上稍微扑些粉。如果自己的侧面比较好看，拍照时要稍稍扭过头去，突出自己的侧面。如果下颌线不太令人满意，面对镜头时不妨稍微扬起下颌，或者用手托住下巴。

拍照时比化妆更为重要的是你的精神状态。好的精神状态能让你和照相机相得益彰。不论是正襟危坐正式拍照，还是家庭聚会时别人临时抓拍，你都要像超级模特那样，用眼睛好好地盯住镜头，并在心里默诵："我的美貌无与伦比，而且非常上镜。"这一点刚开始时你不需要太执着，只要想想就可以了。但是我向你保证，过一段时间你拍出来的照片就会好看多了。

照片冲洗或打印出来后，千万不要批评，说一句"真不错"，然后该干什么就干什么去。还有，要大胆地在家里摆放几张自己的照片。你不用感到难为情，这么做可不是虚荣。家里要是陈列着其他人的照片，为什么你的照片就不能陈列出来呢？此外有些人因为工作的缘故也需要用到照片。比如，房地产经纪人需要把照片印在名片上，作家需要把照片印在新书的封皮上。在这种情况下你一定要用近期拍摄的照片，以后每5年更换一次。有些人是先见照片然后才见到本人的，你可不想让他拿高中时代的你跟现在的你进行比较吧。

> **多爱自己一点**
>
> 我的美貌无与伦比，而且非常上镜。

Date / 10月25日

沐浴疗法

沐浴是一种经典的治疗方法。下面这些话你可能听着耳熟吧：

☆今天很不顺利吗？洗个热水澡，然后就把一切忘掉吧。

☆今天在健身房里运动过量了吗？泡个热水澡就会感觉好点了。

☆觉得心烦意乱、激动不安吗？洗个热水澡就能让你睡得像个婴儿。

沐浴疗法分为两种：搓澡和泡澡。用完全浸湿的丝瓜络或澡巾擦拭皮肤，不仅能够去除死皮，帮助血液涌入表层皮肤，还可以温暖你的身体，令你容光焕发。有些地方的人们有搓澡的习惯，那里的女人就很少染上皮肤病。

搓澡能够激发身体的活力，而泡澡则有助于放松身心。泡澡时不论你往水里添加什么有益养分，你的肌肤都会得到滋养，你紧绷的肩膀、臀部和小腿也能够舒服、安逸地放松下来。此时此刻，时间在你面前止步不前，更无法盗走你的青春。

而以下事项更可以让你的沐浴疗法事半功倍：

☆泻盐　　不管你有没有运动过量，都可以往洗澡水里加入两磅泻盐。泻盐里面含有丰富的镁元素，用它洗澡能够温暖全身，改善睡眠。一些古老的自然疗法认为泻盐能够透过皮肤将体内的毒素吸出来。在泻盐水中浸泡10~15分钟后，穿上浴衣，上床入睡。

☆**海盐** 在浴缸里加入海盐，炮制出一个迷你海洋，不仅能够帮你放松身心、振奋活力，甚至能够帮助松弛的肌肤恢复弹性。干净的海盐在许多超市里都有出售，使用普通大小的浴缸沐浴的话，一次放四杯海盐就可以了。要想营造出在海中沐浴的真实感受，还可以往澡盆中倒入一些营养丰富的海草沐浴露/粉。常用的海草有海藻或掌状红皮藻两种。天然食品店里有售，完整的一次用两杯，粉末状的只用一杯。找个薄棉布袋子或者旧连裤袜把海草包住，用橡皮筋扎住口，在放洗澡水的同时丢入浴缸中，让它陪着你泡澡即可。

☆**燕麦片** 用薄棉布袋子或者旧连裤袜包上两杯碾成片状的燕麦，把它放在水龙头下面，这样放洗澡水的时候热水都必须流经麦片，或者泡澡时常常在水里挤压燕麦袋子。这两种做法都能够将燕麦中令肌肤柔软光滑的成分溶解在水中。你还可以用燕麦袋子代替香皂擦拭全身。皮肤敏感、经常瘙痒的人和患有湿疹的人都适合用燕麦片洗澡。

☆**酒** 在日本，米酒是日本艺妓保持肌肤柔软、光滑的秘密武器。在欧洲，人们则认为白葡萄酒能够排出身体的毒素，加快血液循环。你可以先冲个淋浴，然后挑选一种酒倒入洗澡水中，在里面至少要泡半个小时以上。

不管用什么东西泡澡，出浴后都要往身上涂抹大量天然的润肤露，尤其注意按摩那些仍然不够柔软的部位。接着喝杯水，穿上睡衣，躺在床上看部电影，读点书，不受干扰地独自待上一个小时，然后再出门活动。

> **多爱自己一点**
>
> 今晚，或者本周的某个时间，自己在澡盆里搓个澡再泡一泡。在接下来的一年之中最好坚持每周享受一次热水澡。

Date / 10月26日

有阳光的那一面

越来越多的研究表明乐观开朗的人更加长寿。如果你十二分地不愿意死在那些乐观分子的前面，就请你处处留心生活中阳光的一面吧。对老龄所带来的各种益处更是要格外留意。俄亥俄州一项历时23年的研究发现，那些对年龄增长持肯定态度的人比持否定态度的人要多活7.5年。从统计数字上来看，无论你改换成哪种生活方式都不可能多活7.5年，所以乐观开朗真的不是一件可以掉以轻心的小事。

乐观是先天遗传的还是后天培养的？现在人们尚无法确定。但是我相信，除了那些患有抑郁症的人，乐观心态是可以学会的。就算你是忧郁症患者，只要身体里的失衡得到矫正，照样能够学会如何做一个乐观开朗的人。我见到过太多克服了难以克服的恶习的人，所以我相信，人只要愿意摆脱习惯性的消沉绝望，是绝对可以重新感受愉悦和豁达的。如果你生来就不是那种乐天派的人，那就勇敢点吧，因为我也不是。少年时代的我喜欢存在主义的作品，认为绝望笼罩着一层神秘的诱惑。现在我可不那么想了。如果我无法凭借自己的意志力扭转一时的糟糕心态，我就给敢于直言的朋友打电话，听他们刻薄自己说："得了吧，振作点，你真是小心眼。""你最好读读你自己写的教人家控制情绪的书吧。"

我当然讨厌听别人教训我，教我如何调整心态什么的，但我还真的知道应该怎么去调整心态。比如，遇见人就微笑，跟人轻松地聊几句天，信手做点好事，或者干脆订票去看一部搞笑电影。订好票以后，我只能去看电影，否则就白扔10块钱。有时我会强迫自己放些老歌来听，比如《露出一个笑模样》《撑起微笑的保护伞》和《街道有阳光的这一边》。

还有一种办法也非常有效，那就是把这种抑郁的心情转交出去。我在脑海里想象着自己把所有的烦心事全打成一个包裹，就那种要交由联邦快递寄出的包裹一样，然后把它寄出去。后来心里要是再惦记这件事，我就提醒自己：我已经把它寄出去了，再也不关我的事了。

生活中有着无数的欢乐，为了享受这些欢乐也要千方百计地摆脱苦恼困扰的深渊。这样无论你在生活中遇到什么事情，都可以用阳光的心态坦然面对了。

> **多爱自己一点**
>
> 多想几个办法让你的外表更加阳光晴朗，然后把它们逐一写在日记本上。如果你和青春小组的成员一起做，还可以借鉴他人的想法。

Date / 10月27日

抽时间去公园走走

生活中总有没完没了的打扫、整理、答复、付账、决定和令你担忧的事情。但是无论如何你真的是需要去公园走走了。如果你打算等到所有事情都处理完那一天，等所有的东西都打扫、整理好了，所有的信件都答复了，钱也交了，决定也做了，担忧也过去了，那你永远都去不成公园了。还有一种可能是：那时季节已经到了万物凋零、寒风刺骨的冬天，你连去公园的兴致都没有了。

有些人经常去公园散散步，骑自行车兜兜风，到博物馆转一转。他们还抽时间去观看游行、节日庆典和各种展会。而别人往往感觉还没来得及去看呢，这些活动就结束了。如果你属于前者，你肯定比你的同龄人年轻。如果不属于的话，依样效仿就可以了：挪用办事情的时间，去公园遛个弯儿。

我之所以写这个，是因为有一天下午我去格林威治村看牙医，牙科诊所就在华盛顿广场公园的马路对面。公园里的拱门和喷泉我在电视情景喜剧《六人行》中看到过。上次看过牙医之后，我就再也没有去过那里。一来因为我不是一个爱逛公园的人，再说手边总有许多事情要处理，什么打扫啦整理啦回信件啦什么的。但是就在10月的今天我又去了。漫步于公园当中，我看见了灵动的松鼠，滑滑板的少年，蹒跚学步的孩子，玩拼字游戏的人们，学生，情侣，还有电视中见过的拱门和喷泉。我看到了一块介绍加里波第的石牌，知道他是一位意大利的将军，又从一个推车卖货的人那里买了瓶水，然后在一张长凳上落座，聆听四周的各种声音。我觉得自己好久都没有像现在这样充满活力了。

有一天等你上了年纪并学会享受每一分钟的时候,记住,一定要到公园或类似的地方去走走,而且要赶在冬天来临之前去。你一旦养成了散步的习惯,就连冬天都无法阻挡你迈向公园的脚步呢。

> **多爱自己一点**
>
> 我在公园里散步,有花香扑鼻,有微风拂面,我像从前一样充满活力。

Date / 10月28日

容貌也要升级换代

女人脸上化的妆往往比脸本身更容易暴露女人的年龄。时尚潮流变化多端,如果你能把握自己,既不沦为某个季节流行时尚的牺牲品,又能顺应潮流稍加改变,你的容貌就会变得更加年轻,心情也会更加愉快。一般说来,柔和的颜色要比耀眼鲜亮的颜色更能凸显人的年轻;颜色的深浅过渡也是必须的,腮红要由深到浅,由面部到颈部,整体效果一定要协调。脸上如果有几道细纹需要掩饰,浓妆艳抹往往会弄巧成拙,欲盖弥彰。比如,往脸上轻轻地稍微扑点粉,就能消除脸上的油光,获得精心修饰的效果。但是如果粉扑得太多,就会嵌在眼角或嘴角的细纹中,无形中让你老了好几岁。

想知道现在流行什么样的妆容吗?你可以在每年的春秋两季各抽出一个小时,约见化妆品柜台的化妆师,向他们讨教。他们能根据你皮肤现在的色泽,帮你挑选颜色适合的粉底,淘汰那些已经不适合的。这样你化的妆会自然到让别人根本看不来。当然专业化妆师给你化妆时用的化妆品种类远远超出你平常使用的,但是你起码能够从中了解到,现在流行的妆容侧重的是眼睛还是嘴唇,流行的颜色是鲜艳还是柔和,是带亮彩的还是不带亮彩的。同时你还要留心专业化妆师的化妆手法,因为旧貌要想换新颜的话,化妆的手法要轻柔,化妆的工具也要得心应手。看看专业人士的做法,回家后再学着摆弄海绵和毛刷之类的就容易多了。

帮你化妆的人会建议你买下所有他给你用上的东西,当然你也应该买一些,因为天上不会掉馅饼,人家也不会白给你化妆。不过你也不必非照单全收不可。即便只买一两件小东西,像一盒眼影,一把刷子,一支口红,明天照样能使你的面容看起来更加时尚、动人。

多爱自己一点

除非你觉得素面朝天才能找到真实的自我,否则就跟你常去的化妆用品店或者柜台约个时间,专业人士会根据你的皮肤、眼睛和脸型让你变得光彩夺目。

Date / 10月29日

一生中必须要做的几件事

清晨,你也许会在自己的日程表上写道:"到干洗店取衣服。把捐给义卖活动的东西送去。预约背部按摩。在11点、2点、4点约见客户。"像这样的零星琐事如果都值得列一张单子,那你内心中最最深切的渴望为什么就不能写下来呢?所以你要列一个单子,把你这辈子最想成就的几件事情,最想亲眼目睹、亲身经历的事情,都一一写下来。

人们常说:"我希望我能……","要是……就好了。"可惜大多数的梦想不会变成现实,因为它们只不过是想入非非,而不是行动计划。但是如果你把它们写下来,就在你落笔的一瞬间,你就赋予了梦想具体的轮廓和实在的内容,让这些计划在你心里、在你周围的能量场里变成了真实的存在。其实,你把今生最想做的事情列成清单之时,也是你同命运达成约定之际。

凡是你能想到的梦想、目标,甚至<u>一丝丝</u>的好奇,我建议你都要信笔写下来,

10月 魔术

写进一个备忘录里。要你写出100条来应该不算过分吧？100条看似很多，其实真正需要你努力争取的只有几个而已（比如攻读博士学位），其他大部分都不需要你劳神费力，而且还可以利用你的余生——实现，比如：多戴几次帽子；买个果汁机；去爱尔兰；把小提琴从阁楼上取下来；找到七年级时的同学朱迪·卡茜。接下来，你就需要时常提醒自己按照计划采取行动。你可以每个月温习一下你的备忘录，每完成一项，就划掉一项。对这个备忘录你还可以根据自己的兴致随时增删。当然，删掉某一项是因为你的兴趣已经转移了，而不是因为你被吓得望而却步了。

我女儿7岁的时候写了一张理想备忘录，其中几件颇为不平凡：去巴黎，去中国，学会佩戴水肺潜水，上电影。当时我们两个人外加三只猫组成了一个单亲家庭，住在密苏里的一所小房子里，生活非常简朴，连衣橱都是母女两人共用的。所以女儿的这几个愿望在当时看来简直太奢侈了。但这有什么关系呢？女儿12岁时，因为两次飞往中国，积攒了足够的航空乘客积分，折合成免费机票又去了一趟巴黎。她去夏威夷时接受了潜水训练，而且自拍自演了自己的第一部电影。那部电影你可看不到，不过也幸亏没看，但是对我女儿来说就算是上过电影了。与7岁的孩子相比，我们成年人因为承受过更多的失望挫败，所以在面对自己的愿望时往往内心中反而会有诸多挣扎。这一点我们虽然无法否认，但人的生活方向却是大致相仿的。只要我们眼睛里能看到目标，我们就会朝着目标而奋力前行。

多爱自己一点

在日记本的空白页上写下你今生最想做的事情。以后有了新的愿望尽可以随意增加。每次美梦成真以后就郑重其事地把对应的一项划掉。每个月的第一天，请读一遍自己写的理想备忘录。

Date / 10 月 30 日

Date / 10 月 31 日

把死亡抛到一边

对我们大部分人来说，10月31日是庆祝万圣节的日子。但是在墨西哥，为期3天的祭奠亡灵的节日从今天便拉开了序幕。人们悼念已经过世的亲人，而我们也可以借机把死亡抛到一边。请注意：我们之所以害怕衰老是因为我们惧怕死亡。这里说的"我们"不一定就是你和我，而是泛指包括你和我的所有人。

但是，我们的横向思维犯了一个错误：总是把衰老和死亡联系在一起。其实谁能够预知自己的寿命呢？横向思维把人生分为受孕、降生、成年、衰老和死亡几个阶段。但若从更为广阔的视角来看，人生绝对不是一根简单的直线。当你谈论人的出生与死亡、生命与奇迹的时候，人生仿佛是一个个的圆圈、螺旋、圆拱和线圈混合组成的。乔·高登史密斯写过一本颇有影响力的形而上学方面的书，名叫《永恒中的一个插曲》。这个题目简洁明了地概括了人在地球上的生命历程，我非常之喜欢。自己作为一个普普通通的女人，生活在某个特定的时间和国家，自己的生命不过是永恒中的一段插曲而已。你如果能够认识到这一点，死亡就更加容易接受了。虽说如此，你，全部的你，可不仅是一个插曲哟。你应该是一整部书，一整篇文章，一整套24卷的大部头。

我相信你非比寻常的灵魂是不朽的，它注定了要寄宿在你非比寻常但寿命有限的肉体上。你听说过牵连犯罪吗？在这种情况下你的灵魂和肉体应该是一荣俱荣、一损俱损的。既然你的身体是灵魂的居所，那么你的身体也因此而值得你心存敬意，值得你细心照料。虽然有一天你的灵魂会离开你的身体，但不能因此而否定当下你的灵肉统一体的尊严。

有一点大家都清楚，不论是谁，只要学会好好地生活就会有一个完满的收场。因为生与死的技巧都是一样的：那就是存在于此时此刻，谦逊而又勇敢，还带着一丝幽默感。有位佛门女尼曾对我说过，愉快平静地入睡，意味着你会愉快平静地起床；同样，愉快平静地死亡，意味着人会愉快平静地在生命的另一端醒来。

我有过一个教我如何死亡的导师，它是一只猫，名叫阿尔伯特，今年大概21岁，衰老而且清瘦，但看上去还算健康。有一天，欧伯拉·温弗雷电视节目的制片人盖尔·卡索里带着摄像组来到堪萨斯，要在我家拍些镜头。阿尔伯特因此变得兴奋极了。但是我觉得它上了年纪，还瘦巴巴的，可能上不了电视。没想到盖尔透过镜头看到了它，马上说："阿尔伯特太上镜了。"镜头让人显胖，这话真是一点没错。

结果，阿尔伯特上了电视，还在电视中向世人展示了它敏捷矫健的身姿，可爱的黄色短毛。可是转过天来它就跳不动了，连经常蹿上跳下的家具都爬不上去了。几天之后，它就什么也不吃了。兽医建议我们用全脂奶油和碎奶酪来引诱它，但什么都不管用。不久它连水也不喝了。我试着用点眼药水的小瓶子给它喂水，它把头扭到一边。第二天我抱着它坐在地板上，它轻轻地喵了几声。我女儿又抱了它一会儿，然后它就死了。它死得雍容、高贵，正是长寿而又心满意足的人的死法。我在心中默默祈祷，在我面临死亡的时候，我能有阿尔伯特一半的坦然平静就好了。

一只小猫咪成长，变老，在电视上风光过几秒钟（猫在这方面并无贪念），而且还教我如何面对死亡，这一切仿佛是一个个的圆圈。现在我把它的故事写出来告诉你，阿尔伯特在这个地球上便也算得上不朽了。

多爱自己一点

我的生活充实充分，因为我知道自己的生命是一个宏伟计划的一部分。

November
11月
联系

Date / 11月1日

最为隐秘的秘密

关于神圣的生命,这世上一直有个秘密不为大家所知:我们之间,事物之间都有着密切的联系,你和我和其他人和所有的生命和大自然之间,都有着千丝万缕的联系。这一点,是神秘主义论者和量子物理学家希望揭示的。这也说明,我们所做的任何事情都能影响到整体,我们每个人都是一个恢弘整体的一部分。因此,我们肩负着沉重的责任,同时也受到仔细的呵护。

我建议你在11月份里要保持一种彼此互相关联的意识,目的是希望你能同周围的一切联系得更加紧密:你的家人,朋友,陌生人,动物,植物,艺术和美,自己的每一部分和周围的一切。这样一来,你会感觉自己更有力量,更加自信。岁月留下的痕迹也不再值得遗憾,跟你的全部相比,跟你所属的那个恢弘整体相比,它们实在是太微不足道了。

在11月里,一定要牢记自己是一个独一无二的个体,与此同时,自己还是一个博大整体的一部分,独一无二的一部分。这很难理解是吗?那是因为理解是一种心智活动,但谁的心智也没有宏大到能够理解这样一个"宇宙级"的问题。所以不用试图去理解,只需接受就可以了。你一旦接受,生活便会随之改观。

> **多爱自己一点**
>
> 我同万事万物都有着联系。

Date / 11月2日

往昔

人上了岁数，自然而然便享有一份特殊的财富。其中的一部分，便是回忆昔日的难忘经历，其中包括得意的片刻，跟有趣的人相处的几个小时，近来或从前取得的各种胜利。

回忆这些辉煌岁月，可以照亮任何一个普通的日子。但是我们也必须讲究方法。回忆从前的辉煌可以提醒你：你别忘了自己是什么样的一个人，你有成就大事的本领，你曾经经历过种种的非凡和神奇。但我们千万不要对过去心向神往，不要借它们来兴奋神经，不要说："我那时候可威风了，可惜现在老了。"相反，我们要把曾经的辉煌当作证据，证明自己有多么不同凡响。即使到了现在，你仍然是你，没有丝毫的改变。你以前获得成功时的那股神勇和精神，现在不但分毫未减，还额外增加了经验和智慧。

我14岁那年曾有过一次难忘的经历：有幸第一次去参加甲壳虫乐队的媒体见面会。参加的人必须持有《少年生活》杂志总编的介绍信和一张通行证。这些我都拿到了。但是由于我的年龄，门卫就是不让我上电梯。恰在此时，我瞥见了查尔斯·芬雷先生，他拥有堪萨斯市运动员棒球队，也是这次甲壳虫乐队见面会的主办者。我赶紧说："芬雷先生，这是我的证件，我必须参加这次媒体见面会。"那时的我还在上高一，满脸粉刺，发型古怪，体重超常，但他只是迟疑了片刻就说道："好，你跟我进去吧。"一分钟之后，我就进到了会场，距离四位乐坛巨星只有8英尺之遥。

不久前的一天，我随意调换电视频道的时候，偶然看到一个体育节目正在介绍已故芬雷先生的生平。一位前奥克兰队的队员正好在说："他可以一眼看透你的灵魂，看出你有成功的潜质。"眼泪顿时弥漫了我的双眼。我心想："没准儿他当时就看出来我能成大器，真要是如此的话，那个能够成大器的我并没有离开，她仍然在我心里。"这样一来，很多年前的一次成功经历就能够为我所用，成为激励我的动力源泉。

于是，从前的辉煌由历史陈迹摇身一变，变成了你现在自身价值的证明。你从前是一个敢拼敢抢的运动员，那你现在仍然保有竞争的意愿和风格。你从前学业优秀，那你现在仍然聪明而又专心。如果从前有很多人看好你，那你一定不会辜负众望。你所走的道路虽然有些曲折，但大的方向并没有改变。

多爱自己一点

我牢记住昔日的辉煌,也期盼未来能够超越从前。

Date / 11月3日

岁月给你的恩赐

生活总是越变越好的。今天我们主要谈谈如何生活在当下,如何享受大自然赐给你的黄金岁月。请打开你的日记本,将晚年所带来的各种恩赐加以分析。首先把老年的各种恩赐全都列出来:

☆拥有孙子孙女

☆更加自信

☆跟年轻人谈话时不会让人觉得空洞,等等

不管你写的是什么,都自动地获得一个最高分。但什么才是沧桑岁月带给你的最大的恩赐呢?还有别的吗?凡是能想到的都要写下来哟。此外,随着年龄的增长,你还能够获得什么别的恩赐?你希望获得什么样的恩赐?这些也要写下来。

最具有讽刺意味的是,岁月的恩赐似乎特别眷顾那些不显老的人,那些上了年纪仍然身体健康、精力充沛的人。但是不要紧,因为你本人要么就是一个不显老的人,要么也即将成为这样的人。反正你现在所需要做的,就是把岁月的各种恩赐,你经历过的也好,别人经历过的也罢,甚至包括你希望拥有的,全都一一写下来就可以了。

多爱自己一点

岁月给你的恩赐必须等你发觉之后才能享受

Date / 11月4日

千万不要摔跤

你以前可能从未想过自己居然会害怕摔跤。但是有研究表明,年龄超过70岁的女性,最害怕的就是摔跤。其实,只要从现在开始把预防摔跤当成我们的第二天性,摔跤和对摔跤的恐惧我们便都可以预防。

☆ **重量训练**　重量训练可以反复锻炼同一部位的肌肉,在紧要关头帮你保持身体的平衡,不至于摔倒。总之要保持身体强壮、身姿挺拔。

☆ **练习打太极**　中国武术中的太极,一招一式动作舒缓优雅,专门练习身体与心灵的平衡。

☆ **做其他的平衡练习**　瑜伽功法中有些动作很有效果。最简单的练习方法,就是在做饭、排队、打电话的时候,来个金鸡独立。比较高级一点的方法是:闭着眼睛金鸡独立。显然做饭的时候不能闭上眼睛。

☆ **向孩子学习**　假装自己在走平衡木,沿着一条直线或路边走直线。这样的小游戏既好玩,又可以锻炼身体的平衡能力。

☆ **借助外力**　有扶手的时候一定抓住扶手,不要把手揣在衣袋里。因为胳膊能协调身体平衡,被绊倒时能起到平衡身体的作用。地面湿滑、结冰时要格外当心。

☆ **当心着装的危险**　我可不是开玩笑:曳地长裙和宽腿裤容易把人绊倒,骇人的高跟鞋和花边繁复的平跟鞋也潜伏着危险,最好趁早处理掉。

☆ **预防摔跤的措施**　身边容易绊倒人的绳子、地垫等等,统统收走。

☆ **购买防滑的冬靴**　很多靴底上的凹凸纹路都是中看不中用的装饰。在路面结冰的日子里,靴子底上的纹路一定要跟雪地防滑轮胎一样深。一般鞋店里要是找不到这种靴子的话,不妨到露营/越野用品店里找找看。

☆ **注意骨骼健康**　即使不小心摔倒了,也不容易骨折(详见5月4日、5日内容)。

不过话又说回来,我希望任何年龄段的任何人都不要因为害怕摔跤而放弃自己的兴趣爱好,哪怕是溜冰、滑雪这样容易摔跤的活动,最好也不要放弃。作为老太婆,如果我非摔一跤不可的话,我宁愿是溜冰时摔倒的,也不愿散步时摔倒。

> **多爱自己一点**
>
> 我天天都平稳安全地走路。

Date / 11月5日

揭秘黄色蔬菜和绿色蔬菜

早 在小学的保健常识课上，老师就重点讲过黄色蔬菜、橙色蔬菜、深绿色叶类蔬菜等等。我讲这些不是因为我个人喜欢吃蔬菜，而是因为现在流行的饮食中，缺乏蔬菜的意式三明治和奶油蛋糕实在太泛滥了。时令的许多种黄色蔬菜和绿色蔬菜都含有丰富的营养，但是有许多人把蔬菜买回家后居然不知道该如何烹调。我第一次用甘蓝做菜时，像做菠菜那样，连根带叶一起上笼蒸，结果根本没法入口。黄色蔬菜的做法我倒略知一二：一切两半，去掉内瓤，放进烤箱里烤。可惜我的丈夫和女儿不买账，联合起来搞绝食。如果你也面临同样的窘况，下面这些菜谱简单易行，美味可口，保你不至于出力不讨好：

● 芥兰和甘蓝

☆ 1把芥兰和甘蓝（切成块后有6～8杯）

☆ 1/2杯水

☆ 2匙酱油

☆ 2~3瓣大蒜捣碎

把菜洗干净，去掉硬杆，把叶子切成1/2英寸宽的长条。在一只大锅里加入水和酱油，然后加热。放入蒜蓉，加热1~2分钟后，把菜叶放进去搅拌。盖上锅盖用中火煮大约5分钟，让菜叶变软。可供2~4人食用。

一碗芥兰或甘蓝中含有61卡路里的热量，3克蛋白质，11克碳水化合物，不含脂肪。

- 山药、蔓越橘和苹果
  - ☆ 3 根山药，去皮
  - ☆ 1 个又大又酸的青苹果，去皮切丁
  - ☆ 1 匙柠檬汁
  - ☆ 半杯鲜蔓越橘或 1/3 杯晒干的蔓越橘
  - ☆ 1/4 杯葡萄干
  - ☆ 1/4 杯浓缩橙汁
  - ☆ 1 匙酱油

将烤炉预热到华氏 350 度（摄氏约 177 度）。把山药切成一英寸见方的小块，平铺在一只大烤盘内。将苹果丁和柠檬汁搅匀倒在山药块上，然后撒上蔓越橘和葡萄干。将浓缩橙汁、酱油倒在一起，加入 1/4 杯水搅匀，浇在山药上。合上烤箱的盖子焖烤大约 1 个小时，烤到山药能用叉子叉动为止。这道菜能供 8 个人食用，每份约含 138 大卡的热量，2 克蛋白质，32 克碳水化合物，不含脂肪。

多爱自己一点

今晚就试着用以上方法或你喜欢的方法，用黄色蔬菜或绿色蔬菜做一道菜吃。

Date / 11 月 6 日

应该喝什么样的水？这方面的文章你要是读得太多，肯定什么水也不想喝，只能去喝伏特加了。人对水的选择一般掺杂了个人感情。如果他的工作就是销售矿泉水、蒸馏水，那就更是如此。

我觉得如果你正在阅读这本书，你多半是生活在一个可以放心饮用自来水的地方。我所说的放心，是指水里面不含致病细菌。但是这样的水肯定是经过了化学处理，加入了氯气和氟化物。既然你希望越活越年轻，饮用这样的水可要慎重。氯气可以杀死霍乱、伤寒等致病细菌，所以对维护大众健康至关重要。但是氯气一旦完成自己的使命，最好还是过滤掉为好，因为人们怀疑氯能致癌，并导致新生儿生理缺陷。氟化物虽然对牙齿有益，却有损于大众健康。在所有添加进自来水的化学物质中，它是唯一一种起治疗作用的物质。我个人更愿意喝纯净水，因为其中不含氟化物，不会导致老年痴呆症、骨质疏松、骨癌，不会损害肾脏和神经系统。

在饮水问题上，你再怎么讲究都不过分。无论是买便宜的可以更换滤芯的接头，还是在水管上安装过滤系统，都可以避免直接饮用自来水。此外还可以购买大桶装的纯净水或矿泉水。虽然媒体常常曝光，说大桶水里装的其实是未经任何处理的自来水，但那毕竟是极少数。要是自来水的话，里面的氯味很难消除，你肯定可以尝出来，甚至闻出来。何况饮水行业还要维护自身的声誉。万一哪家出了什么纰漏，报纸的头版头条肯定给他们留着。

另外，你还可以买一套反渗透过滤器，或者蒸汽蒸馏设备。前者几乎可以过滤掉所有有害的杂质，而后者除了纯净的水（H_2O）以外别的一概没有。但这也正是引发争议之处。有人说蒸馏水不能为人体补充任何矿物质，长此以往骨骼中的矿物质就会被慢慢榨干。不过这种观点还没有得到任何实验证明。还有人说人只应该喝蒸馏水，因为水中的矿物质是无机的，人体根本无法吸收利用。同样，这种观点也没有科学依据。

我个人常常喝的是矿泉水，一是喜欢它的味道，二是感觉很亲近。我花钱买水买的就是这两点。我纽约的厨房非常狭小，只在水龙头处装了简单的过滤设备。对我而言，无论是大桶水还是蒸馏水都强过自来水。但即使是喝自来水也强过不喝水。

多爱自己一点

我饮用洁净的水，吃健康的食品，呼吸优质的空气。我喜欢照顾自己。

Date / 11月7日

提高修养

修养是人格健全、全面发展的代名词。修养就是言出必行,就是在人前人后表里如一。修养好的人,无论得意失意,都能为自己的行为方式感到骄傲。如果你是这样一个人,"我向你保证"这样一句老掉牙的话,从你嘴里说出来,别人不会觉得过时,只会觉得非常可信、踏实。

假如早在孩提时代你就奉人品高洁的人为榜样,现在要想提高自己的修养自然比较容易。就算没有榜样你照样可以陶冶情操。此外,以前所犯的过错与提高修养毫不相干。我没见过哪个有血有肉的人在见多识广之后还能白璧无瑕。我们所要求的,不过是在今天要提高修养,今后也勤于此道。还有,提高修养只涉及你一个人,不要养成评判别人行为的不良习惯。这种习惯实在恶劣,只会招来别人对你的批评。

从现在开始,要把自己当成一个人品高洁的人,然后通过一些小事情来巩固这种印象。比如,收银员多找你的零钱要退回去,服务员算账时少算了一道菜要提醒他。善于从自己身边的人和事中发现并欣赏有品格、有修养的行为,与此同时,你的行为举止也会被别人发现和欣赏到。

多爱自己一点

设想你生活的社会将声誉和修养视为最值得敬佩的品质。设想你看到的杂志上大标题都是:《世界上最慷慨的女人》《最善良的男人仍然健在》《十天改掉十个坏毛病》。不妨设想自己就生活在这样的世界里。

Date / 11月8日

我现在看清楚了

白天盯电脑、晚上盯电视，我们的眼睛可不应该遭受这样的折磨。眼睛需要看看天空，看看远处的地平线，再看看前后左右以及周围的一切。最起码，眼睛需要每小时休息一次，需要从电脑屏幕上移开，看看窗外，能看多远看多远。它们喜欢大幅度顺时针地环视。我眼睛疲劳的时候，特别喜欢瑜伽的一种养眼功法，做法很简单：两掌相对，用力快搓直到掌心变热，然后趁热把手掌覆盖在紧闭的眼睛上，让双目在温热和黑暗中得到休息放松。等到热量散尽时，把双手挪开就可以了。

此类眼保健操可以缓解眼睛疲劳，改善视力（若想找到更加完整的眼保健操，请登录 www.visionworksusa.com）。它们对老花眼和远视眼虽然无能为力，但也能起到延缓作用。人一上年纪，首先就是眼睛晶状体的柔韧性退化。有些人刚过40岁，看明信片、账单时就非得把胳膊伸直才能看清上面的小字。视力的好坏，真的可以当作中年和老年的分水岭。

视力出现问题是非常普遍的现象。如果你也是其中之一，不妨选择放大镜，或者远视近视两用眼镜。此外还有一种名叫单眼视（monovision）的方法，可以给一只眼睛戴上隐形眼镜让它变得近视，能看清近处的东西。而另一只眼睛能看清楚远处，这样无论远近就都不成问题了。这个方法对许多视力不好的人来说简直是上天的恩赐。但是有些专家研究后发现，这种方法能影响人对纵深方向的感觉。而且人看近处时头和脖颈会相应地倾斜，导致这两个部位出现继发性的酸痛。眼科专家还是赞成使用放大镜来阅读。因为我们现在阅读的大部分都显示在电脑屏幕上，而本杰明·富兰克林发明远近两用眼镜时，文字都打印在纸上，只能放到桌面上来读。

眼睛干涩的症状到了中年时期，尤其是到了更年期，会变得益发严重。服用专门的药物，使用高品质的滴眼露，都可以缓解病情。有一项研究表明，每天摄入50毫克的维生素B_6、1500毫克的维生素C、1500毫克的$\Omega-3$脂肪酸，能够有效缓解眼睛干涩的症状。

根据许多文献记载，营养疗法可以预防多种严重的眼病，例如黄斑变性、青光眼和白内障等。$\Omega-3$脂肪酸对以上三种病症的预防有着至关重要的作用。维生素 C 和抗氧化硫辛酸可以预防青光眼和白内障。β-胡萝卜素可以预防白内障和青光眼。每天只需摄入区区 6 毫克植物营养素叶黄素就可以把患黄斑变性的危险降低 43%，甘蓝富含叶黄素，此外每天临睡前吃一片叶黄素胶囊也可以。注意叶黄素要跟复合维生素片分开服用，因为二者同时服用不利于吸收。

> **多爱自己一点**
>
> 我怀着欣赏和敬畏的心情看周围的世界。

Date / 11月9日

下午四点，你怎么了？

今天下午三点半到四点钟的时间里，你都在做些什么？我希望你能留意一下。对大多数人来说，每天一到这段时间就会感觉茫然若失。喜欢早起的人在清晨六点感觉清新振奋，喜欢熬夜的人吃完晚餐后重又振作起来。但是我从未听说谁会在下午四点时精力充沛、精神焕发的。在暮色将至的这段时间里，不妨对镜看看自己。如果早晨化过妆，现在多半唇膏也残了，鼻尖也冒油了，头发也该整理了。再反观自己的内心，你有什么感觉？你是否想喝点咖啡，吃点儿点心？或许你已经都用过了。每天一到这个时间，谁都愿意喝点提神醒脑的东西。要是更深一步地探究，今天早晨你不是还有很多美好计划的吗？现在它们都到哪里去了？

跟别的时间段相比，人在下午三点到五点之间会倍感失落惆怅。既然如此，不妨利用这段时间检点一下自己。不论老板是你还是别人，都可以暂时停下手头的工作，整理一下自己的仪容：梳梳头，补补妆，刷刷牙，喝点水，伸伸腰，或者出去走走，呼吸一下新鲜空气。如果想吃东西就吃点清淡可口的。由于受印度草医学的影响，我认为人不应该在两餐之间加餐，但下午茶是个例外。因为许多人在傍晚之前都感到身体乏力，精神消沉，所以下午茶可是格外重要。

另外，下午的时候可以跟自己的爱人打个电话，做一小会儿冥想，想想最爱你的人，为自己的精神加油。

> **多爱自己一点**
>
> 让自己在下午三点到五点之间振奋起来。要形成习惯，把这段时间变成一段美好时光。

Date / 11月10日

增强免疫力

人的免疫系统包括：能够抵御各种微生物的皮肤，用来诱捕和排除进入体内细菌的呼吸系统，还有"杀手细胞"组织，后者都是些血液白细胞，能够像间谍一样侦察并消灭患病的细胞。增强免疫能力的方法本书已经介绍了很多，比如吃高营养的食物，补充各种营养成分，锻炼身体，冥想与减压，保证睡眠充足，广交朋友，让室内保持适宜的湿度。这些都可以帮助你的免疫系统发挥最佳功能。但以下还有几种增强免疫力的小窍门：

☆黄芪和紫雏菊　据记载，这两种草药最能够增强人的免疫力。人们发现，黄芪能促进免疫细胞的形成，激发免疫细胞的活力。紫雏菊能够增强生物干扰素的形成，而生物干扰素是一种蛋白质，能够消灭病毒和癌细胞。这两类草药都能够防患于未然，起到预防作用。但长期服用的话反而会丧失疗效，所以不如服用一个月之后就间隔一个月。

☆针灸　针灸是中国人的发明，它通过平衡人体的气达到提高身体免疫能力的目的。有经验的针灸师在施针之前，要望闻问切，先看看舌头、眼睛、指甲的情况，再问问你的病史，然后是号脉。号脉可不仅仅是测量你的心跳速度，好的中医大夫能从中获得大量的信息。针灸所用的针非常纤细，多半感觉不到疼痛。就算有点疼也很轻微。

☆**顺势疗法** 如果觉得自己可能患了流感，不妨立即采用顺势疗法，它可以利用植物、动物、矿物质来迅速激活身体的免疫细胞，将流感终结于初始阶段。在天然食品店和某些药店里能够买到治疗流感的产品。

☆**乐观** 人情绪低落的时候免疫能力自然也跟着降低。研究表明，人心情不佳时，身体血液中的白细胞就会擅离职守，不好好工作。

☆**尽量少使用化工产品** 我们人类有本事把地球这么庞大的行星给破坏掉。我们无需了解太多的环保知识，也明白我们正在吸入、摄入身体无法接受的化学毒素。所以我们要尽可能地减轻这种毒害，要避免吸入二手烟，要食用有机食品，使用纯天然的化妆品和清洁用品。很多人不是每顿饭都要计算卡路里的摄入量吗？还不如每天算一算自己化学毒素的摄入量呢。当然我们的努力目标是零摄入量。虽然很难，但中国有一句话说得好："千里之行，始于足下。"

多爱自己一点

我的免疫系统功能正常，我会竭尽全力保护它。

Date / 11月11日

置身不平凡的氛围中

如果你有机会亲耳聆听大师的演奏，亲眼欣赏著名演员的表演，亲临著名领袖的演讲，而这位领袖有可能成为下一位圣雄甘地或者马丁·路德·金，这样的机会你可千万不要错过。能坐在前排当然好，但哪怕是坐在后排的角落里，你也能置身于一种不平凡的氛围中。你每抓住这样一个靠近伟人的机会，你的生活就会往上提一个档次。但是现在是一个疯狂追星的年代，人们常常把名人和伟人相混淆。

虽然有的人可能既是伟人又是名人，但名人和伟人完全是两码事。堪当伟人的人，是那些用生命实实在在地改变了这个世界的人。这样的人值得我们靠近，至于他有没有为此出名就无关紧要了。

爱伦是我的朋友，每周四次帮我遛狗。有一天我对她说我特别崇拜联合国秘书长科非·安南，她却轻描淡写地说："他呀，我和狗狗散步的时候，他经常跟我们打招呼。"我目瞪口呆："你是说我的狗狗认识科非·安南？""没错。"她回答说。安南是一个能给世界带来和平的人，而我虽然爱好和平，但是除了投票选举、写信监督、偶尔寄张支票捐点钱，什么也做不了。原来我和他的差别也不是很大嘛。但就是这样一桩跟伟人有某种联系的小事情，却时刻提醒我，我应该加倍努力，多接触一些非凡的人。

非凡，不管它是体现在艺术、学术还是人道主义当中，我们都要置身其中，借助它的伟大来丰富自己的生命。你在人生中已经有了许多的不平凡，但你仍然有潜力成就更多的不平凡。接触伟人，了解伟人的丰功伟绩，能够为你加油，激发你的这种潜能。

多爱自己一点

你认为什么是伟大？怎样才能比以往更多地接触伟人，置身伟大的氛围中？把你的想法写进日记本里。

Date / 11月12日

有机食品须知

我以前把食物分成两种：有机食品和常规食品。但是后来我才突然意识到，有机食品是常规的，其他食品才是非常规的。二战之前，粮食生产并不靠化肥来增产。但是二战之后世界人口激增，随后出生的美国婴儿潮一代人不幸成为第一批受害者,从小就开始吞食杀虫剂、除草剂、抗生素和生长激素。尽管如此,我们居然不知悔改,又变本加厉地搞起了食品辐射和食品基因改造工程。

有大量证据证明,使用有机种植方法生产出来的西红柿、胡萝卜和燕麦,要比使用"常规"方式生产出来的东西更有营养。此外,"常规"方式生产的农产品往往含有五花八门的农药残留,其中包括已经确认的多种致癌物质。虽然人们在食用前要用清水清洗蔬菜水果,但大部分农药就残留在植物的内部,根本无法从外部清洗掉。杀虫剂大多集中在动物的内脏组织中,因此,肉类和奶制品中的杀虫剂含量要远远高于蔬菜和水果。

从根本上来说,人体的生理系统只能够识别两类物质:对人体有利有用的食物,和对人体有害的毒素。后者需要动用肝、脏、肠、肺和皮肤排泄出去。被迫排毒给身体带来压力,而压力带来的唯有衰老而已。

生产有机庄稼的农民细心呵护土地,而我们则要像农民那样仔细照顾好自己的身体。这两者可以说是相辅相成的。更进一步说,使用有机方法种植农产品,才能够确保土地的生产力,不至于让土地到了将来寸草不生。你选择购买有机食品,虽然表面上看起来你只是买了些牛奶、苹果、葡萄和芹菜,实际上却是在为子孙后代造福。为了这个原因,我们作为负责任的公民和消费者,就应该选择有机食品。目前实行的有机食品标签法应该加大力度,要求食品提供者做到透明、诚信,不要被那些企图瞒天过海、鱼目混珠的大企业所左右。

尽管你买不到或买不起有机食品,吃大量的蔬菜和水果也是有益的。吃非有机食品之前,一定要用大量流动的清水认真清洗。但是只要一有可能,还是尽量选择有机食品。这可是在为你的身体健康进行长期投资,同时也体现出你在自己心目中的价值。

多爱自己一点

下次购物的时候,请思考一下食物与身体、你与地球、你的生命与别人的生命之间的关系。

Date / 11月13日

记住别人的称赞

有少数人对褒奖之词非常慷慨，经常有口无心地夸赞别人，结果别人也是左耳进右耳出，全不当一回事儿。还有一少部分人，为了达到自己的目的极尽阿谀奉承之能事，居然能够信口雌黄，口吐莲花。这两种人虽然为数不多，但遇见的时候你一定能分辨得出来。绝大多数的溢美之词都是有根有据、发自内心的。别人称赞你是为了让你感觉良好，让你明白你的工作抑或性格、仪态给人家留下了良好的印象。每当受到别人这样的赞美，你一定要把它铭刻在记忆当中。

以此类推，我们夸赞别人时也应该是真心真意的。不久前，我在纽约街头遇见一位等候计程车的女士。她大约六七十岁，保养得很好，仪容更是引人注目。她的衣着都是现在流行的款式，但是经过巧妙的组合搭配后，却让人回忆起从前某个更讲究高雅格调的时代。我忍不住走上前搭话说："不好意思，但是我非对您说出来不可：您的衣着实在是太好看了。现在像您这么会穿衣服的人可不多见哪。"她展颜一笑，简直像日出一般灿烂温暖，对我说："你可能都想象不到，你这一番话改变了我的一天。"

知道吗？一句好话对别人的影响通常都超乎我们的想象。正因为如此，对别人的赞美之词一定要说出来，给我们的赞美之词也一定要接受下来，然后铭刻在心。

> **多爱自己一点**
>
> 发自肺腑的溢美之词，我愉快地给予，愉快地接受。对我格外有意义的话，我满怀感激地铭记在心。

11月联名

Date / 11月14日

了解自己的母亲

我们一定要千方百计地去了解自己的母亲。如果母亲还健在,能去看望她、同她谈心的话,不妨多去几次。母亲现在能教给你的东西,远比以往要多得多。你也许听别人说过这样一句话:"谁都无法像你母亲那样爱你。"在很大程度上这句话是真的。既然在母亲面前你永远是个长不大的孩子,同母亲待在一起时,你肯定会觉得自己依然年轻。

如果母亲不幸已经过世,还可以阅读她留下来的信件、日记,同你的阿姨、父亲聊天,借此更多地了解母亲。也许你母亲很长寿,等你成家立业之后才离开,也许你幼年丧母,甚至从未谋面,但是不管怎样,一定要设法了解自己的母亲。如果你有两位母亲,一位生母一位养母,或者一位生母一位继母,不妨任选一位,甚至两个都要了解。

除此之外,我们还应当了解你母亲她们那一代人的生活背景。根据你的年龄,你母亲也许在20世纪的20年代叛逆过,在30年代挣扎过,在40年代为了二战艰苦工作过,在50年代无奈地退休回到了家庭。她也许为了民权运动和公益救济活动上街游行过,就算她没有参加,她那么多的同伴们也肯定参加过,所以势必会影响到她并改变她。她是那个时代的一部分。那个时代你虽然可以详细了解,但无法切身体会。

通过更深入地了解母亲,你才能够更深入地了解自己。母亲冲在前面,为你摸索生活的道路,指明生活的方向。就算你选择了一条迥然不同的人生道路,她向你展示的那条道路也是你选择生活道路时所依据的坐标啊。

> **多爱自己一点**
>
> 今天或者最近,抽空去了解自己的母亲。然后你肯定会恍然大悟地说一声:"哦,原来如此啊。"

Date / 11 月 15 日

今天休息

Date / 11 月 16 日

坚定信仰

你建立起的世界观是你私人的，它帮助塑造你自己。长寿秘诀研究证明，人们如果有某种信仰，就会更加有韧性，更加乐观。不管这种观念是宗教传统还是纯粹个人感觉，有它依靠会在很大程度上减轻人的生活负担，使生活变得更加轻松。你自己能感觉到，别人也能觉察到你的轻松。

仅仅信仰上帝或某位神灵或某种主义，同接近他们有很大不同。如果你觉得有种信仰可以依靠，那么你永远都不会消沉，因为它会永远支持你的。你就像是往心里装了一块电池，用完了换新的，永远精力充沛。

如果你没有任何信仰，不要勉强相信，也不要完全不信。仔细观察生活，观察那些不可知的力量如何影响生活。星光灿烂的夜晚，阳光明媚的早晨，孩子们的笑脸都充满了某种神奇的力量。统计数据表明，大多数人都有某种信仰。如果你只是信仰某种神灵，这还不够，你应该进一步去接近他们。每天面对神灵祈祷，这样即使在最糟糕的日子里，你也不会垮掉。每天都怀着感激之心面对上苍，你就永远不会寂寞。

寻找一些同你有相同信仰的人，可以分享思想的人，同他们常常联系。为你所认识的人祈祷，为你听说过的人祈祷，为这个世界祈祷，为你担心的事情祈祷，为你想要的东西祈祷。怀着感恩之心面对一日三餐。我们不是要就此沉沦，而是要借着信仰的力量去飞翔。

多爱自己一点

我从未,也永远不会孤独。

Date / 11月17日

优雅的仪态

随着年龄的增长,优雅的仪态对女人而言变得越来越重要。就连岁月的硫酸都无法腐蚀优雅。所谓优雅,就是让人内在的精华和光彩散发出来。换言之,一位优雅的女士深谙人情世故,遇事能替人解围,而不是陷人于难堪。她懂得着装的奥妙,跟她交谈的人,更清楚地记得她的谈吐而非她的衣饰。她善于选择必要的、赏心悦目的东西来点缀生活和工作场所,冗余的一概不要。

优雅,就是懂得选择真实和历久弥坚的,舍弃短暂和未经考验的。优雅,就是不露痕迹地给人留下深刻印象,好比在一块空地上孤零零生长着一株向日葵,它远比日后拔地而起的楼房更能走进人的记忆。优雅离不开规则,比如礼仪、品位和社会规范,但它更讲究自我约束。于是优雅的女人不会大鸣大放,不会抱怨连天。

要想成为这样的女人,就要把优雅当成一种性格特点,当成一种概念,然后深入探索研究。哪天在大街上或电视上看到一位女士,你要是觉得她很优雅,一定要问问自己:你为什么会这样想?她都说了些什么?是如何穿着的?有没有值得你借鉴的地方?于是你练就了入木三分的眼力。一袭黑衣的女人,可能显得优雅,也可能像是服丧,关键是看她如何处理。观察得多了,你一眼就能洞悉二者之间的细微差别。

优雅的精髓在于:精远胜于多。服饰要选择柔和的颜色和经典的款式,你本来就是一朵百合花,装点越少,越能彰显你的典雅大方。如果你衣着款式大胆,颜色艳丽,照样也可以优雅。虽然不容易把握分寸,但是效果却非常引人注目。对于大多数盛年已过的女人而言，优雅就是简洁的线条和精简到无的装饰。只要你的衣饰不喧宾夺主，你个人的风采才有机会显示出来，让别人觉得："我不需要大肆张扬，也能让别人注意我的来临。"

多爱自己一点

你对优雅有何见解？你觉得现在的你，或者某个阶段的你，能用优雅这个词来形容吗？你要如何才能优雅起来？马上就要过节了，人人都需要穿衣打扮、布置房间并选购礼物。你不妨利用这个机会来提升自己的优雅度。

Date / 11月18日

传统习惯

各种传统习俗是一种纽带，将我们同一个更广泛的人类群体联结在一起。于是，我们在这个时间和空间里不再感到孤独，不再孤军奋战，而是从属于一个更大的部落或团体，甚至是整个人类。传统，就是在特定时间、特定场景下大家共同的期待。有的传统习惯可能是古老宗教的残余，有的是始自你童年时代的家庭传统。明天要是发生了什么值得牢记的事情，让你心头一暖，或者开怀一笑，不妨在来年重温一遍。某件事情一旦成了传统，就变得牢靠可信，让你可以指望信赖。在这个变幻无常的世界上，这一点可是非常难能可贵的。

今天，作为恢复青春的一项活动，我建议你翻开日历或日记本，罗列出今年应当遵守的各种习俗。这样做的目的是让它们点缀今年的每个月份，让每个月份都鲜活生动。如果数量不够的话，可以挖掘一些尘封的习俗，或者发明一些全新的习俗，比如说纪念今年的初雪，庆祝菜园里第一只番茄的成熟，等等。

传统的习惯越多，你的生活就会越发绚丽多姿。

多爱自己一点

拿出日历或日记本，逐月标出今年所有值得纪念的日子。如果某段时间缺少这样的日子，就想办法创造一个吧。这虽然有点做作，但是要允许自己随时留心，找到合适的日子就挑出来特别纪念一下吧。

Date / 11月19日

休养生息

以前的人非常重视休养。在发明抗生素之前，身患重病的人全靠休养来恢复健康。他们到山间海边，休息上一个月或更久的时间，让自身的愈合能力发挥出来。这样的事现在看来颇为荒谬，我们生病了，可能连一个小时都不休息，更何况是一个月之久？然而，人如果不充分休息又怎么可能恢复青春呢？20岁的年轻人能做的现在的你照样可以做，只是需要较长时间的休息而已。

高中毕业后的那个夏天，我在一家石油公司找了一份校对信用卡的工作，工作时间是下午三点到晚上八点。那时我经常加班，下班之后还要去跳舞，一直跳到凌晨四点半。然后是早餐，午餐，稍作休息后，新的一天就又开始了。现在的我要想重复当年的生活，肯定会累得瘫倒在舞厅的地板上，而且立刻睡着。在生活中的某个阶段我们可以探索自己体力的极限，到了另一个阶段就要老实地待在极限范围之内。现在就到了老实服从的时候了，要想去跳舞的话，潜意识就会告诉自己："你大可以去跳舞，不过一定要提前好好休息。"你要是肯听的话，一样能玩得很尽兴的。

有个神话说从前有位漂亮的公主，每天只肯在特定的时间接见客人。这似乎是在告诉我们，我们也可以美丽动人，但前提条件是保证充足的休息，比如睡个午觉，静静地养养神，翻翻闲书。看电视也可以，但一定要选那种让你笑爆肚皮的节目。其实任何轻松愉快不费力气的事情都有帮助身体自我愈合的魔力。所以还是尽量多休息吧。

> **多爱自己一点**
>
> 我经常休息恢复精力。

Date / 11月20日

养宠物

我因为肩膀酸痛去接受按摩治疗,按摩师托尼却告诉我说:"要是没有什么管用的方法,不如回家去抱抱你的宠物狗。"他的建议正好跟许多研究的结果相一致。这些研究认为:动物有替人愈合伤病的能力,家里养宠物的人比不养的人更健康长寿。有一些研究者认为,养猫、鹦鹉、大蜥蜴,养任何一种动物都有这种功效。但是另外一些研究者认为只有养狗的人才会长寿,因为要养狗就必须遛狗,遛狗就可以锻炼身体。我认为不然,因为有很多人自己不遛狗,要么雇人代劳,要么让狗狗自己在封闭的院子里玩。我不是什么科研人员,但我家里养了一只狗一只猫,我坚信猫和狗都能让我变年轻,因为它们自己就不会衰老。

很明显,如果你不喜欢动物,甚至对宠物过敏,就没有必要接受我的建议。但是只要你的心脏,你的家庭,你的免疫能力允许,最好能收养一个宠物,毕竟拯救一只动物的性命没准儿能为你延寿不少呢。你家附近的动物收养所里寄居了许多无家可归的小动物,他们自己并没有任何错处,却处境悲惨,要是没有好心人认养,它们活到第五天就会遭到人道毁灭。

认养宠物前你可要考虑清楚,因为狗的寿命通常是15年,猫是20年,你要负起的责任实在是重大。认养宠物无异于增加一名家庭成员,需要在未来的岁月里付出关心和照顾。而你也因此得到一个宠物的陪伴和忠诚,得到开怀的大笑和致死不渝的眷恋。即使你处境不好,它也照样用无比崇拜的眼光望着你,用温暖的舌头舔你。缓解压力、降低血压不过是附加的好处罢了。所以要赶紧养一只纯真无邪的宠物，它能跟你分享快乐时光，也能教你用豁达积极的态度面对生老病死。

多爱自己一点

或许你没有宠物，或者正在打算领养，请认真想一想宠物能给你的生活带来什么变化。你要是一整天都外出工作的话，最好养上两只让它们作伴。如果你已经养了宠物，从今天开始要更加关心它。如果你既不养宠物也不反对养宠物，那么请默默祝福这些动物吧。祝福别人的人会得到双倍的回报。

Date / 11月21日

注意超级食物

超级食物是指营养成分大大优于同类的食物。虽然大部分天然食品在某些营养成分方面都可圈可点，值得推荐，但超级食物富含各种维生素、抗氧化物质、植物化学物质和其他能延长青春的成分。例如：

☆绿叶植物（甘蓝、长叶莴苣、芥菜和花椰菜） 富含维生素A和C、钙、铁、植物纤维，蛋白质含量也高于传统的高蛋白食物。

☆黄色蔬菜和水果（薯类、胡萝卜、南瓜、哈密瓜、杏、木瓜、芒果和柿子）富含胡萝卜素，其中的红薯被誉为世界上最健康的蔬菜。

☆番茄（包括各种番茄汁和番茄酱） 富含维生素C、维生素A和植物化学物质茄红素，后者能够预防心脏病和癌症。

☆各种浆果和柑橘 富含维生素、植物化学物质，而卡路里含量微乎其微。

☆大豆和其他豆类 富含人体所需要的蛋白质、植物纤维，以及能够调节荷尔蒙平衡的异黄酮。

☆干果、种子和鳄梨（适量） 含有必需脂肪酸和锌，而且让人不容易饥饿。

我们要争取每餐都吃一到两种超级食物，要是顿顿都有它们的话就更好了。你身体的每个细胞都是那么喜欢超级食品，吃饱了自然而然地就会焕发出青春的光彩。

多爱自己一点

我喜欢超级食物，喜欢享受超级健康。

Date / 11月22日

永远心怀感激

心怀感激是一种能激发生命活力的心态。如果你心中怀有感激之情，便不亚于吸入更多的氧气。"我太幸运了""真棒""你真好"，这些话可以说都是功能神奇的良药。要是没有它们，你会对生活中的恩赐视而不见。等你养成了感激的习惯，我们就会更加容易地辨认出这些馈赠。起先我们为了一桩好事感恩，不久就会发现有好多好事接踵而来。

让自己心怀感激的方法有：

☆**感激备忘录** 这个方法不是我发明的，但是我离了它还真不行。每天清晨或者夜晚，我都要找出10件让我感激的事情。什么事情可以入选，并无一定之规，比如你从小就具备的一项天赋，比如今天晴朗高远的天气。感恩备忘录，要是在清晨列出，白天就会有好多美妙的事情等着你；要是在晚间列出来，这一天的美好就更是确定无疑了。

☆**转换视点** 世上不如意者十之八九，人是很容易失望沮丧的。我们要是能换个角度看待问题的话，即使再糟糕的处境都能找出值得感谢的地方呢。

☆**幸运儿** 上小学的时候，要是谁能当上球队队长，去一趟迪斯尼乐园，继承一大笔遗产，别人就会说，"你真是个幸运儿！"现在，你不妨把自己当成一个幸运儿。如果体检结果很理想，要对自己说："你真是个幸运儿！"晋升了，要对自己说："你真幸运！"老公出人意料地主动地送自己一件合心的礼物，还要对自己说："你真是个幸运儿！"慢慢地这个习惯就成自然了。

> **多爱自己一点**
>
> 养成心怀感激的习惯。

Date / 11 月 23 日

蒸汽浴和桑拿

大多数健身俱乐部都设有蒸汽浴室和桑拿房，可惜去那里的人没能充分利用起来。他们可能觉得不运动就汗流浃背，仿佛是在作弊似的。其实并非如此。体温升高可以加速血液循环，排出体内毒素。蒸汽浴室内的温度通常是在110到160华氏度之间，而桑拿房内的温度则高达160到210华氏度。相比之下，一般人更能够适应蒸汽浴室的温度。定期洗浴除了能够让人放松之外，还可以清洁皮肤（特别是容易长痤疮的皮肤），排出体内毒素，预防冬季感冒。如果真的感冒了，还可以通过发汗治疗。蒸完蒸汽浴之后，体重会马上减轻不少，但那是因为体内水分减少了，只要喝点水就恢复如初。不过，定期洗蒸汽浴或蒸桑拿，能让你感觉身体健康结实，并在各个方面表现出来。

为了保证洗浴的安全，刚开始蒸的时候不要超过5分钟，以后再慢慢延长到15分钟，但一定要以身体舒适为度。蒸满5分钟后，走出浴室凉快一会儿，然后再进浴室继续蒸。按照传统做法，应该用热水和冷水轮流淋浴，重复两到三次后，再用温水淋浴。但是你要顾及自己的感受，毕竟沐浴不是为了考验你的耐力啊。要是热得受不住了，可以离开浴室，喝点水，让自己舒服一点。如果怀疑自己怀孕了，或者正在发烧，都不要洗蒸汽浴、蒸桑拿。除此之外，任何身体健康的人都应该可以享受洗浴的舒适。你要是还不放心的话可以先去问问医生的意见。

> **多爱自己一点**
>
> 附近要是有蒸汽浴室或桑拿房，在本周之内去享受一次吧。要是没有的话，可以到朋友常去的健身房看看。如果你正在怀孕，患有高血压、癌症，最近有过中风、心脏病发作的事例，不如就免了。处于更年期的女性要知道，总有一天潮热的症状会消失的，等到那时你就可以定期洗浴了。

Date / 11月24日

慷慨与仁慈

慷慨和仁慈可以表现在许多方面：赠送礼物，分享所有，款待朋友，关心别人的冷暖，对别人心存善意。有时候，为别人付出要比别的事情更有意义。给别人钱财固然很好，为别人花些时间更在其上。反正两种方式都能让人调转视线，将注意力从自身转移到他人身上去。

在自己经济拮据的时候，馈赠的行为反而变得尤为重要。无论如何你肯定有些东西可以给出去的，而这样做以后获益的人中也包括你自己。我还记得妈妈说过，在经济大萧条时期，她有7个孩子需要养活，生活很困难，但她仍然尽力把口中的饭省下来，送给陌生的流浪汉。你亲眼看到自己把东西拿出来分送给别人，自然会坚定你的信心。自己并不宽裕的时候都能够慷慨给予，别的事情没准儿也都是可能的呢。馈赠因此变成了慰藉你心灵的一剂良药。有些人在经济困难的时候无法把全部收入都拿出来做善事，就把收入的1/10捐献出来，因此也就会千方百计地设法把剩下的90%赚回来，以弥补捐献时的亏欠。结果，凡是肯慷慨解囊的人无一例外地都认为自己的境遇因此而大为改观。据我所见所闻，事实也确实如此。

我有一个朋友，她每次出门之前都往兜里放一元钱，好交给流浪汉和街头艺人。遇到自己无力帮助的人她也不会感觉愧疚，因为她每天都在帮助别人了。有一次我问她，如果有些人拿你给的钱去买酒，根本"不值得"我们伸出援手怎么办？她回答说："这20块钱我也可能拿去买酒喝呢，那我值不值得呢？"说得真好！

要想发挥自己的慷慨与仁慈，不妨在出门的时候，在发动汽车的时候，祈祷一般问问自己："我今天能做点什么呢？"你要是真想得到答案，就肯定能得到的。这个世界太缺乏慷慨和仁慈，愿意帮助他人的人一定会有好报的。

> **多爱自己一点**
>
> 我慷慨、大方、睿智。我把自己的生命当作一份礼物奉献给身边的人。

Date / 11月25日

重新发现自我

人生自始至终就是一次自我发现之旅。以前你肯定体会过在片刻间突然发现真我的感受，比如在高中时代读到某句诗歌的时候，第一次坠入情网的时候（还有第二次，第三次……），每次怀抱着新生婴儿的时候。到了今天，你仍然需要重新发现自我，因为在人生的这个阶段，你有可能变得异乎寻常的充实和自信。下面两种技巧可以帮你更加深入、全面、详尽地发现自我。

☆**写随笔** 拿出笔记本，不遵循任何规则和程式，信马由缰，反正都是写给自己看的。写的时候不要给自己任何压力。最好一次能留出30分钟的时间，不受任何干扰地自由发挥，比如，趁着早晨别人还未起床的时候，也可以在咖啡馆里写，反正周围的纷纷扰扰都与你不相干。刚一开始的时候可能写得很慢，而且不知道该说些什么，但是用不了多久，你的笔下就会流畅起来了。

☆**回忆自己的童真时代——你真正意义上的童真时代** 哲学家和理论家鲁道夫·斯丁纳坚称：7岁以下的孩子能接触到自己灵魂的根本，但他一旦长大就会丧失这种能力。大诗人华兹华斯也认同这种观点，他在一首诗中写道：人们是"带着云霞般的荣耀"来到了这个世界上的。所以，我们要尽可能回忆从前的自我。你有过什么样的期盼和梦想？你有什么样的激情和抱负？这些过往的片断可以帮你在今天重新发现自我。

我们不妨优先对待发现自我这件事情。美国文化中所盛行的敬业精神不允许人们过多地思考。但是如果你从现在就开始思考、开始发现自我的话，你的将来一定会大有改观。在这个阶段，你的心智，你的性情，你所有的一切，都非常适合进行这项工作。你需要知道自己是谁，只有这样，你才能够完成自己所肩负的使命。

多爱自己一点

今天要挤出时间写点随笔，回忆一下自己的童年。

Date / 11 月 26 日

每年做一次体检

我们每年一定要做一次健康检查。你要是能喜欢上替你做体检的医生就更好了。我觉得，最理想的保健医生应该在医学院里学习过替代医学或传统医学。比如我的医生既懂西医内科又懂得中医药学。我也明白许多人除了美国健康管理组织所提供的医生以外别无他选，但是不管你的选择范围有多窄，你都要尽量拓展这个范围。如果你喜欢上了哪位医生，无论如何都要找他为你做体检。体检时，你需要全面化验血液的各项指标，比如胆固醇中的高密度脂蛋白和低密度脂蛋白，高半胱氨酸，丙氨酸含量，禁食或者饭后两小时的血糖含量等。此外你还应该知道自己血液中各种主要营养成分的含量。如果你正处于更年期或者更年期即将来临，体内的荷尔蒙水平也需要检查一下。你以前检测过骨骼密度吗？要是没有的话现在正是检测的时候。要是测过的话，再测一次也是应该的。

心电图、肺活量也应该查一查。除非你已经找皮肤科大夫做过皮肤测试，否则

你需要每隔几年全面检查一下皮肤,以预防皮肤癌。此外,你需要做乳房检查(尽管你每个月都要自查一次),如果你和医生意见一致,还应该每年拍一次乳房X光照片。一旦年过50岁,结肠镜检查也必不可少。

如果你的家族一直遭受某种疾病的折磨,而你也可能无法幸免;如果以前某项体检指标不太正常,而现在身体有些不太对劲儿,这种时候一定要去找大夫问个清楚。现在许多医生接待一个病人只有10分钟的时间。这对医生和病人而言都无异于犯罪。所以千万不要让自己沦为这种规定的受害者。你要懂得坚持,要让医生为你提供最优质的服务。

多爱自己一点

你上一次体检是在什么时候?你预约下一次体检的时间了吗?如果没有,请马上预约。如果你害怕体检,换个面善的医生也许会好点儿。

Date / 11月27日

女 伴

临床试验表明,女人同女人相处并不仅仅是为了交往的乐趣,女人需要借助这种交往保持身心的健康。加利福尼亚大学的研究表明,面对压力时,女人除了选择传统招数"抗争和逃跑"之外,还另有高招,那就是"滋养和培育",换言之,就是置身于朋友之中,将压力和恐惧转移、排遣出去。女性当中,朋友越多的人就越是长寿,血压、心率和胆固醇也越是正常。哈佛护士健康学会在一份报告中指出,朋友多的女人不容易像常人那样因为衰老而出现健康问题。这一调查结果是如此之醒目,以至于一些研究者将缺少女伴同抽烟、超重相提并论,并列为三大主要的健康杀手。

我迁居纽约时,撇下了一大堆女性朋友。在纽约我遇到了许多不错的人,由于工作原因每天要见的人也很多。但是等到晚上和周末，就剩下我孤零零地一个人，痛感友谊的匮乏。我下定决心，一定要建立一个像以前那样亲密、互帮互助的朋友圈子，而且我相信自己能够做到。不久，我收到一封群发邮件，上面列有各地和平学习小组组织者的名单。我找到纽约当地组织者琳达的网址，给她发了一封邮件，想看看她是否住在我家附近。万万没想到，她就住在我家街对面，我们甚至可以隔窗相望。这事儿发生在一个拥挤着八百多万人口的大城市里，不能不说是一种缘分。我同琳达见面后，觉得她很像我的一个旧交。也许上苍真的答应了我的请求，又把她们派到我的身边了吧。从此之后，许多优秀的女性，许多很不错的年轻人和夫妻也相继走进了我的生活。

不管你现在的朋友是多是少，请善待其中每一位吧。同时也要扩大自己交往的圈子，多多结识新朋友。想想跟谁待在一起你会感到安全温暖？跟谁能倾诉心中的秘密和疑虑？跟谁能分享自己的梦想和成功？如果你跟这样的人失去了联系，一定要找到她。如果你许久没跟朋友联系过了，一定要给她打个电话。要是觉得某个同事很风趣，不妨主动接近她，没准儿你们能成为密友呢。即使不成功，你又有什么损失呢？

多爱自己一点

我的朋友举世无双。

Date / 11月28日

行为的榜样

如何选择饮食？如何选择运动？如何选择口红的颜色？相信每个人都有不同的见解。但对我们影响最大的不是别人的建议，而是他们身体力行的生活方式。从孩提时代开始，我们就开始狂热地仿效其他孩子，当然也效仿少数几个性格活泼的大人。我们的好朋友，大姐的好朋友，某位老师，代课老师（代课老师是最好的偶像，因为他们是未解之谜），都是我们敬畏的对象。我记得上初三那年自己遭到一位

拉拉队长严词呵斥，我却冲动地对她说："我太崇拜你了！"

感谢上帝，我们早已经过了盲目崇拜偶像的年龄，但不论哪个年龄的人都需要有几个可以崇拜的对象，比如你的朋友，社会名人等等，因为他们过的生活正好是我们所渴望的。崇拜别人并非将我们贬低为只会模仿别人的庸人，也不会否认你独一无二的自我。相反，崇拜就是通过别人的榜样了解到，自己原以为不可能的事情其实是可能的。就是通过别人之口得到保证，她们可以走通的道路，你也可以去试一试。

平素我喜欢观察周围女性所具备的优点，然后加以模仿，或者仅仅是欣赏，仅仅希望能学到一点皮毛也好。有些精神偶像我从未谋面。其中之一是已故影星歌劳瑞亚·斯沃森，她生前极为注重健康，别人觉得香烟加上过滤嘴就很安全了，她却主张完全戒烟。另一位是意大利著名的瑜伽教练，我见过她练功时拍摄的照片，80岁高龄的她仍然能做许多高难度的瑜伽动作。别忘了她可是从40岁时才开始练瑜伽的呀。这些女性改变了我对老年的看法，打消了我对老年所存有的消极、负面的偏见，让健康而又充满活力的老年人形象占据了我的头脑。

当然了，人无完人，哪个偶像都不可能十全十美。这一个偶像外貌出众却只关注自己；那一个健康结实却自私冷漠。如果你想找一个毫无瑕疵的人作偶像，恐怕你得上下求索很久也没有结果。偶像其实也是你我这样的凡人，值得钦佩，却并不完美。因此，我们尽可以从身边认识不认识的人中寻找偶像，只要他们在某一方面值得我们学习，我们就将其列入偶像名单里。不管她是48岁，66岁还是80岁，只要她活得比同龄人健康精神、有活力，就说明她能人之所不能，就可以算一个偶像。这简直跟体育竞赛相仿佛。一旦有人创造纪录，就很少有人能够将其打破。但有朝一日这个纪录还是会被打破的。记录一旦被打破，就有许许多多的人能够达到这个水平，甚至超越过去。究其原因，人们不是没有潜能，只是需要明确自己能够做到这个程度而已。

所以，我们一定要给自己找几个青春永驻的人作偶像，然后效法她们的做法，等你也达到她们的水准时，别忘了还要给别人当偶像呀。

> 多爱自己一点
>
> 把自己的偶像列一个名单，想清楚自己可以跟她们学到些什么。

Date / 11月29日

足 疗

足疗之所以管用，或许是因为它能使人放松，或许是因为疲惫的身体觉得你肯为它花钱做足疗，出于感激便自动好转。但足疗还是有理论依据的。既然身体的主要经脉都集中在脚上，按摩脚部自然可以影响到相应的脏器，起到缓解压力、改善循环、疏通淤积的作用。

有一年冬天我的日子很难过，疲劳、沮丧和感冒轮番来袭，多亏足疗我才渡过这一难关。尽管生活拮据，我仍然努力挤出一点钱来隔周做一次足疗。按摩师告诉我说，疾病伤痛等各种各样的原因都会打破人体的平衡，而足部按摩则可以恢复这种平衡。按摩脚部可以打通血脉，使生命能量顺畅运行。训练有素的按摩师手上功夫了得，一摸就能摸出气血淤积的部位，然后重点按摩。身体的某个部位要是有什么毛病，不管那个部位有无明显表征，足部都会早早有所体现。按摩师摸到后就可以通过按摩加以治疗。

我现在的按摩师艾琳已经年过60，绝对是按摩手艺的活广告，不知情的人绝对看不出她的真实年龄。她认为手脚和耳穴按摩，可以极为安全地调理身体，帮助身体自行康复。每次她帮我做完按摩，我都觉得通体康泰，心情愉快，精力充沛，就连午后三点都精神抖擞。

如今，康复和自我康复的项目实在是名目繁多，让人根本无暇逐一尝试。但足疗真的值得一试。你不妨先去体验一个小时，也可以隔周做一次，能坚持到春天就可以了。

> **多爱自己一点**
>
> 如果条件允许，建议你预约一次专业足疗。没有条件的话，每天早上做温油按摩的时候可以多按一会儿双脚和脚趾（详见1月14日）。

Date / 11月30日

December

12 月

庆典

Date / 12月1日

全方位反应

翻开辞典,"庆典"一词有两个同义词:一,隆重的仪式;二,庆祝的宴会。在某种意义上,这二者其实是反义词,但从另一方面来看,庆典作为集生活之大成的反应,它的两个同义词恰好体现了其广泛性。有的庆典无论是悲是喜、是红是白都适用,因为它体现了我们与无上的神灵和单纯的快乐之间的联系。庆典也是一种全方位的运动,不但可以缓解压力,还能帮你摆脱烦恼、牢牢地抓住此时此刻。

以庆典作为12月的主题,是因为本月中有很多值得庆祝的事情。除了众所周知的圣诞节以外,一年来你走完了恢复青春的旅程,值得大加庆祝。可能你是刚刚踏上旅途,同样也值得祝贺。在12月里不管你选择哪个主题庆祝,有一个主题千万要牢牢记住:我又有一天的生命可以享受。

请想一想,在12月,在来年,你该如何为了一切可能的事情进行庆祝?要记住朋友的生日和重要纪念日,到时候打个电话寄张贺卡表示祝贺。贺卡最好是纸做的那种。免费下载的电子贺卡让人感觉不对头。只要你参加了比赛,不论输赢都可以为自己庆贺。有了新的经历,发现了新的地方,渡过了难关,艰苦的付出有了收获,天上掉馅饼落在了你的怀里……这些时候都可以为自己庆贺。人在庆祝的时候,只要不猛灌香槟,就不会衰老。

多爱自己一点

在我生命中的每一天,我都要隆重庆祝。

12月 庆典

Date / 12月2日

永远不放弃梦想

人到中年，要是没有了梦想，只能陷入更深的中年危机当中。许多人误以为追逐梦想是年轻人的专利，其实并非如此。在追梦人的眼里，未来一片光明灿烂，所以他们才会紧紧抓住生命不肯放手。因此人越是上了年纪，就越需要有梦想可追。梦想都是有期限的，有人会要求自己在1年、5年甚至10年之后让美梦成真。在某种意义上，这样的人好比手中握有一叠定期存款的存折，过一段时间就有一张会到期，她只需等着过一段时间去取一次钱就行了。

我所说的梦想可不是等着天上掉馅饼那样不切实际的美梦（但是偶尔有一两个这样的梦想也没什么不好）。追梦应该是为了我们的目标和憧憬而渴望、筹划和工作。只要看清楚自己的目标，即使目前条件不允许，也要付诸行动。认准了目标，你就必须乐于付出，能够承受挫折，必要时还要迂回前进，适当调整。不管那是什么梦想，不管你年龄大小，不管前面有任何障碍，你的梦想都会因此而离你越来越近的。

谈论梦想的时候我们可要谨慎选择倾诉对象。有的人会心生嫉妒，有的人觉得你的梦想不切实际，觉得你早已经过了做梦的年龄。不幸的是我们身边随随便便粉碎别人梦想的人太多了。不管是自己的梦想还是别人的，他们一概不留情面，拔刀就砍。你千万不要被他们这种消极态度所影响。

在现实生活中，你有资格做梦，有资格看到美梦成真。既然你可以做梦，不妨梦得更美更大一些。

多爱自己一点

今天要回想一下自己最喜爱的梦想。那是个什么梦？为了实现它，你都做过什么？为了让美梦成真，今天你都能够做些什么？

Date / 12月3日

放弃追求完美

如果世上有什么东西看上去完美无缺、十全十美，一定是它的某个方面你还没有看到。当然从精神意义上来说，任何东西都是完美的，因为它们都是一个宏伟计划的一部分。但那是另外一种"完美"。而我所说的完美，是我们平常所看到的，这个人完美的生活，那个人完美的身材、完美的婚姻。或者，剪完头发后你会说："剪得还不错，但我既然多花了钱，就理应一点儿毛病都没有。"其实在这样的事情中是绝对没有完美可言的。人只要明白了这一点，自然会生出幸福、满足和平静的感觉。

但是，放弃追求完美并不妨碍你设定较高的标准。人就应该设定高标准。但是千万不要拿根本无法企及的完美标准来衡量你自己或自己的生活。所以不妨舍弃完美主义，代之以你所向往的充实的生活。从今以后，你再也没有必要处处追求完美了。要是你一直为完美主义所累，明白这一点可是一种难以言表的解脱。从此以后，失败何所惧？只要能再次站起来就好了。你不是想摸到星星吗？但是只要能摸到月亮就足以开怀庆祝了。

多爱自己一点

这些事情没有完美可言，这一点我很理解，没有问题。

12月庆典

Date / 12月4日

古典服装的魅力

身上穿着古典的服装，人反而会显得年轻。20世纪50年代以前的服装，至少是那些至今留存的服装精品，无论款式、做工都相当精致，穿上它们后，旁人看到的只有高雅，没有年龄。在那个时代，女人想方设法凸显自己成熟女性的魅力，摆脱小女孩的青涩稚嫩。反映在服饰风格上，她们更加喜欢成熟的风格，而不是继续扮清纯。当然现在有些服装在表现成熟方面做得很到位（有的是抄袭古典服装的样式），但是买上几件精品的古典服装，不但可以丰富你的衣柜，也可以使你的心境焕然一新。

你要是能从妈妈或祖母那里讨来几件这样的衣服，穿上它不亚于将家族史披挂在身上。我妈妈给了我一件1964年由黛安娜·冯·弗斯特勃格设计的一款夏装，穿上它，我马上变成众人注目的焦点。这件衣服我可是会永远保留的。要是女儿或孙女肯苦苦哀求的话，也许会转交给她们中的一个。我的复古款式的衣服都是我从商店和服装摊上一件件淘来的，每一件的来历都各不相同。对我而言，它们可不仅仅是衬衣、短裙或套装，她们是不同的个体。她们要是会开口说话，准有许多故事可讲。既然说不出来，我就将她们穿在身上，把她们的故事展示出来。

如果你从来没有穿过复古款式的服装，不妨随便找一家商店穿几件试试。穿上后要是喜不自胜，说明复古风格很适合你。要是感觉不好，那就再多试几件。试了三四次后仍然感觉不好，说明你还是适合现代服装。无论怎样，我们要的是勇于尝试的精神。有些女人觉得着装是种乐趣，有些女人觉得是种负担，二者之间的差别就在于愿不愿意尝试新花样。恢复青春实际上就是增加乐趣，减轻负担。热爱穿衣打扮显然是一条返回青春的捷径。

多爱自己一点

光顾一家复古服饰店，看有没有一款适合你。

Date / 12月5日

盛大的生日聚会

要想拥抱现在、接受现实并享受一次聚会,这里有一个好办法:在生日聚会上痛痛快快、淋漓尽致地疯玩一把。40岁以后的生日应该有所改观,一扫原来的约束压抑、沉闷呆板。生日那一天,你可以肆意索要珠宝首饰,可以敞开肚皮大吃蛋糕和冰激凌。每到一个生日,都应该举办一个对得起生日也对得起你自己的隆重聚会。生日,当然要庆祝一整日,所以请一天假又何妨呢?不过把生日庆典推迟到这一周的星期六、星期天也可以。英格兰女王都可以把生日推迟到天气好转后再庆祝,你为了尽兴推迟几天也无妨呀。

生日那一天,无论是生日的正日子还是另选的一天,凡是你想要的,只要你能够承受,能够负担,你都有理由得到。过生日要早做准备,让这一天的每一分钟、每一顿饭、每一个细节都与众不同。有些女性喜欢在生日这一天一个人独处,静静地思考,另一些人却渴望有朋友陪伴身边。你想怎样完全随便,毕竟这是你的生日。在过去几年里,每逢生日我都要去美容店,按摩、美容、美发、美甲甚至小小美餐一顿,让自己的外貌焕然一新。我觉得这种享受会逐渐演变成一个传统,一年年坚持下去。毕竟,生日是身体出生的日子,所以受益的首先应该是身体本身。

生日象征的意义我也非常喜欢。以前举办生日午宴时,我邀请的朋友身上都具备某种我深为佩服甚至急于模仿的品质。而我也参加过各种有趣的聚会。有个朋友搞了一个"免费赠送宴会",将"不收礼品"的主张推到了一个新的极致。这位朋友在客厅里模拟"商品销售会"的形式摆满了各色物品,当然并没有张贴价格标签。来宾们可以各取所需,免费拿走她们需要的物品。女主人自然也有好处,摆脱了家里的冗余用品,获得了极大的自由。另一位朋友在生日时举行了一个"智慧集会"。应邀参加的朋友必须将自己在生活中学到的点滴智慧当成礼物送给她,以丰富她的心得。还有一位朋友在生日聚会邀请函上写着:"请帮助我生活得更有意义。"她要求收到邀请函的人为自己挑选的一种慈善活动捐款捐物,参加生日聚会时把自己的慈善活动向大家汇报。

你的生日就快到了吗?或者你刚刚经历了某件人生大事,只用一天的时间来庆祝可就不够了。在这个人生的转折点上,一顿饭、一个礼物稍嫌简陋。你愿意前往一个留有许多美好回忆的地方吗?前往一个你一直渴望但从未去过的地方吗?这个生日需要海洋、山川或者埃菲尔铁塔的点缀以凸显其不凡吗?你是希望在家中举办一个盛大的庆典,还是与你最亲近的好友小聚一番?

下一个重要的生日也许还要等好几年,但是请你在日记中写下自己的选择。只有提前筹划,你的生日梦想才能够变成现实。重要的生日好久才有一次,一定要为它们留出充裕的空间。那一天的事情不仅能够影响那一年,以后十年甚至几十年都会受到影响。那一天一定要过得充实有意义!

多爱自己一点

为你的下一个生日制订几个计划,然后记录在日记中。同时要想一想你下一个生日,你将要用哪些活动使之丰富充实、独一无二?

Date / 12月6日

孩子气

你觉得自己的年龄不过8岁半左右吗?这说明你纯洁而又简单,正好处于一种重返青春的状态。我说的可不是什么深奥的心理学理论,只是希望我们能够放开自己,任由自己变得天真无邪,心无城府,胸怀坦荡,随时随地能对任何的崇高怀有纯粹的崇敬。

说具体一点,什么才算是孩子气呢?其标准应该是见仁见智的。我的朋友艾莉莎认为穿背带裤扎着马尾辫就是孩子气,朱迪丝则认为孩子气是去操场嬉戏玩耍。另外一些人觉得夏日里游泳、野营、野餐弥漫着孩子气。对我来说,12月是孩子气十足的月份。因为我至今相信圣诞老人的传说,期待圣诞节能出现奇迹。就连下雪都能让我莫名地激动起来。

你一旦找到能够唤起自己童心、自己那股孩子气的事物,就请尽情享受吧!等你习惯了孩子气以后,即使你远离操场、远离聚会,却照样能够让这种心态充盈在心间。要是身边的人全都死板成熟、缺乏生气,好像是克隆出来的西装革履的假人,你不妨摆出孩子气的心态,从严肃抑郁中找出可笑之处大笑一通(哪怕是偷着笑也好啊)。我们要像孩子们那样,从沉重的现实中发现轻松之处,学会欣赏各种简单的快乐:愚蠢的笑话,曲奇饼里夹带的好运签,还有不起眼的蒲公英——不论它是盛开着的黄花,还是一朵毛茸茸的白色绒球。

另外还要学会欣赏你自己。前不久我带着邻居家4岁大的小女孩艾米莉去看电影。在公交车上,她说她妈妈允许她不再叫艾米莉,可以改用一个新名字"公主"。我听了以后满心欢喜。原先我们谁不把自己想得美美的?到了现在为什么就不行了呢?其实,你照样有理由认为自己出身高贵,禀赋出众,集万千宠爱于一身。

多爱自己一点

我很孩子气,条件是有这个必要而且时机又合适。换句话说,只要我愿意,孩子气没有什么不可以的。

Date / 12月7日

反对意见

有时候生活就像一个法庭。你想陈述观点维护自己的利益,而身边的人却总是扮演对方辩护律师的角色,一个劲儿地冲着你大喊:"我反对!"通常情况下他们并不真喊,只是语带双关地旁敲侧击,不过那效果跟用大喇叭喊一样厉害。

要是身边亲近的人发生了什么变化,无论是谁都会感到害怕的。正因为如此,父母们才觉得空巢期非常难挨。父母的一颗心分作了两半,一半希望业已长大的孩子出去闯荡世界,另一半又希望他们每天回家来吃晚饭。同样,当我们开始逆转时光的流向,重新变得有活力有魅力时,我们周围的人也会感到恐惧。朋友圈,办公室,小家庭，还有假期才齐集一堂的大家庭，我们所属的每个群体都有一个既定的利益，那就是保持现状。如果群体中的一员忽然间发生了变化，她的心态不同了，容貌改变了，那整个群体或系统势必要被迫发生转变。这可不是他们所希望的，他们往往会奋起反对。

这样的反对常常隐藏在如下的评论背后，比方说："你怎么了？""你不会是认真的吧？""这可不是你的风格。"其实，只要你没吃错药，没有人拿枪威胁你，你所做的每一件事都符合你的风格，或者符合你一部分的风格，只不过这种风格很长时间都没有展现出来罢了。

在这种时候，我们一定要谨慎行事，要能够从肤浅花哨的东西中辨别出实质性的东西。对那些爱你的人，那些生命与你密不可分的人，那些会因为你的决定而受到伤害的人，你要以真情去打动他们，千万避免过激的言行。同时也要专注于你的目标，坚定不移地朝着目标努力。

有些人连自己的梦想都没有勇气面对，自然也没有力量去鼓励你。另一些人则忙着哀悼他们逝去的梦想。但是总有一些不同凡响的人，他们的鼓励支持会超乎你一切合理的想象，让你大吃一惊。所以，面对其他人的反对时，你只需保持沉默或者大声地说一句："反对无效。"

多爱自己一点

我所做的事情肯定是最有利于我自己。别人的反对只能催我奋进。

Date / 12月8日

为朋友的成功而喜悦

人到中年的一大乐趣便是看着身边的朋友获得了成功。很多年前,在堪萨斯的一家咖啡厅里,凯伦坐在我的对面,向我大讲特讲她的老友当选为州长后举办就职宴会的情景。当时她眼中闪动的熠熠神采,我至今都清楚地记得。她的这种喜悦很伟大。正因为有了朋友的这番喜悦,庆典才办得有意义。

我们必须承认,要做到凯伦这样非常不容易。"我为你感到高兴"这句话虽然简单,但是有很多人就是难以启齿。若是没有广阔的胸襟,失业的你无法为朋友的升迁而鼓掌庆贺,也不可能在离婚之后仍然出席妹妹的银婚纪念日并举杯为她祝福。有些时候我们非得紧握拳头、咬紧牙关对自己说:"这些不是为了我,是为了她。我爱她,我为她的成功感到高兴。"

另外,你身边每一个人的成功都与你有关。朋友登台演讲之前先在你面前预演过吧?她们加班加点的时候你帮着照看过孩子吧?她们的坎坷挫折向你倾诉过吧?要是这样的话,她们的新办公室里肯定有一个角落是属于你的。同样,如果你正是那位成功人士的话,没有家人和朋友的付出,没有那些陌生人为你端咖啡、倒垃圾,在你不自信的时候相信你,如果没有来自这些人的付出,也就不会有你的成功。

多爱自己一点

我喜欢分享成功,我喜欢看到我的朋友成功。

Date / 12月9日

干杯

有无数的研究证明，只要喝下一杯红葡萄酒，就可以马上降低有害的LDL（低密度脂蛋白胆固醇）含量，同时提高有益的HDL（高密度脂蛋白胆固醇）含量。然而人们一致认为，女性在一天之内饮用的红葡萄酒若是超过了一杯，女性患乳腺癌的几率便会上升。有些研究甚至表明，无论饮用哪种酒精饮料，女性患乳腺癌的几率都会增高。这些结果听上去让人几乎没有什么选择的余地。虽然如此，这事也因人而异。如果你喜欢喝上一杯，不妨选择上好的红葡萄酒。要是胆固醇偏高，最好能在用餐的时候喝红酒。如果可能的话，最好选择有机葡萄酿的酒，否则的话，葡萄在生长期间可能喷洒过大量的农药。大多数经营优质葡萄酒的客商也收藏不含亚硫酸盐的葡萄酒。亚硫酸盐是一种防腐剂，有些人对亚硫酸盐有很强的过敏反应，不过所有人还是离它远点为妙。

当然，如果你不善于喝酒，或者具备某个患乳腺癌的危险因素（比如有乳腺癌家族史，月经来潮较早，尚未生育或者30岁之前尚未生育，正在接受荷尔蒙替代疗法），你最好还是通过其他途径来降低体内胆固醇的含量。葡萄酒中含有的植物化学物质你可以通过服用维生素片或者喝果汁来补充。红葡萄酒中最能够降低胆固醇的营养成分来自葡萄表皮，而普通的葡萄汁有同样功效。不论是你在家中现榨的葡萄汁，还是从市场上购买常见的瓶装葡萄汁，其降低胆固醇的功效只比红葡萄酒差那么一点点而已。

我们即使不考虑男女体重上的差别，女性身体解酒的能力也赶不上男性，所以酒精在女性体内停留的时间会更长。了解到这一点后，我个人只在特殊场合才饮酒。在其他时间里，只要用高脚杯盛上晶莹剔透的液体，再插上一点装饰，就足以衬托节日气氛了。

但是另有一些研究结果表明，适量饮酒比滴酒不沾的人更加长寿。对女士而言，所谓适量就是一小杯白酒，或者一杯葡萄酒，一杯啤酒；对男士来说则是女士用量的两到三倍。但是我个人认为，那些被作为参照物的戒酒之人，他们之所以回避酒精本是为了回避人生。这样的人因为生来就品行高洁，也或者是后天的熏陶使然，所以滴酒不沾。我敢打赌，人只要能够活得充实精彩，能够像刚刚痛饮过的人那样

尽情地欢笑、结交朋友，自然能够保你在长寿之外还身心健康。

多爱自己一点

无论你喝不喝酒，都可以使用高脚杯，都可以干杯，都可以插上饰品，让生活变得喜气洋洋。

Date / 12月10日

旧时代的魅力

魅力是一件好事。你要是认为"我不行，我可不是那种类型的人"也没问题，也许你永远都不是那种光彩四溢、魅力四射的类型，但不论你是哪种类型，一点点魅力总是有益的。

我自己就没什么魅力可言。小时候我总盼着早一天长大，自己好拥有一点魅力。但还没有等我长大，60年代便匆匆地来了又去了，将那个时代的魅力也一并裹挟而去。如今，人们穿着牛仔裤去剧院看演出，穿着适合野餐的服装去教堂做礼拜。人们为什么喜欢观看各种庆典和颁奖典礼？我的解释是，不单单我一个人觉得生活中缺乏魅力。一有颁奖典礼，许多人就想打开电视机，呆呆地欣赏那些平时难得一见的锦衣华服。想想从前，妈妈就连去餐馆吃晚饭都要穿上华美考究的礼服呢。

魅力的伟大之处在于，它能够超越年龄的限制。你可以在慈善活动上魅力四射，而你的女儿则可以在学校舞会上大放异彩。你们母女都有这个权力。现在正值圣诞长假期间，我们正好可以在晚间小试锋芒，将锁在衣橱里的华服穿出来，显露一下自己的魅力。所以在今年的12月里，你一定要比以往都更加华丽夺目。衣柜里面最接近好莱坞风格的衣服一定要翻出来，哪怕不是什么名牌也要穿。还要戴上一件亮闪闪的首饰，把指甲染成红色，再换一个全新风格的发型。

好莱坞鼎盛时期的影星们，即便已经过世或者老迈，在你我的心目中却一直保持着风华绝代、光彩照人的形象。为什么会这样呢？因为魅力能够跨越流逝的时光，抹去岁月的痕迹。那么魅力是不是像治愈癌症、阻止全球气候变暖一样重要呢？当然不是。魅力不过是你送给自己的一份快乐，它使你精力倍增，能够去面对更为重大的事情。

> **多爱自己一点**
>
> 我也有光彩动人的一面，现在我要把我的魅力发挥到极致。

Date / 12月11日

减少日程表上的安排

有句老话说，人在12月里更容易心情抑郁沮丧。这话还真是不无道理。每到12月份，人人都忙着筹划一个豪华的假期，忙着满足身边所有人的所有要求。但是今天和其他任何一天都是一样的，请不要把日程排得太满，这样你才会心神安宁，恢复青春。

不管你的日程安排是存储在电子日历上，还是记录在纸上，都别忘了给自己留些空当。这些未作安排的空当才是真正属于你的时间。要是事情太多太杂，全天24小时占满都安排不开，那就大笑几声吧，笑完以后把一半或三分之二的事情全部划掉。其实大多数事情等上一两天或更多的天数也没关系，有的甚至可以永远都不去理会。每做完一件事就从日程表上划去一项，那种感觉是不是很好？现在有一个更加大胆的建议：事情没做完也把它划掉，不去管它们，随它们去，给自己争取一点儿自由呼吸的空间，一点儿生活的空间。这样你才能够找到自己，了解自己，做回你自己。这样一来，你又变得年轻，生活又变得轻松，生活中的惊喜变得多了一点点。每一天都是一个等待你打开的大礼包，而不是一箩筐等待处理的琐碎繁杂。

> **多爱自己一点**
>
> 看一看你本月中、下旬的日程安排。过于繁重的事情，你一想到就心烦意乱的事情，都可以大笔一挥删掉。我知道有些事情是必须要做的。这样的事我也有。可是要知道有许多事是我们勉强自己去做的。所以还是整理一下你的日程安排吧！

Date / 12月12日

眼　霜

眼霜是一年到头都离不开的东西，所以请求圣诞老人在你的袜子里多放几管吧，你自己也要常去购买才是。平时我们常常把普通的保湿霜涂在眼部，但是要想常青不老，一定要舍得花钱购买专门滋润眼部肌肤的眼霜，因为眼部肌肤可是最先出现皱纹的地方。此处的皮肤非常之细薄，自身又不分泌油脂，更无法保持水分，所以需要使用特殊的保湿霜。眼霜既容易吸收，又很轻薄，不至于给肌肤增加重负。

你要向自己郑重承诺，每天晚上临睡前都要在眼睛周围涂上眼霜。很多种眼霜里都大量添加了先进的防皱成分。这类产品种类繁多，非得经过亲身体验之后才能知道你的皮肤最喜欢哪一种，哪一种产品最有效。眼霜就涂抹在眼睛周围，所以选择的产品应该是低变应原性配方的。一旦眼睛或眼部皮肤出现不良反应，应当立即停止使用。

白天当然要使用眼霜，而且是具备防晒功能可以隔离紫外线 UVA/UVB 的眼霜。此外最好能选用无油配方的眼霜，以免弄污你的彩妆。这些注意事项一定要传授给你的女儿和她的同龄人。她们要是能从现在就开始使用眼霜的话，今后会对你感激不尽的。

> **多爱自己一点**
>
> 如果不常使用眼霜,那就从现在做起。如果经常使用眼霜,那就再去买一些吧。

Date / 12月13日

接纳自己的方方面面

我觉得女人喜欢钻石是因为二者有一个相同之处:拥有许多不同的侧面。既然钻石都难免有背光的一面,那我们女人也不可能每个侧面都熠熠生辉了。社会喜欢把女人分门别类,诸如:职业女性,寡妇,女运动员,两个孩子的母亲。虽然其中的一两个词语确实与我们有关,但其中任何一个词语,甚至全部词语叠加起来也无法概括我们的全貌,因为我们的侧面实在是太丰富了。你指望世上的芸芸众生或者大部分的世人全方位地了解我们吗?这样的要求也许有失公平。然而,作为女人的我们,却必须能够全方位地了解自己,这一点可是非常重要。

比方说,你认真地阅读这本书,而我则认真地照料自己的饮食。在大多数时间里我避免食用白糖、精加工面粉和化学添加剂。但是就在前几天,我和女儿一块儿照着一本儿童圣诞图书上的配方烤了些小甜点。那本圣诞图书可是女儿从10岁起一直保留到现在的,可谓是珍爱有加。烤好的甜点中有糖,有白面,还有五颜六色的小东西,天知道那是用什么材料制成的。我拿起来面不改色地照吃不误。我这个人,既热衷于健康食品,又喜欢遵守假日传统。我这些不同的侧面各有各的需求。只要我愿意接纳自己的方方面面,就可以满足不同的需求。相信你在生活中也有这方面的经验吧。

所以,今天要特别用来欣赏、接纳你自己的方方面面。你教授英国文学的工作并不妨碍你阅读言情小说;做牧师的妻子照样也可以跳肚皮舞;年薪50万也能到旧货店里买东西；当上了祖母依然可以加入乐队演奏音乐。正因为这些细微的差异和矛盾之处，你才得以闪烁着独一无二的光芒，焕发着青春的光彩呀。

多爱自己一点

> 我像钻石一样，有许多不同的侧面。

Date / 12月14日

生活中的仪式

你注意到了没有，英文中的"仪式（ritual）"一词是多么舒适地依偎在"灵性（spirituality）"一词的怀抱之中？仪式是灵魂的语言，而我们的灵魂渴望庆典，渴望通过庆典将生活中的大事变得神圣起来。除了宗教仪式之外，你生命中重大的里程碑，你的日常习惯，都有资格变成一种仪式。仪式能够使人变得年轻，因为它能够将少许的游戏成分和比少许还多一点的敬畏之心，赋予平凡的日子。

任何一种仪式都是一种庆典，不论它是古老的还是即兴开设的，是庄严肃穆的还是微不足道的。有些仪式为了迎合大众的需求，奢华隆重，盛况空前。有些仪式只为了你一个人举行，不吵不闹，非常隐秘。《日常仪式之乐趣》一书的作者芭芭拉·拜珠为仪式下的定义是："向真诚表达一份尊重。"你可以用仪式来表达尊重的事情包括：

☆ **你贵为"智慧"女人的身份**　根据传统，通常是在一个女人绝经之后的第十三个月里举行。

☆ **孩子离开家**　孩子离开家去上幼儿园或者上大学都在这个范围之内。有的人家里这两件事可能会同时发生。

☆ **结束一份工作，开始经营一份事业**　人生中每一次大的工作变动都值得庆祝。

总之，只要它是生活的一个组成部分，就值得我们举行仪式加以庆祝。如今的我们没有接受过多少庆典方面的教育，所以只消跟着感觉走就可以了。举行仪式的时候，点燃几根蜡烛总是没错的，用杯子盛上清水、葡萄酒、威士忌在人群中相互传递也可以。毕竟这是你的仪式，你怎么喜欢就怎么来。

在工作日和周末的时候，也可以穿插一点小小的仪式，比如：

☆**清晨拉开窗帘**　　这一仪式表明你清醒地意识到新的一天开始了，你要看看今天的大自然有何美妙之处，然后把一缕晨光放进家里来。晚上拉窗帘的动作便是这一仪式的结束，给一天的生活画上一个句号，并且要感谢这一天所得到的赐福和教诲。

☆**接电话的仪式**　　接到电话后，不管以前用什么方法处理，现在都要有意识地调整态度，默默地祝福那个给你打电话的人。如果对方是一台电脑，打电话仅仅是向你推销产品，你的祝福便会立即转回到你自己的身上。

☆**准备食物的仪式**　　下厨之前，先在厨房门口深深地吸口气，无论你打算准备一顿盛宴还是一块三明治，都要求自己集中精力，甚至怀着些许的敬畏之心。

日子有没有仪式都会一天天地过去。但是日子只有那么多，只要有机会，为什么不能为之增添一些魅力呢？

多爱自己一点

有些事情不论喜不喜欢都得你去做，不如趁着今天将它提升为一种仪式。

Date / 12月15日

Date / 12月16日

别信雷奥叔叔的故事

有人看到你更加仔细地呵护健康，一定会给你讲讲雷奥叔叔的传奇。雷奥叔叔，当然也可能叫其他名字，一直活到98岁高寿。要不是滑滑板的时候出了事故，如今肯定还健在呐。不过雷奥活着的时候根本不把健康当回事儿，而且凡事他都反着来：一天抽两包香烟，专挑油腻的东西吃，谁要是需要拿威士忌当药用，找雷奥要点儿一定没错儿。别人给你讲这番话的用意相当明显："干嘛自找罪受呢？雷奥从来不理会这些，还不是照样活得好好的？"

不错，这世上还真有好多雷奥这样的人，但他们都属于个别现象。遗传学上的某种巧合外加一些好运气，使得这群令人瞩目的特例们超越了任何已知的健康准则，无论他们怎么折腾自己都能没病没灾。那些不想关心自己健康的人，那些看到你的转变觉得自己受到威胁的人，便会搬出雷奥那一套来证明：糟蹋身体对身体没准儿还有好处呢。但是我们千万要记住一点：雷奥的那一套并不一定适合你。此类故事的绝大部分在口口相传的过程中被人添油加醋，以讹传讹，结果越传越离谱。其实雷奥年老时未必像传说中那样生龙活虎。此外，相对于每一个传说中的雷奥，又有多少可怜人要么英年早逝，要么在进坟墓之前饱受病痛的折磨？他们的故事相信谁也不会提起的。

某某的生活习惯糟糕透顶，最后却比那些天天慢跑吃青菜的邻居长寿。要是有人告诉你这些，你可以不置可否地回答一句"真有意思！"但是你千万不要动摇。如果你很走运，碰巧携带着跟雷奥一样的神奇基因，你应该饮食合理，运动适量，睡眠充足，同时还要缓解压力，定期体检，照顾到雷奥所忽略的方方面面。这样一来，你生命的长度和质量都会大大提高。如果你跟我们这些普通人一样，上述事情也肯定会帮你活得更加长久、充实。

多爱自己一点

不管别人怎么说或怎么做，我要好好地照顾自己。

Date / 12月17日

跟你的体重休战讲和

十八岁时我在一本时尚杂志上读到过这么一句话:"女人的一生中都要面临一个时刻,非得在脸蛋和臀部之间做一个选择。"对我来说这个时刻就是现在了。现在的我要是长胖一点的话也没关系,可要是再瘦一点的话,看上去非但不像模特,反倒像个病歪歪的病秧子。人若是太瘦,免疫力会受到损伤,更年期的关卡就更难跨越了。总之凡事总要有个度,过于瘦削其实也没什么好处。

虽然没人愿意胖得不成体统或者瘦得不成样子,甚至因为体重损害身体健康,但是有些个人、家族、种族,体格天生要比别人高大壮硕,或者苗条羸弱。所以,至关重要的是你能接受自己的现状,然后竭尽全力达到身体和遗传所能允许的最最健康的上限。

对待体重问题,要发挥运用你的成熟和智慧。你有暴饮暴食的烦恼吗?可以找人帮你一把,从此再也不用为它而烦恼。有一个组织叫"匿名饕餮人",我非常喜欢。它从身体、心理和精神几个方面入手为人们提供24小时的全方位服务。而且无需交费,无需节食,也没人称你的体重。不论你采用什么方法,一定要记得,关于体重和中年,总是既有好消息又有坏消息。坏消息你早就听说了:新陈代谢的速度会放慢,减轻体重变得更加困难;哪怕仅仅维持现在的体重你都必须减少卡路里的摄入量;脂肪代替了肌肉,所以尽管体重没有改变,人却比以前任何时候都肥胖;由于更年期荷尔蒙分泌发生变化,人的上腹部更加突出,腰部更加粗壮。

再有就是好消息:许多女性毕生都在抗拒旺盛的食欲和超常的体重。以前许多人把吃东西当成了解决问题的办法。有些人为了瘦身甚至选择了药物治疗。但是无论她们使用哪种方式,等到她们上了年纪变得成熟后,猛然发现自己再也没有大吃大喝的愿望了,寻觅多年的答案自动出现了。

另外,许多中年女人颇有主见,不需要辛苦地追逐最新的衣着饮食时尚了。她们眼里的生活是如此真切实际,剥去了一切虚妄的幻彩。她们只想好好照顾自己,确保自己能够健康地享受来之不易的幸福生活。她们要是动了减肥的念头,肯定不是为了取悦男人,不是为了抢女友的风头,更不是暂时性地维持自尊。她们认定减肥是明智之选,所以慢条斯理、有条不紊地减肥。这么多年来她们曾做出过许多或对或错的选择，早已练就了一双火眼金睛，能分辨出哪些选择会带来幸福，哪些会招来痛苦。

多爱自己一点

今天跟你的身体休战讲和吧。要尽量接受自己的体重和体形，然后好好照顾自己，帮助自身达到最健康的体重和体形。

Date / 12月18日

在余下的时间里，今天是你最年轻的一天

今天是你后半生的开始。这句话都快被人说烂了，不过倒也是事实。除此之外，今天也是你后半生中最年轻的一天。要是将来某一天你能回想起今天，一定会说："要是能回到那一天该多好啊！"

关于你现在的年龄，不妨听听那些比你年长的女性们是怎样说的吧。我22岁那年受雇于一家时尚杂志社，比我年长40岁的总编吉罗德夫人对我说："你去搞点儿年轻人的新闻来，那些40多岁的年轻夫妻们兴趣真是广泛啊。"这话我至今仍是言犹在耳。那时的我简直无法理解，怎么能把年过40的人称为年轻人呢？然而就在几周以前，我妈妈有一阵子身体状况出奇的好，她说："我好像年轻了许多，又回到了60多岁的时候。"显然，年轻总是相对而言的。

若是以生命的天数和分秒来论，你永远都不可能比现在这会儿还年轻。所以今天，也就是你未来岁月中最年轻的一天，一定要过得充实，不能留下丝毫的遗憾。一定要重视自己，给自己一些快乐，做一些重要的事情，更多地爱别人。从某种意义上说，你还是个孩子，只不过你积累了足够多的岁月，已经明白了每一天的价值。

多爱自己一点

今天要向世人展示,这可是你后半生里最年轻的一天。这一点一定要牢记在心,未来的岁月里你才会焕发出青春的光彩。

Date / 12月19日

自得其乐

在生活中结识一些态度积极乐观的人,借她们的乐观来鼓励自己,娱乐自己,固然能够让你重返青春。但一个人独处的时候能够自娱自乐、自我调节也是同样重要的。许多人不喜欢独处,其实,独处是一件很愉快的事情。如果你独处的功夫还不到家,不妨尝试如下建议:

☆**有意地独自一人外出去吃晚饭或看电影** 注意必须是"有意而为之",必须早做好安排。不要等到哪一天你丈夫必须加班,而所有的朋友又都没空陪你的时候。找不到人陪的时候再去享受"独处"可就太难了。

☆**列举一些独自在家可以做的事情,将闷坐家中的时光变成一种享受** 我在本书中提过一些建议,比如沐浴疗法(见10月25日)、静修(见4月16日)、一日排毒(见9月18日),等等。

☆**周末独自出游** 这可是比较高级的功课。在离你家不远的地方肯定有一座小镇,镇上有一家有名的古董店、夏日影院、观叶植物、精美的建筑、博物馆等等。不妨做一个出游计划,把独自前往当成一大快事。

要想弄清你在自己心目中的位置,完全要看你喜欢独处的程度。你一旦学会享受独处,不管是跻身陌生人群,还是身陷旷野,你都不会觉得孤独的。

> **多爱自己一点**
>
> 在日记中一一列举出你独处时最喜欢从事的活动,然后在这一页上做个标记。下次等你一个人独处时,就可以径直翻到这一页了。

Date / 12 月 20 日

脚部护理

人这两只脚,要是不趁早爱惜照顾的话迟早会让人吃苦头的。穿上高跟鞋、尖头鞋,的确能让你在青春年少的 30 多年里风光无限,吸引别人的垂青。我就亲眼见过,年轻男子见到穿着漂亮鞋子的 50 多岁的妇人,会不由自主地一看再看。但这样的鞋子要是长期穿着,鞋子什么形状你的脚也会变成什么形状,而且还会出现囊肿、足趾内翻、鸡眼等老年人特有的讨厌病症。虽然穿上"老太太鞋"就能够预防,但穿上它后人显得老气横秋,令人沮丧。

为了折中,我们不妨多买几双中庸款式的皮鞋、皮靴和凉鞋。它们必须有型有款,后跟有一定的高度,基本鞋型要贴合脚的形状,而不是顺着设计师的想象力任意发挥。此外,鞋底还必须有气垫(但是过去那种厚厚的垫子现在已不多见了)。高跟鞋最好留着,等到参加晚会的时候,等到争取一份既需要女人的妩媚又需要 MBA 学位的工作时,再穿出去。只要一有机会,赶紧可怜一下你的双脚,穿上有良好支撑作用的平底鞋,带脚祥的厚底凉鞋、卧室拖鞋,或者干脆打赤脚。

有空的时候,不妨转动脚踝,伸直然后弯曲脚背,拉押脚趾头。每天务必伸展小腿肚上的腿筋肌肉。穿上高跟鞋后腿筋肌肉会变短,所以更要注意做伸展运动。你可以花钱去做足底按摩,也可以自己动手往脚上多抹些护肤膏。每次洗澡都用火山浮石或其他表面粗糙的东西除去脚底的厚皮。如果患有自己无法治疗的足疾,一定要去看专业的足病医师。有专门的足踝内科和外科医生可以治疗脚部和脚踝疾病,能趁早治愈囊肿、脚跟骨刺、槌状趾、甲沟炎等常见的足疾。他们还可以教你如何对付灰指甲。我敢说你已经注意到了,返老还童可是需要很多专业人士的帮助。我的一个朋友不久前说:"越上年纪跟医生的约会就越多。"

说到约会,你一年当中每个月都要见一次修甲师。就算是自己动手也要在日历上标明日期,省得忘记。单看修剪脚指甲的水平,就可以看出来谁活得仔细,谁活得马虎大意。其实剪脚趾甲也很有趣,比如有些颜色你做梦都不敢涂在手上,但你可以把它涂在脚上。

> **多爱自己一点**
>
> 今天把你深藏不露的双脚露出来,好好照顾一下它们。可以考虑一下按摩、修甲,或者买双舒适合脚的鞋子。

Date / 12月21日

火车,飞机和汽车

你今天有没有计划收拾行装前往一个美妙而又与众不同的地方?果真如此的话,不妨随身携带你重返青春的生活方式,即便是在旅途中也照样不耽误。

按照我的心意,只要不是乘坐火车跨越大洋,我哪儿都想去看看。火车的震动让我感觉舒适,而且下车就是目的地,不像乘飞机,机场距离目的地至少还有30英里之遥。火车座位宽大,走廊宽敞,窗外景色可以尽收眼底,更何况还配有专门的餐车。提起餐车我就激动得心跳加速。我遇到过一位女士,她说每当压力太大的时候,就买张周五晚上去华盛顿的卧铺票,第二天再返回芝加哥。这样一来,两个整晚她都和自己心爱的书籍、音乐待在一起,其余的几个小时就用来吃午饭、游览首都。

有些女士喜欢驾车在高速路上风驰电掣。瑞塔说自己借着开车出游来摆脱烦恼,欣赏乡村音乐。自驾游要想有益健康,请记住以下几点:

☆就餐的餐馆要能够提供上等的沙拉。最起码除了油煎食物之外还要有其他拿手好菜。

☆住宿要选择附设健身设施的汽车旅馆。

☆驾驶时间千万不要超过自己的身体限度，中途下车休息的时候不妨慢慢品一杯咖啡，好好休息一会儿。但要想靠大量咖啡来勉强自己超越体能极限的话，咖啡因只会加重肾上腺的负荷，结果只能是衰老，更别说存在交通安全隐患了。

要是弃车登机的话，旅行便有了另一番乐趣和挑战。机场安检手续有些繁琐，飞行中提供的服务也很有限，不过喜欢乘飞机旅行的人仍大有人在。就算你不喜欢也假装喜欢一次吧。飞的次数多了，自然就会合理地选择航班时间，不必天不亮就起床，不必在飞机上过夜，更不必忍受中途转机的痛苦。

飞机机舱内异常干燥，随身行李中要预先放一瓶水，一盒保湿霜，一瓶鼻腔用盐水喷剂。飞行途中要经常喝水，涂抹保湿霜，用盐水喷剂保持鼻孔的湿润。含有酒精、盐分和咖啡因的饮料（包括咖啡、红茶、可乐），一概不喝。人的身体本来就缺水，喝下这些东西只会雪上加霜。飞行途中双脚常常会肿胀起来，所以要解开鞋带，在道上来回走一走。这样做能够避免患上深层静脉血栓（虽然罕见，却很严重）。还可以扭扭脚腕，动动肩膀，促进血液循环，防止身体僵硬麻木。长途飞行的话就得在飞机上用餐，不妨在买飞机票的时候就给自己点一份最可口的饭菜，比如素餐，低盐，低碳水化合物，等等。飞行途中多半只有饼干和饮料供应，所以要早作准备，在家或机场用餐。

另外，若想尽早适应当地的时间，不管你有多困都要按当地时间来进餐。早餐要吃蛋白质食品，外加茶和咖啡，晚餐吃碳水化合物食品。到了本地人睡觉的时间，要跟着上床睡觉。天亮后要多在室外待一段时间，让身体明白现在是什么时间。无论如何，一定别忘了拍照，你大老远来到这里总不想空手而归吧。

多爱自己一点

不论身在何处，条件如何，我的健康都值得费心好好照顾。

12月 庆典

Date / 12月22日

冬 至

在光明节和圣诞节的烛光灯影里,人们忘记了秋冬两季的更替。但是冬至是神奇的一天,是一年中白昼最短的一天。从今天开始,大地母亲开始休眠。来年春天将要喷薄而出的一切生机和能量,现在都悄悄地潜伏在地表的下面。

冬至一定要过得有意义。以下建议仅供参考:

☆**想想有什么事情你可以在今冬着手准备,在明春有所斩获?** 圣诞节大假一过,有什么想写想画的?有什么想要学习钻研的?在接下来的寒冷寂静中,你的精神生活有没有需要丰富之处?

☆**在每个房间里都备一些保湿霜** 家里的面霜、护手霜、护肤霜还够用吗?冬天里寒风凛冽,暖气又很干燥,你需要保湿效果更好的护肤品。

☆**检查家里的过冬设备** 要是漏风的窗户还没有封严实,雪铲还没有从顶楼上拿下来,即使现在不得闲,也需要记录下来,等到下个周末一一完成。

☆**有没有参加室内运动项目?** 报名参加中国功夫班、舞蹈班?为什么不把这个当成礼物送给你和爱人呢?下班后逛逛商场也是好的。

☆**今晚枕书而眠** 跟去年夏天躺在沙滩上看的书相比,现在的你口味一定大不相同了吧。

☆**早早上床入睡** 夜色深沉,万籁俱寂,今晚没准儿是最香的一觉。

多爱自己一点

我喜欢冬天,只是以前一直没发现而已。

Date / 12月23日

让自己的香味与众不同

我喜欢古龙香水和花露水的香味,偶尔也为质地纯正的香水而沉醉。可惜有些人受不了芳香的味道,觉得去诊所和健康俱乐部等场合不应该擦香水。我现在也学乖了,去别人家做客前先要问清楚能不能喷香水。有一次我在朋友家的卫生间里不慎弄洒了香水,没想到朋友对香水过敏,害得她遭了不少罪。

然而,在可以喷洒香水的场合,一定要选用与众不同的香型。有些女士一旦选定了某一种香味就始终如一,结果那种香味变成了她的招牌。有些女士的日用香水清新淡雅,夜用香水则稍微浓重性感。若能固定使用一两种香型,你在人们心目中的形象会更加丰富、更有层次。通过展示自己的外貌、风度、嗓音甚至是微妙的香味,你向别人展示了不同维度的你,别人也就更加容易注意到你,记住你。

多爱自己一点

如果你喜欢香水但是还没有选定一款的话,下次购物时在香水柜台前多花些时间,看看哪一款香水能让你心动。接连试过三种香型后要让鼻子休息片刻,免得它被弄迷糊。

Date / 12月24日

把未来生活幻想得很美好

小孩子常常设想等自己长大以后要如何如何,中年人却压根儿不去设想自己老了以后要干些什么。我建议还是想想的好。也不要想得太多,毕竟你所能把握的只有今天，只需稍微想想就行，而且要往好的方面去想。85岁时你希望自己有什么样的容貌？你明白自己不可能还是20岁的样子，也不可能是60岁的样子，但你的容貌照样可以好看。除此之外还可以想想其他事情，你想去什么地方生活？有哪些事情可做？

我女儿很小的时候就嚷嚷着等老了要当演员，要留两根长长的白辫子，往头上一盘，扮演各种各样老奶奶的角色。她觉得："有许多演员在三十来岁就放弃演艺生涯了，所以导演需要扮演老太太的演员时，第一个就会想到我！"我觉得小孩子家家居然会考虑到自己老年以后的问题，实在是稀奇。可她偏偏很早就对防晒霜和退休金产生了兴趣。没准儿正因为如此，女儿才不会老呢。

闲来幻想的时候，不妨让自己的思绪飘进未来岁月，美美地憧憬一下自己的未来生活。退休的人想象你的老后生活一定很幸福、健康、满足，而且要经常这样想象。你的想象为自己的身体、心灵、精神描绘出一幅远景，它们才会团结起来为之努力。在不久的将来你才会做出有益于遥远的将来的决定，为将来的幸福、健康和满足打下坚实的基础。至于要不要留白色的长辫子，就完全取决于你自己了。

多爱自己一点

某一天得空独坐品茶的时候，不妨想一想未来的你应该是什么样子的。设想幸福、健康、满足充盈在你的心头，设想你当上曾祖母甚至是曾曾祖母时的情景。

Date / 12月25日

喜迎圣诞

对信奉基督的人而言，今天是一个神圣而又快乐的日子，我祝你快乐开心。但不论你庆不庆祝圣诞，在这个时候都应该是欢天喜地，喜气洋洋的。你要是能够尽享这份欢乐的话，你脸上身上那些岁月留下的痕迹便会倏然间全都消失不见的。

今天，喜迎圣诞就是玩个痛快的意思。虽然人从降生那天起就知道如何寻开心找乐子，但随着时光的流逝，我们在生活的磨难中逐渐失去了享受快乐的能力。小时候大人告诫我们说："生活可真是不容易，你非得适应生活不可。""人不为己，天诛地灭。""世界就是一片丛林，强者为王。"这些话我们曾经发誓永远也不要相信，现在却深有同感。而人的快乐之道就在于远离丛林，专注于节日庆典。说到底就是看你有没有能力暂时抛开烦恼尽情地享乐。

上述观点如果是错误的，在实际生活当中肯定就不管用了。你肯定亲眼目睹过，有的夫妻深陷于婚姻、工作、财务的纠葛当中，但为了给孩子过生日，勉强装出一副欢天喜地的样子来。遗憾的是，这时的他们不是享乐，而是在模仿享乐。天真烂漫的小孩子一眼便能看穿的。要想重新找回享受快乐的能力，你必须把生活的艰难困苦抛到一边。困难和损失天天都存在，但今天不妨让它们先存在于另一个空间吧，等到合适的时间你再去处理它们。至于现在，你只有两件事可做：自己好好玩，和别人一起好好玩。

应该怎样好好地玩呢？这不仅因人而异、因时而异，还因为你所处的不同人生阶段而异。你要是还记得享受快乐的方法，或者下定决心一定要快乐，无论你身在何处，与谁为伍，无论是圣诞节，还是元旦新年，你都会变得喜气洋洋。在欢乐中度过的每一秒，都会给你留下轻松和快乐的印记，并在今后许许多多的圣诞节里伴随你。

多爱自己一点

今天我要用快乐包围自己，用快乐包围别人。

Date / 12月26日

睡前要卸妆

在一年当中最最忙碌的时候，购物、社交让我们疲于奔命，晚上甚至脸也不洗就上床睡了。尽管如此，不管天色多晚，你有多累，你的化妆品有多么纯净自然，千万记住：不卸妆就睡觉是极其有害的。

夜晚睡眠时，你的面部皮肤跟身体其他部位一样，都需要自我更新，延缓衰老。脸上的化妆品只会阻碍毛孔进行自动排毒工作。此外，保持皮肤柔软鲜嫩，预防并祛除皱纹，治疗红斑，这些工作也全是在睡眠中完成的。要是脸上化着浓妆，皮肤哪里还有自我更新修复的机会？不管多么瞌睡都得勉强自己把脸洗净，这种行为自然能将自我爱护的理念传达给身体的方方面面。它们自然也会服从你的意愿，好好照顾自己。

我们不妨把卸妆当成一个小小的仪式。你要是喜欢在面前堆上一大堆洗面奶、爽肤水、护肤液和面霜，不如买回家一整套无所不包的化妆品，并坚持使用。你要是不愿意费事，只需用洗面奶洗完脸后，涂上保湿霜和眼霜就好了。不管使用哪种方法，早起后你的眼圈再也不会发黑了。

> **多爱自己一点**
>
> 每天晚上我都彻底清洗面部。这可是要向众人展示的脸啊。

Date / 12月27日

烧掉所有的烦恼

新年的钟声即将敲响。一读到这样的语句,我们就禁不住地回想过去、畅想未来。过新年跟过生日一样,要么欢欢喜喜,想想未来的目标和过去的成就;要么凄凄惨惨,为一去不复返的岁月而哀叹。总的说来,一味地沉溺于往事让我们感情脆弱、愁容满面,充满希望地憧憬未来则让我们笑逐颜开。

在新年前夜,很多教堂都举办焚烧仪式,象征性地将过去的种种烦恼付之一炬,烧个干干净净。焚烧仪式你可以去教堂参加,也可以自己来搞,只要注意安全就好。在举行仪式之前,每个人都拿一张小纸片,在上面写下自己希望来年要改正的性格缺点,需要改善的状况。例如:"对姐姐的憎恨","工作太多,工资太低","减肥5公斤","总是疲惫不堪","总是吸引不到适合我的男士"。总之,任何再也不希望见到或者想起的事情都可以写下来。

接下来,找一只耐烧的大碗,陶瓷的金属的都可以,放到一个安全的地方,周围不能有任何易燃物品。为了保证万无一失,最好在大碗的不远处放一罐水,再从厨房把灭火器拿过来。一切就绪后,你把写好的字条放进碗中,点火,心中祈祷:纸片化为灰烬,你生活中多余的负担也统统消失。火焰熄灭后,为防止余烬复燃可以用一块玻璃封住碗口。然后往灰烬里泼上水,确保原来的烦恼全都烧光,自己也准备好迎接新的一年了。

多爱自己一点

随后的几天里,在确保安全无虞的前提下,举行一个焚烧仪式,当然可以适当变化一下形式。你要是不喜欢玩火,不妨将纸条塞进碎纸机,或用其他方式销毁。

Date / 12月28日
把衣柜里不喜欢的衣服都拿走

新年新气象,连空气里都弥漫着改变的气息。你正好可以在本周内,把多余的东西从衣柜里请出去。

早晨一有空就行动起来吧。先把衣物归为两类:你喜爱的和勉强接受的。再从后一类中挑选,看哪些非扔掉不可,哪些稍做改动就又能让你喜欢穿。

衣服不是用石头做成的,需要时时做些改动。有些衣服你要是觉得"改改还能穿",没准儿改改真就合身了。一件普通的衬衣到了我十来岁的养女的手里,能变化出无数的样式:剪去一条袖子,把边缘磨破,在胸前缀几枚胸针,打个补丁,换个扣子什么的,随心所欲的样子仿佛她是位授过勋的大将军。结果呢,她的衣服变成艺术品,不但有了生命,还在一天天地成长壮大。我没有她那份才华,又比她大了差不多两轮,只能甘于效法其一二了。我不会把袖子给剪掉,但我可以把袖子给卷上去,可以在法式长袖衫上套件夹克衫,并在袖口处别上两只男式袖扣。这种搭配很少见,因此能让别人过目不忘。而我的那两只袖扣,一只是从旧货商店里淘来的,一只是从丈夫衣柜底捡的。这种搭配方法非常有趣。所以你不妨把整理衣橱看作一个游戏。

就算你家的衣橱大得像个房间,里面要是堆积了太多东西,你的感觉也不会太好。我敢打包票,衣柜里简简单单、清清爽爽,只放着你最喜欢的两条长裙、四件衬衣和三条裤子,你反而会觉得生活更加美好。

多爱自己一点

定个日子,把衣柜里多余的衣服都拿出去。

Date / 12月29日

为大器晚成者叫好

大器晚成者古来有之。我们这些人,在青年时代没能早早适应社会,别人驰骋赛场时我们只能吆喝加油,别人翩翩起舞时我们只能袖手旁观。而大器晚成,无异于上帝对我们的赐予。如果你早早地功成名就,飞黄腾达,大器晚成对你也适用:你不妨再辉煌一次嘛。所以,不管你熟悉还是不熟悉那种辉煌的状态,关键是你要趁着现在,在以下方面做出成绩:

☆**分毫不差地做回真实的自我** 少一些粉饰,少想一些"应该",你就会更加与众不同,更令人钦佩。

☆**乐意从不同的角度看待问题** 中学时代要模仿他人,中年时代则要活出真我。

☆**发挥自己的才能** 该伸出援手的时候一定要伸出援手。如果遭到拒绝,说明这里不需要。你可以到别的地方发挥才能。

☆**相信自己,相信未来,相信万事皆有原因** 只不过这个原因有时隐讳模糊,有时清晰可见而已。

☆**将自己目前的处境由不利变成有利** 孩子远走高飞,而你又遭遇离异,或者寡居,这样的日子里你可以感伤流泪,也可以无牵无挂地到救济院做义工,去中国西藏教英语。

☆**要乐于助人,又不听命于任何人** 运用你丰富的人生阅历,既要坦率、慷慨,又能够保护自己。

☆**看到自己的美好之处,同时也要看到你的同龄人、你妈妈的同龄人在晚年所取得的成绩** 不管她们跟你是朋友还是陌路人,她们都是你大器晚成的伙伴。我们一旦认识到彼此的价值,一旦了解我们这个团队人数是如此众多,我们改造这个世界的力量就会源源不断。

多爱自己一点

任何时候都可以成器。我现在正在为此努力。

Date / 12月30日

Date / 12月31日

长长久久

如果你是第一次阅读这本书,在未来的一年中,你会变得越来越朝气勃发,美丽动人,你的生活也会更加充实。如果你已经走完了一年,或者刚刚走到一半,在未来崭新的一年中,你将会有无数自我提高、自我发现的机会。今天晚上你有很多事情可做,通宵跳舞,为新年守夜,或者明智地早早上床休息,反正充满无限希望和机遇的新年在等着你。但是你知道吗?其实每天都能像今天这样过的。你要用这种态度看待生活、迎接每一天的话,哪怕你102岁也不会变老。其秘诀就是:永远积极地生活,陶醉于生命的此时此地,对现在和未来的秘密永远抱有浓厚的兴趣和好奇心。

你要相信,不管是此刻还是永远,不管以什么样的形式,你的生活中随时都会有精彩出现。精彩在你的健康型厨房里,在你每天静休的小房间里,在一杯热气腾腾的茶里,在一块精美的巧克力里,在一次公园散步里,在灵感的一次闪现里。其实它无处不在:你购物的时候,整理衣橱的时候,沐浴的时候,积极锻炼的时候,和爱人亲密接触的时候,品味爱情甜蜜的时候,精彩就环绕在你的身旁。海伦·凯勒曾经说过:"生命要么是一次惊心动魄的探险,要么什么都不是。"请允许我稍加改动:"生命要么是一次惊心动魄的探险,要么是慢慢衰老的过程。"

人,不是慢慢衰老,就是英年早逝。虽然听起来残酷,但并不妨碍你在白发苍苍时仍然保留着大部分的青春。当然，我的意思不是鼓动你在 90 岁高龄还去做拉皮手术，而是希望你有一颗热爱生活的心。有了它，你生命中的分分秒秒都会充满激情和热爱。最后，当辞别人世，去往该去的地方时，你将携带着那份生命力，为天国增添一抹光彩。

多爱自己一点

今天或永远，我的生活都是一次惊心动魄的探险。

图书在版编目（CIP）数据

期待，开始好日子 /（美）维多利亚·莫瑞著；李力译．
-- 青岛：青岛出版社，2018.10
ISBN 978-7-5552-7111-6

Ⅰ.①期… Ⅱ.①维… ②李… Ⅲ.①女性—人生哲学—通俗读物
Ⅳ.① B821-49

中国版本图书馆 CIP 数据核字（2018）第 115686 号

YOUNGER BY THE DAY: 365 WAYS TO REJUVENATE YOUR BODY AND REVITALIZE YOUR SPIRIT
by VICTORIA MORAN
Copyright:©This edition arranged with LINDA CHESTER LITERARY AGENCY
through Big Apple Agency, Inc., Labuan, Malaysia.
Simplified Chinese edition copyright:©2018 QINGDAO PUBLISHING HOUSE
All rights reserved.
山东省版权局著作权合同登记 图字：15-2018-72 号

书　　名	期待，开始好日子——女性幸福·健康·成长的秘密
作　　者	（美）维多利亚·莫瑞
译　　者	李　力
出版发行	青岛出版社（青岛市海尔路 182 号，266061）
本社网址	http://www.qdpub.com
邮购电话	13335059110　（0532）68068026（兼传真）85814750
责任编辑	傅　刚　E-mail：qdpubjk@163.com
封面设计	光合时代
作者像	©Peter Dressel
选题优化	凤凰传书（fhcs629@163.com）
照　　排	青岛新华印刷有限公司
印　　刷	青岛新华印刷有限公司
出版日期	2018 年 10 月第 1 版　2018 年 10 月第 1 次印刷
开　　本	16 开（710 mm × 1000 mm）
印　　张	28
字　　数	400 千
书　　号	ISBN 978-7-5552-7111-6
定　　价	48.00 元

编校印装质量、盗版监督服务电话　4006532017　0532-68068638
本书建议陈列类别：女性励志·心理自助